U0324234

国家自然科学基金项目(51774280、50904067)资助
国家"十一五"科技支撑计划项目子课题(2012BAK04B07)资助
中国矿业大学教育教学改革与课程建设项目(2017YB44)资助

煤岩冲击电磁辐射时序特征与前兆信息识别研究

刘晓斐　王恩元　何学秋　著

中国矿业大学出版社

内 容 提 要

冲击地压是煤岩体在应力作用下失稳破坏的一种煤岩动力灾害现象,在其致灾演化过程中伴随有电磁辐射信号产生,可利用其特性来预警冲击地压灾害。本书主要研究了实验室和现场两个不同尺度煤岩冲击破坏及致灾过程中电磁辐射时间序列特征,对其前兆信息进行定量识别并应用于灾害预警。实验研究了冲击煤岩在全应力应变峰前、峰后阶段及煤岩摩擦的电磁辐射特征,现场测试了工作面应力变化及不同地质构造的电磁辐射响应规律,分析了在冲击地压发展过程的不同阶段,起主导作用的电磁辐射产生机理;运用传统时间序列方法对煤岩破坏、冲击地压两个尺度的电磁辐射前兆数据进行了分析;采用数据挖掘方法,度量了监测区域的各个冲击地压电磁辐射前兆子序列之间的相似性;建立了以均值和方差为参数的电磁辐射强度异常判别及预警准则,提出了个体和群体电磁辐射异常的判别指标,对前兆信息进行了定量识别;建立了冲击地压电磁辐射前兆群体识别体系,并进行了该体系识别效果的现场验证;现场测试分析了井下各类干扰源对煤岩电磁信号的不利影响。

本书可供从事冲击地压灾害及其他煤岩动力灾害(煤与瓦斯突出、冒顶、混凝土结构失稳等)研究、煤岩物理力学性质、采矿地球物理、岩土工程等领域的高校师生及矿山安全工作者、工程技术人员参考。

图书在版编目(CIP)数据

煤岩冲击电磁辐射时序特征与前兆信息识别研究/刘晓斐,王恩元,何学秋著. —徐州:中国矿业大学出版社,2018.10

ISBN 978 - 7 - 5646 - 4239 - 6

Ⅰ.①煤… Ⅱ.①刘… ②王… ③何… Ⅲ.①煤岩—冲击(力学)—电磁辐射—时序控制 Ⅳ.①P618.110.5

中国版本图书馆 CIP 数据核字(2018)第 254437 号

书　　　名	煤岩冲击电磁辐射时序特征与前兆信息识别研究
著　　　者	刘晓斐　　王恩元　　何学秋
责任编辑	黄本斌
出版发行	中国矿业大学出版社有限责任公司
	(江苏省徐州市解放南路　邮编 221008)
营销热线	(0516)83884103　83885105
出版服务	(0516)83995789　83884920
网　　　址	http://www.cumtp.com　E-mail:cumtpvip@cumtp.com
印　　　刷	徐州中矿大印发科技有限公司
开　　　本	787×1092　1/16　印张 14.5　字数 362 千字
版次印次	2018 年 10 月第 1 版　2018 年 10 月第 1 次印刷
定　　　价	40.00 元

(图书出现印装质量问题,本社负责调换)

前　　言

　　冲击地压,通常指在煤岩力学系统达到强度极限时,聚积在煤岩体中的弹性能量以急速、猛烈的形式释放,会引起巷道围岩突然外移、弹射、破坏,造成支架与设备、井巷的破坏以及人员的伤亡,破坏通风系统。发生在煤矿的冲击地压灾害最大震级达 4.3 级,破坏范围可达数米或数百米,破坏巷道最大长度达 600 多米。我国已成为世界上冲击地压灾害最严重的国家,现有 100 多座冲击地压煤矿。随着采深不断加大,地应力不断增高,采场结构越来越复杂,冲击地压灾害频次、强度和破坏程度均呈上升趋势,而含瓦斯煤层的冲击地压还会引发工作面大量瓦斯异常涌出,容易发生瓦斯爆炸等重大并发性灾害。冲击地压灾害已经成为制约采矿工业界安全的世界性技术难题。要对冲击地压灾害进行有效的预防和治理,准确、可靠的预测是必要的前提。近年来,微震、声发射、电磁辐射等地球物理方法被应用于冲击地压灾害预测领域,并与钻屑量、采动应力等其他类方法,形成了煤矿冲击地压综合监测预警技术体系。冲击地压危险的精细化探测、多方法-多参量-多尺度(矿井、区域、局部)综合监测和基于大数据的前兆信息判别及自动预警技术,是世界上冲击地压灾害监测预警研究今后的发展方向。

　　煤岩电磁辐射技术,即通过非接触式监测开采活动引起围岩破裂产生的电磁辐射前兆信号来实现对煤岩动力灾害的实时监测及预警。自 20 世纪 90 年代起,中国矿业大学电磁辐射课题组对煤岩电磁辐射的产生机理、特征、规律及传播特性等进行了持续深入的研究,为深入了解冲击地压发生、发展的动态过程和产生机理提供了新的方法和手段,为实现冲击地压的电磁辐射监测及预警奠定了理论基础;提出了电磁辐射预测冲击地压动力灾害的原理及预报方法,先后研制出了便携式电磁辐射监测仪和在线式冲击地压电磁辐射实时监测系统,并在全国 50 多个煤矿应用于冲击地压、煤与瓦斯突出等灾害的预测。目前煤岩电磁辐射技术已经成为我国冲击地压矿井常用的监测及预报方法;虽然该技术具有对围岩应力分布及变化响应积极、临灾前兆特征明显、危险预警效果好等优点,但存在干扰多、难以确定有效信号、数据处理分析工作量大且滞后、预警准确率低等问题,且在实时监测数据的深入分析、前兆响应特征、危险自动识别及提前预警等方面缺乏深入研究,限制了其监测及预警的效果。

　　冲击地压电磁辐射预警(预报)研究是建立在对长期观测得到的大量数据和信息的处理和分析的基础之上的。前兆信息能否有效和准确地识别,对冲击地压的准确预报具有重要作用。近年来随着通信技术、网络技术、计算机技术、观测技术等技术的进一步完善和提高,电磁辐射数据库中的数据呈指数级别增长,日益丰富的电磁辐射数据规模在一定程度上已超过了人工所能够处理的范围,常规方法已经远远无法满足矿震时空数据分布模式的判别和分解。面对海量的数据资料,传统的数据处理技术和数据分析方法已经力不从心;另外冲击地压的电磁辐射数据具有多尺度、多属性、时空耦合等特征,数据中包含的冲击地压要素之间的关联性相当复杂。如何从复杂、繁多的电磁辐射实时监测数据中提取前兆信息并预测冲击地压危险性,一直是冲击地压电磁辐射预测领域的研究重点。在国家自然科学基金面上项目(51774280)和青年科学基金项目(50904067)、国家"十一五"科技支撑计划项目子课题(2012BAK04B07)、中国矿业大学中央高校基本科研业务费专项资金等项目资助下,经过作者多年的持续研究,在煤岩冲击破坏及致灾过程中电磁辐射时间序列特征分析、前兆信息定量识别、危险预警及应用等取得了一些创新性成果。本书对以上方面进行了比较详尽的论述,希望对从事这方面及相关领域研究的科技工作者能有所启示。

本书采用实验室实验、理论分析、数据分析以及现场试验相结合的研究方法,主要研究了冲击倾向性煤岩在全应力应变峰前、峰后阶段及煤岩摩擦的电磁辐射实验特征,现场测试了工作面应力变化及不同地质构造的电磁辐射响应规律;运用传统时间序列方法对煤岩破坏、冲击地压两个尺度的电磁辐射前兆数据进行了分析;采用变量 R 聚类的数据挖掘方法,度量了监测区域的各个冲击地压电磁辐射前兆子序列之间的相似性;建立了以均值和方差为参数的电磁辐射强度异常判别及预警准则,提出了个体和群体电磁辐射异常的判别指标,对前兆信息进行定量识别;建立了冲击地压电磁辐射前兆群体识别体系,并进行了该体系识别效果的现场验证;现场测试分析了井下各类干扰源对煤岩电磁信号的不利影响。

全书共分7章。第1章介绍了冲击地压监测预报方法、煤岩电磁辐射技术研究现状及进展,讨论了煤岩冲击危险前兆识别研究的必要性;第2章介绍了时间序列分析及数据挖掘理论与方法;第3章介绍了冲击倾向性煤岩在不同加载条件下的电磁辐射实验特征及其时间序列特征;第4章介绍了影响冲击地压的应力变化和地质构造等因素的电磁辐射响应规律;第5章叙述了冲击地压电磁辐射时序分析及数据挖掘过程;第6章介绍了冲击地压电磁辐射前兆信息定量识别过程及群体识别体系的建立;第7章分析了井下干扰源及干扰因素对煤岩电磁辐射的不利影响。

作者衷心感谢刘贞堂教授、李忠辉教授、沈荣喜副教授和赵恩来讲师等给予的帮助和指导,尤其感谢邓洪波硕士、冯占文硕士、许金杯硕士在冲击倾向性煤岩破坏电磁特征及时序分析、冲击地压危险电磁时序分析、井下煤岩电磁辐射干扰分析等方面的贡献。本书的编写,参阅了大量的国内外有关煤岩电磁辐射技术、时间序列分析、地震预报及相关方面的专业文献,谨向文献的作者表示感谢,尤其是中国地震局的周硕愚、中国人民大学的王燕和武汉科技大学的吴怀宇,他们卓有成效的研究成果,让作者受益匪浅。在煤岩电磁辐射时序分析与定量识别研究方面虽然取得了一些成果,但很多内容还有待于今后进一步的深入研究和完善。由于作者水平有限,书中疏漏谬误之处在所难免,敬请读者不吝指正。

作 者

2018 年 6 月

目　　录

1 绪 论

1.1 引 言

我国持续高增长率的经济发展，推动了对能源的高度需求，促使我国成为能源消费大国，其中对煤炭的需求在一次能源需求中的比重仍然保持在 65% 左右，这使得我国煤炭产量基本会保持在一个稳定的高产量上，不会有大幅度的减产。我国是世界上最大的产煤国，同时也是发生煤矿灾害事故最严重的国家之一。我国煤炭赋存条件复杂、生产技术条件和装备总体比较落后，且我国 95% 的煤炭是井工开采，以上因素综合决定了煤矿安全问题仍是制约煤炭工业发展的突出问题。近年来，矿井开采深度和强度的逐步加大，井下应力环境发生了很大变化，矿压显现加剧、巷道围岩大变形、巷道支护困难，使得我国矿井煤岩动力灾害（如冲击地压、煤与瓦斯突出、顶板事故和煤矿突水等）的次数和强度亦日趋严重，对深部煤炭资源的安全高效开采造成了巨大威胁，严重制约了我国煤炭企业的正常生产和煤炭工业的可持续发展。

冲击地压，又称岩爆，通常指在煤岩力学系统达到强度极限时，聚积在煤岩体中的弹性能量以急速、猛烈的形式释放，会引起巷道围岩突然外移、弹射、破坏，造成支架与设备、井巷的破坏以及人员的伤亡，破坏通风系统。发生在煤矿的冲击地压灾害最大震级达 4.3 级，破坏范围可达数米或数百米，破坏巷道最大长度达到 600 多米。我国已经成为世界上冲击地压灾害最严重的国家，截至 2012 年已有 142 座冲击地压煤矿。目前，我国煤炭开采深度以每年 8～12 m 的速度增加，东部矿井的增加速度达到每年 10～25 m，绝大部分原国有重点煤矿已进入深部开采（部分达到 1 000 m 以上采深，最大采深 1 500 m）[1]。随着采深不断加大，地应力不断增高，采场结构越来越复杂，冲击地压灾害频次、强度和破坏程度均呈上升趋势，而含瓦斯煤层的冲击地压还会引发工作面大量瓦斯异常涌出，容易发生瓦斯爆炸等重大并发性灾害。

作为采矿工业中的世界性技术难题，冲击地压问题一直受到世界各产煤国的重视。各国相继成立了研究冲击地压的专门委员会和机构，对冲击地压的预测、控制和消除进行了专业化研究。随着冲击地压问题的日趋严重，我国相关高等院校、科研机构相继开展了有组织、有系统的研究工作，在冲击地压机理、预测和防治等研究工作方面取得了进展。冲击地压的研究主要集中在三个方面：一是冲击地压发生机理的研究；二是冲击地压危险性评价、监测与预测预报技术的研究；三是冲击地压防治措施的研究。长期的冲击地压防治实践表明，要对冲击地压进行有效的预防和治理，首先要对冲击地压进行有效的预测。冲击地压从孕育到发生是一个复杂的物理力学过程，可以说冲击地压问题至今仍然是岩石力学与采矿工程中最困难的研究课题之一。冲击地压发生原因复杂，影响因素众多，彻底认识和掌握冲击地压的发生机理和条件,有效地对其进行预测预报和防治仍然有相当大的困难。

冲击地压是发生在煤岩地层中的动力灾害现象,是煤岩体在其内外物理化学及应力综合作用下快速破裂的结果,是典型的不可逆能量耗散过程。在这些动力过程中,煤岩体自外界获得的能量和地层形成过程中储存的能量将以各种形式被耗散,如弹性能、压缩气体的膨胀能、热能、声能和电磁能等。通过监测冲击地压发展过程中的各种能量耗散,从而可以实现对其的预测。如煤岩体应力的现场测试、电磁辐射、声发射、微震等监测技术等被广泛应用于冲击地压预测方面的研究,并取得了一定的成果且应用日益成熟。

受载煤岩体破裂电磁辐射的研究,为深入了解冲击地压发生、发展的动态过程和产生机理提供新的方法和手段,为实现冲击地压的电磁辐射监测及预警奠定了研究基础。国内外的研究及应用实践均表明,电磁辐射技术是一种比较有效的监测冲击地压等煤岩动力灾害的地球物理方法。弗里德(V. Frid)等[2-3]对冲击地压形成过程中煤体的电磁辐射信号进行了研究,并利用煤岩微破裂产生的高频电磁辐射信号,结合低频声信号,来预测顶板垮落;俄罗斯科学院西伯利亚分院矿业研究所研制了 ИЭМИ-1 型电磁脉冲接收仪,利用岩石破坏发出的电磁脉冲来预测岩体失稳破坏,并在我国木城涧煤矿进行了应用[4]。国内从 20 世纪 90 年代起,中国矿业大学电磁辐射课题组对电磁辐射预测冲击地压进行了深入研究,对煤岩电磁辐射的产生机理、特征、规律及传播特性等进行了深入研究,提出了电磁辐射预测冲击地压等煤岩动力灾害的原理及预报方法,研制出 KBD5 型和 KBD7 型电磁辐射监测装备、YDD16 型和 GDD12 型声电监测装备,并应用于煤矿冲击地压、煤与瓦斯突出等灾害的预测[5-30]。预测实践表明,电磁辐射前兆特征明显,在冲击地压的预测应用上具有明显的优势,是一种很有前途的煤岩动力灾害的预测预报方法。

煤岩电磁辐射技术的研究和应用极大地推动了冲击地压等矿井煤岩动力灾害预测理论及技术的发展。由于矿井煤岩动力灾害的复杂性,进一步研究煤岩电磁辐射的非线性特征和煤岩动力灾害危险的电磁前兆规律,揭示电磁辐射预测矿井煤岩动力灾害的预警机理,提高矿井煤岩冲击地压危险电磁辐射预报的准确性和可靠性,是这一技术广泛推广应用的关键。

1.2　冲击地压机理、机制及预测方法

冲击地压机理,即形成冲击地压的内在规律,它是预测和防治冲击地压发生的主要理论基础;判据则是根据冲击地压的机理而提出的;预测方法是依据机理模型及判据,综合考虑其他影响因素而采取的预报冲击地压危险性的测量方法及手段。

1.2.1　冲击地压机理、机制及判据

国内外岩石力学和地震学方面的学者主要从岩石破裂机制和震源机制两大方面对冲击地压机理(矿震机制)进行了研究。

（1）岩石破裂机制

早期的强度理论、刚度理论、能量理论、冲击倾向理论、失稳理论等[31-36]从岩石破裂机制角度解释了冲击地压的发生机理。其中,强度理论认为井巷和采场周围产生应力集中达到煤(岩)强度的极限时,煤(岩)发生突然破坏形成冲击地压,适用于解释由围岩劈裂破坏和剪切破坏引起的冲击地压;刚度理论认为矿山结构(矿体)的刚度大于矿山负荷系统(围岩)

的刚度,是产生冲击地压的必要条件,只适用于解释矿柱型冲击地压;能量理论认为当围岩体系在其力学平衡状态受到破坏所释放的能量大于所消耗的能量时发生冲击地压,从能量的角度来解释冲击地压的形成原因,但由于各参数难以确定,该理论在实际应用中存在较大困难;冲击倾向理论认为煤层发生冲击地压是由煤岩固有力学性质(包括弹性能指数、冲击能指数和动态破坏时间)的差异造成的;失稳理论认为冲击地压是采掘空间煤岩体结构失稳的破坏现象,但未建立实用的发生冲击危险的判据。这些理论是基于传统力学方法来分析冲击地压机理的,通常假定材料是连续的,不存在缺陷和裂纹。虽然每一种理论可以去解释某一种特定类型的冲击地压,但很难能统一解释所有的冲击地压现象,且这些理论多侧重于假说、定性机理和静态力学或能量模型等,是以经典的岩石静力学理论为基础,主要考虑围岩物理力学性质与应力、能量相互作用的临界条件,但实际上,局部的超限、破裂或断裂、破坏、失稳并不意味着发生冲击地压,只是局部应力或能量积聚与耗散的表现。

随后,一些新兴及交叉学科的理论被用来解释冲击地压的发生机理,通过研究冲击煤岩的断裂、突变、分形、分叉和混沌等特征,基于非线性理论,在解释冲击地压机理方面进行了有益的探索,如:普罗恰兹卡(P. P. Prochazka)、德什金(A. V. Dyskin)、周瑞忠、黄庆享等[37-40]从断裂力学及裂纹扩展角度,研究了冲击地压(岩爆)发生的裂纹扩展失稳及断裂力学机理;巴格德(M. N. Bagde)等[41]研究了现场扰动应力对岩层动力失稳的影响;谢和平等[42]研究了冲击地压的分形特征,认为强冲击地压实际上等效于岩体内破裂的一个分形集聚,该破裂分形集聚所需能量耗散随分维数的减少而按指数律增加;缪协兴等[43]建立了岩(煤)附近压裂纹的非时间相关和时间相关的两种滑移扩展方程,在冲击地压判据中引入时间参量,研究了冲击地压发生的时间效应;潘岳等[44]分析了非均匀围压下矿井断层冲击地压(岩体动力失稳)折迭突变机理。还有,众多学者及其研究团队,通过理论分析、实验测试、数值模拟、现场监测等方法及手段,分析了煤岩冲击破坏(冲击地压)的影响因素、发生条件及过程,总结概括了一些用于解释和揭示冲击地压发生的模型及理论,丰富了冲击地压的机理研究,如:潘一山等[45]总结了我国煤矿冲击地压灾害发生的特点,将冲击地压分为煤体压缩型、顶板断裂型和断层错动型三种类型;齐庆新等[46]提出了冲击地压发生的"三因素"机理,认为发生冲击地压必须同时具备三因素,即内在因素(煤岩体具有冲击倾向性)、应力因素(有超过煤岩体破坏强度的应力作用)和结构因素(具有弱面和容易引起突变滑动的层状界面);窦林名等[47]提出了冲击矿压的强度弱化减冲理论,并进行了工程实践应用;李春睿等[48]研究了围岩分区破裂化与冲击地压发生的关系,用分区破裂现象解释了冲击地压的演化过程;姜福兴等[49]以义马煤田一起典型冲击地压事故为工程背景,通过理论研究和现场勘查,研究了巨厚砾岩与逆冲断层控制下特厚煤层工作面冲击地压致灾机理和防治方法;冯俊军等[50]根据位错震源理论与动态断裂力学,建立了煤体压剪破裂震源模型,研究了工作面煤体破裂产生冲击地压而造成的震动破坏效应;潘俊锋等[51]提出了煤矿开采冲击地压启动理论,从能量角度揭示了集中静载荷型和集中动载荷型两类典型冲击地压案例的冲击过程;姜耀东等[52-53]通过砂岩-煤组合试样在不同轴向荷载下的滑动摩擦实验,模拟了结构失稳型冲击地压的发生过程,还进行了煤样断裂过程的细观实验,探讨煤岩体在采动等外界因素影响下内部微裂纹快速成核、贯通、扩展进而诱发煤体整体失稳的机制;赵同彬等[54]建立了煤岩组合体力学模型,分析了煤厚变异区煤层开采冲击地压发生的力学机制;马念杰等[55]通过巷道蝶型冲击地压理论阐明了冲击地压的发生条件,提出了蝶型冲击三准则。

（2）震源机制

通过地震台网现场观测数据的反演，可以从震源机制角度解释冲击地压（矿震）的发生机理[56-58]。霍纳（R. B. Horner）、长谷川（H. S. Hasegawa）、张少泉等[59-61]先后根据矿震震源类型和矿震能量主要释放区域，提出了矿震多种机理模型；莫里森（D. M. Morrison）和赫德利（D. G. F. Hedley）等[62-63]认为所有开采导致的矿震事件其本质都是采掘空间周围岩石的松弛和应力重分布；刘万琴、李世愚等[64]研究了破坏性矿震震前短临阶段震源过程，认为震前 20 多天直到主震发生期间亚临界扩展多次出现且扩展优势方向与主震的滑动方向基本一致，但孕震断裂端部扩容区体积变化不大，而主震发生时孕震断裂端部扩容区体积迅速增大；沈萍等[65]研究了矿震成核过程的公里尺度，认为 ML=2.9 矿震的成核时间为 50 d，成核临界尺度为 5 km；李铁、蔡美峰等[66,67]结合强矿震短临阶段监测指标的前兆异常反应（震前短临阶段存在可信的 b 值、η 值、频次、波速比等地震学异常和定点潮汐形变前兆异常），研究了矿震的地球物理过程，还利用 P 波初动方法，研究了抚顺老虎台煤矿的震源机制，认为井下开挖同轴和异轴方向上由卸荷产生的次生应力（即采动应力）是孕育矿震的主要应力来源。

综上所述，无论是从岩石破裂机制解释，还是从震源机制解释，冲击地压（矿震）的本质就是力和能量的积聚、转移和释放。冲击地压发生是一个动态的变化过程，研究冲击地压机理首先必须揭示清楚冲击地压演化过程中应力、变形、能量积聚、能量释放或耗散的空间分布特征及其随时间的演化规律。借助冲击地压过程中对应力和能量演化的多尺度耦合监测（应力监测可以通过地应力及采动应力的直接测量，而能量监测可以通过微震、电磁辐射或声发射测试技术测量），从而可以定量研究冲击地压的整个演化过程。

1.2.2 冲击地压预测方法

冲击地压的预测是指对冲击地压潜在危险程度的预先判断，是防治冲击地压灾害的基础，冲击地压的预测包括对冲击地压发生的时间、空间和规模的预测，即预测某个区域或某个局部有无冲击地压潜在危险及潜在危险可能发生的时间、空间和破坏程度。

冲击地压的预测一般应根据机理模型提出判断指标，然后根据指标来衡量冲击地压潜在危险性大小，但是，从上面分析的各种机理模型可以看出，由于各参数难以确定，其判据在实际运用中难度很大，因此，在生产实践中又提出了一些具体的预测方法和指标，有些方法和指标与机理模型直接相关，有些间接相关，也有些是根据生产实践提出的经验判据。目前国内外煤矿中常用的预测方法有常规预测方法、统计及经验类比方法、地球物理方法等。

1.2.2.1 常规方法

（1）钻屑法

钻屑法也称小直径钻孔法或煤粉钻孔法，它是通过向煤体钻小直径（一般为 42 mm）钻孔，根据钻孔过程中单位孔深排粉量的大小及其变化规律和钻孔过程中的动力现象来检测煤层内的应力状态，以达到预测冲击地压危险程度的目的，由于这种方法能同时检测多项与冲击地压有关的因素，而且简便易行，所以成为世界各国普遍采用的一种预测方法。

在国外，早在 20 世纪 60 年代就开始了这一方法的试验研究。研究表明，钻屑量的变化反映了煤体内应力的变化，钻屑量变化曲线和工作面前方支承压力曲线十分相似，钻屑量的峰值位置反映了支承压力峰值区位置。因此，一般都以钻屑量和钻屑量峰值位置距煤壁距离作为主要指标，而以钻屑粒度组成和钻孔过程中的动力现象（如钻杆跳动、卡钻、劈裂声响、微冲击等)作为参考指标。根据各国的具体生产实践情况,钻屑法的指标也略有不同。

鉴于煤粉钻屑法的重要性,我国《煤矿安全规程》(2016 版)和 2018 年 8 月 1 日起实施的《防治煤矿冲击地压细则》规定了用钻屑法作为冲击地压危险程度局部监测和解危措施效果检验的主要方法之一。《煤矿安全规程》的第二百三十五条规定:必须建立区域与局部相结合的冲击地压危险性监测制度。应当根据现场实际考察资料和积累的数据确定冲击危险性预警临界指标。《防治煤矿冲击地压细则》的第四十六条规定:冲击地压矿井必须建立区域与局部相结合的冲击危险性监测制度,区域监测应当覆盖矿井采掘区域,局部监测应当覆盖冲击地压危险区,区域监测可采用微震监测法等,局部监测可采用钻屑法、应力监测法、电磁辐射法等。第七十五条规定:冲击地压危险工作面实施解危措施后,必须进行效果检验,确认检验结果小于临界值后,方可进行采掘作业。防冲效果检验可采用钻屑法、应力监测法或微震监测法等,防冲效果检验的指标参考监测预警的指标执行。

钻屑法主要是监测煤层中的应力状态,从机理模型来看,钻屑法的依据主要是强度理论,但这只是发生冲击地压的必要条件,所以还应结合煤岩的力学特性等其他方面的信息加以综合评价,在国内外出现有许多煤粉量大大超过临界指标的情况而未发生冲击地压的实例就证明了上述的论断。与煤粉钻屑量相对应,在金属矿山中则采用圆片岩芯法评价岩体(或金属矿床)的局部岩爆危险性。钻取岩芯时,由于高应力的作用使岩芯破坏成圆片状,岩芯圆片的厚度和大小,可以说明岩体的应力状态,因而可以预测岩爆危险。圆片岩芯法所采用的指标主要是圆片厚度,不同的岩石,厚度指标的临界值也各不相同,需做具体分析。这种方法在俄罗斯得到一定推广应用,而在我国应用较少,圆片岩芯法实质上也是强度理论的具体体现。

钻屑法设备简单,检测结果直观,便于现场操作和判别。但钻屑法也存在以下几个方面的不足:一是钻屑法施工消耗的人力多,施工的时间长,而且容易受施工环境和条件的制约,因此对冲击危险的监测在时间上是不连续的,监测的范围也是有限的;二是其监测结果的可靠性受施工设备及操作人员的技术和经验等人为因素的影响;三是该方法为静态、点式预测,不能反映煤岩应力的动态变化,因此在现场经常会出现钻屑量不超标但发生冲击地压的现象。

(2) 矿压观测法

在工作面和巷道中的测量技术有以下几种:① 煤壁面的鼓出量和松弛状态的测定。生产实践表明,煤壁松弛而压出速度大的时候呈安全状态,与此相反,煤壁鼓胀而压出速度小的时候呈危险状态。② 工作面和巷道顶底板会合量测定。现场实测研究表明:有冲击地压危险的长壁工作面顶底板会合量相当小,在某种程度以下时容易发生冲击地压。③ 煤层内地压的监视。该方法是在工作面前方测定伴随工作面移动时煤层内的压力变化,把压力变化测定结果同煤壁位移的测定结果相比较作为冲击地压危险性指标。压力和位移变化量的速度增长及其随时间的变化规律可以很好地反映冲击地压危险的实际情况。另外,采煤工作面顶板动力现象的观察及声响也可提供一系列冲击地压危险信息。测量法也可作为顶板塌陷、围岩变形等煤岩动力灾害的预测方法。该类方法属于传统的采掘空间矿压监测,主要是工作面前壁及巷道超前应力作用区域的压力监测,受支护条件影响较大,支护阻力及围岩变形与冲击危险性的相关性难以定量确定,且无法测试煤岩内部的应力分布及变化,不适用冲击地压的应力监测预报。

（3）应力测量法

煤体的应力变化是预测冲击地压的关键，应力变化的测量是实现冲击地压准确预报的基础。尹光志等[68]通过现场实测研究，认为地应力的大小和方向对冲击地压的发生具有显著影响。

采动应力测量，即通过钻孔探入式固定安装接触式压力传感器对煤岩内部应力进行监测并预警冲击地压危险的。目前接触式压力传感器，包括振弦式传感器和液压式传感器两种，在安装方式上采用钻孔探入式固定安装，其中：① 振弦式压力传感器，即利用钢弦振动频率与压力或拉力成正比的原理，具有稳定性好、精度高、较灵敏、输出为频率信号，便于自动检测和远距离传输记录；② 液压应力计（或液压枕）[69]，以格鲁兹（Glotzi）压力盒为基础，外形尺寸小、灵敏度高，适合在应力量值小、弹性模量低、塑性变形大的软弱岩体和煤体中埋设。新兴的光纤式应力传感器也在矿井围岩应力测量中进行了应用，刘庆、安里千等[70]利用光栅式应力传感器在峰峰万年矿实时监测并分析了工作面巷道上、下帮岩体内部（$\leqslant 3.0$ m）相对应力及其在开采扰动下的动态变化规律，同时为保证应力传感器与孔壁的良好接触，还设计了专用楔形装置。钻孔应力计的埋设位置、初始压力的设置、与煤岩体刚度的耦合效果等均会影响到煤岩内部采动应力的测试精度、分布及变化规律的分析，进而影响利用采动应力分析冲击地压演化过程的效果。近年来，姜福兴、齐庆新、王恩元等团队[71-73]自主开发了采动应力监测系统，安装并用于冲击地压危险采掘工作面的采动应力监测及灾害预警。

1.2.2.2 统计及经验方法

（1）综合指数法

综合指数法是在进行采掘工作前，首先分析影响冲击地压发生的主要地质因素（如开采深度、煤层的物理力学特性、顶板岩层的结构特征、地质构造等）和开采技术因素（如上覆煤层停采线、残采区、采空区、煤柱、老巷、开采区域的大小等），在此基础上确定各个因素对冲击地压的影响程度及其冲击危险指数，然后综合评定冲击地压危险状态的一种区域预测方法。根据综合指数的大小，将冲击危险程度分为无冲击危险、弱冲击危险、中等冲击危险和强冲击危险等不同的等级。综合指数法主要用于采掘工程前的静态区域预测，确定主要冲击危险区域。采掘生产过程中冲击危险性预测还需要采用钻屑法等方法。

（2）地质调查和统计方法

煤层冲击地压往往发生在有代表性的地质构造中，如顶底板是厚而坚硬的岩层；煤层厚度变化大，且由薄向厚方向推进时；工作面附近存在大断层时；煤层倾角变化大等开采技术条件不好而造成局部的应力集中也会产生冲击地压危险，如残留的煤柱、采掘空间比较接近形成二次应力叠加的区域等。因此，在矿区内查明具有冲击地压危险的典型地质构造以及开采条件引起的应力集中区等，可以对冲击地压危险性作区域性的预测，从而可以对危险区域进行重点的防治。

这种统计的方法也带有一定的经验性，其危险程度很难定量表达，并且有些特性无法事先统计到，如局部的地质构造，在开挖前不容易探明，因此，这种方法只能作粗略的估计，难以定量。

1.2.2.3 地球物理方法

采矿地球物理方法是采矿科学的一个新的分支，是利用煤岩体中自然的或人工激发的物理场来监测煤岩体的动态变化和揭示已有的地质构造,从而实现对冲击地压等煤岩动力灾害的预测。目前,用于冲击地压预测的地球物理方法主要有探测煤岩构造或结构破坏带的地质雷达法、槽波地震法、无线电波透视法、振动法、地质电法、重力法等和监测煤岩体的能量辐射的红外辐射法、微震法、声发射法及电磁辐射法等。

(1) 声发射和微震监测

① 微震监测技术[74-77],即利用布置在有矿震活动矿井区域的拾震器,监测由开采活动引起围岩破裂发射出的地震波(为低频波,主要为数赫兹至数百赫兹),并对地震波信息进行处理获取微震活动事件的位置、大小和能量,可统计分析矿震活动潜在的规律;微震监测范围较大,能实时监测冲击地压的发生位置、强度和能量,能实现冲击地压的较准确定位(误差水平方向±20 m,垂直±40 m),被广泛应用于波兰、南非、加拿大、俄罗斯和澳大利亚等国深部冲击地压矿井,但预报能力较弱,提高微震预报能力的关键在于如何利用微震活动规律确定冲击地压危险性。窦林名等[78-79]认为冲击地压发生前,微地震事件活跃,其震动总能量、最大能量和频次均较高,信号呈现低频、低振幅的特征;夏永学、康立军等[80]优选了b值、η值、Mm值、$A(b)$值和$P(b)$值五个指标作为冲击地压危险的微震预测指标,并采用R值评分法对这5个指标的预测效能进行了研究;姜福兴等[81]的研究结果表明,构造型冲击地压发生前,微地震事件持续在断层两侧出现,不再向掘进头前方迁移,具有明显的分区性,表明断层开始大量积聚应力。

② 声发射(地音)监测技术[82],同微震一样,也是通过监测开采活动引起围岩破裂产生的弹性波(为较高频段波,数千赫兹至数万赫兹),来实现冲击地压的实时监测,定位精度较高,但监测范围小且易受矿井现场噪声的干扰影响,因此在实际应用中效果不够理想。

(2) 地质电法、地震法、层析成像法

采矿地质电法是利用岩石电特性来解决顶板、地质及采场技术的问题。该方法不仅能认识顶底板的地质条件、评价煤岩动力灾害,还可以监测巷道的应力应变状态。微重力法根据地层中岩石介质质量分布的不均匀性来测量重力的异常变化,可用于地层震动预测、小范围煤层构造变化的预测和局部空洞的定位等。

地震法主要用于探测应力集中区,适用于提前判定长壁工作面走向区域内的应力状态,与微震测定法配合使用,可以较为有效地预测长壁工作面推进过程中冲击地压危险状况。

地质层析X线成像法在岩爆和采矿诱发地震的研究中已有应用。矿区岩体的主动成像(active imaging)能提供大区域岩体的特性,通过连续成像可提供对岩体性质的信息,如煤层开采引起覆岩破坏的层析成像研究。该方法早期工作注重于主动成像,尤其在地质技术方面,进一步发展在于连续成像(sequential imaging)和对事件区域及速度结构确定方面的模拟反演技术的应用。

(3) 红外辐射和电磁辐射法

煤矿地下岩体的红外辐射变化主要是巷道环境温度场的变化和应力激发所致[83]。国内外不少学者采用测定煤岩体的温度变化,进行瓦斯突出危险等煤岩动力灾害危险性程度的预测。吴立新、刘善军等[84-85]对煤岩受压热红外现象和辐射温度特征进行了实验研究;郭文奇等[86]在利用红外辐射在冲击地压的预测方面进行了尝试研究。

煤岩电磁辐射是煤岩受载破裂过程中向外辐射电磁能量的过程或现象。近30年来岩石破裂电磁辐射效应的研究,无论在理论研究还是在应用研究方面都取得了飞速发展。电磁辐射预测冲击地压、煤与瓦斯突出等煤岩动力灾害的主要参数是电磁辐射强度和脉冲数，电磁辐射强度主要反映了煤岩体受载程度及变形破裂程度，脉冲数主要反映了煤岩体变形及微破裂的频次。大量的研究和实践已证实煤岩电磁辐射技术预测冲击地压等煤岩动力灾害是可行的，该方法可以实现煤岩动力灾害的非接触、连续预测，是一种很有发展前途的地球物理方法。

就目前我国的冲击地压灾害监测预报研究实践来看，姜福兴、齐庆新等在采动应力监测方面具有优势，潘一山、姜福兴、窦林名、齐庆新等在冲击地压危险性微震监测及预警方面具有优势，王恩元、何学秋和潘一山等在冲击地压危险性电磁辐射/电荷监测及预警方面具有优势，以上科研团队的研究推动了我国冲击地压监测及预警研究的快速和系统化发展，构成我国冲击地压灾害监测预警技术体系。目前我国冲击地压灾害严重的矿井，几乎均采用了微震、采动应力、钻屑量、电磁辐射等多方法、多手段的预测和预防，提高了冲击地压危险预警准确率[87]。

1.3 煤岩冲击电磁辐射研究进展

1.3.1 煤岩电磁辐射机制

岩石电磁辐射的研究是从地震工作者发现震前电磁异常变化后开始的。苏联和我国是开展岩石电磁辐射研究较早的国家，随后美国、日本、希腊、瑞典、德国等许多国家也开展了这方面的研究[88]。20 世纪 50 年代沃拉罗维奇（М. И. Воларович）和帕尔霍梅克科（Э. И. Пархоменко）用试验方法记录和研究了花岗岩、片麻岩和脉石英试样的压电现象，并记录到了光发射现象[89]，这是关于岩石电磁辐射的最早报道。尼桑（U. Nitsan）[90]、徐为民等[79,91]之后也发表了各自实验室岩石压电效应的研究结果，结果表明伴随含石英和其他硬压电材料的破裂，会产生无线电频段的电磁波。

尼桑最先提出，压电效应是产生电磁辐射的原因。但谢夫佐夫（Г. И. Шевцов）等[92]、李均之等[81-93]的实验结果表明，含压电材料和不含压电材料的岩石都有电磁辐射产生。奥赫伯格（М. Б. Гохберг）等[94]认为，岩石的力电效应（包括压电效应、斯捷潘诺夫效应、摩擦起电、双电层的破坏和断裂）和动电效应均可能是电磁辐射源，岩石破裂和地震电磁辐射的频带很宽，实验室岩石破裂产生电磁辐射的主要机制是裂隙壁面上分离电荷和运动带电位错的弛豫，地震电磁辐射的高频部分实际上部分或完全被地层所衰减。

佩列利曼和哈季阿什维利[95]认为产生电磁辐射主要有五种机制：① 离子晶体发生断裂时，裂缝表面形成电荷不均匀镶嵌，当裂缝突张，这种不均匀镶嵌导致电磁辐射；② 由于这类裂缝近似于一个电容器，因此，裂缝宽度的振动就使其成为电磁辐射发生器；③ 晶体中电荷位错的振动产生电磁辐射；④ 参入微量金属产生浮动电荷，浮动电荷的振动导致电磁辐射，辐射频率为超声波频率；⑤ 电层压缩和扩张时，古伊层的容量发生变化并辐射剩余能量。

小川（T. Ogawa）等[96]认为，岩石破裂时产生新生表面，其裂缝的两侧壁面带有相反的电荷，它相当于一个偶极子充电和放电，向外辐射电磁信号。克瑞斯（G. O. Cress）等[97]认为，岩石破裂时有新生的碎石片产生，其表面有静电荷分布，这种带电碎片的转动、振动和直线运动是产生低频电磁辐射的主要原因，在断裂面上电荷分离产生强电场使空气击穿产生高频电磁信号。

郭自强等[98]提出了电子发射的压缩原子模型,认为:当岩石受到压缩时,在局部区域的应力集中因子可达 $10^3 \sim 10^4$ 量级,位于这些区域的原子,在相邻原子的泡利斥力下,体积将缩小,这将使原子的动能剧增。电子将最终克服原子核的库仑引力和近邻原子"泡利势墙"的约束而电离成自由电子,形成电子发射。当岩石呈爆炸方式破裂时,在压缩过程中贮存在岩石中的能量以猝发方式释放出来,伴随着这种能量释放和固体键的断裂,原先已逃逸出的自由电子将从岩石中挣脱出来,这些电子的大多数具有较低能量(几个原子单位量级),它和周围介质分子相碰撞产生光和电磁辐射;少数能量较高的电子是由于岩石破裂时出现的裂缝电场加速的结果。郭自强等[99]还认为在裂纹扩展瞬时,裂隙中因电子发射具有负电荷,固体裂纹尖端部因失去电子而带正电荷。这样微裂纹的扩展就相当于沿裂纹扩展方向运动的电偶极子,其运动速度就是微裂纹的扩展速度,即固体脆性破裂中的扩展速度。由于裂纹扩展速度是非等速的,因而这种加速运动或减速运动的电荷系统必然产生电磁辐射,而电磁辐射的一些特性显然与微裂纹扩展的速度和加速度有关。按照前述裂纹端部的电荷分布,在扩展裂纹的中部分布有负电荷,两端为正电荷,并用电偶极子模型计算了近区电磁场的频率特性;结果表明,近区电磁场的频率与样品的尺寸和初始裂纹长度有关,裂纹长度越大,辐射频率越高,岩石样品尺寸越小,电磁辐射频率越高,原始裂纹越密集,裂纹间相互影响越大,导致电磁辐射的频率越高。

朱元清等[100]提出了岩石破裂时的电磁辐射是裂纹尖端电荷随着裂纹加速扩展运动所产生的假说,并建立了电磁辐射的数学模型,求出了电磁辐射远场和近场的表达式,解释了一些实验中观察到的现象。该假说与郭自强等的偶极发射模型基本一致。

木夏本(Y. Enomoto)等[101]研究了在地震摩擦系统出现的地电磁活动源的形成机理。结果表明,花岗岩在温度 $300 \sim 400\ ℃$ 之间产生热激发外电子辐射,外电子辐射是从材料内外中心不同的捕获水平释放的,热源可能是震前滑动的摩擦热。岩石传播的破裂诱导的瞬时电信号能够被检测到,信号密度衰减反比于到破裂带的距离。在 $400\ ℃$ 花岗岩退火时检测到了较少的 FTES 信号,压电效应没有改变,但是外激电子位置被重置了。这证实了FTES 和地震地电活动的主要来源可能是被捕获的电子。

王炽仑等[102]利用超导量子干涉仪测得了长石砂岩和石英岩破裂电磁辐射的磁场强度数量级为 $10^{-1} \sim 10^{-2}\ nT$,认为岩石受压破裂成碎块飞散时,在断面会有电荷分离、聚集或震荡,电荷的运动产生电磁场。对于有压电效应的岩石,在一定方向的机械力作用下,发生变形出现离子位移,亦能产生电磁场。若岩石受压面积太小及压力不足,此种效应很微弱,以致观察不出来。

何学秋和刘明举[5]认为诱导电偶极子的瞬变、裂隙边缘分离电荷随裂隙扩展的变速运动以及裂隙壁面分离电荷的弛豫等的综合作用产生煤岩变形破裂过程中的电磁辐射;压电效应、摩擦起电效应、带电缺陷(如空位、线性位错、刃形位错等)的非平衡应力扩散、共价键断裂、EDA 键断裂和分子间力的消长等原因导致电荷分离。对某一种确定的岩石,可能只有某一种或数种机理起作用。对含瓦斯的煤来说,EDA 键和共价键断裂是裂隙壁面上电荷分离的主要原因。电荷分离产生的高电场大大降低了表面势阱的深度和宽度,削弱了对粒子的束缚作用,使之逃逸成为自由粒子,形成粒子辐射,粒子辐射是弛豫的主要方式。具有高能量的辐射粒子轰击环境气体分子,从而产生光辐射,适度规模的裂隙放电也会产生光辐射。

王恩元[6]认为煤岩等材料变形及破裂时产生电磁辐射有两种形式：一种是由电荷特别是试样表面积累电荷引起的库仑场(或静电场)，另一种是由带电粒子做变速运动而产生的电磁辐射，是脉冲波。在非均匀应力作用下非均质煤岩体各部分产生的非均匀形变，引起电荷迁移，原来自由的电子和逃逸出来的电子由高应力区向低应力区迁移，同时在试样表面也积累了大量的电荷，由此形成了库仑场，电荷的变速迁移也会产生低频电磁辐射。裂纹扩展前，在裂纹尖端煤体内积累了大量的自由电荷(主要为电子)，由此形成了很强的库仑场。裂纹扩展时，向外发射带电粒子(主要为电子)，带电粒子在裂纹尖端库仑场的作用下加速运动，运动的带电粒子碰撞周围介质分子或原子，发生减速运动，形成阻尼发射。裂纹扩展时带电粒子的变速运动是形成高频电磁辐射的主要原因。

伊万诺夫(V. V. Ivanov)等[103-104]提出了电磁辐射的理论模型，并进行了试验校正，认为电磁辐射受裂隙积累到临界浓度(此时形成主破裂)的突跳发展控制；还利用线性破裂力学、固体力学动力学理论、固体介质的电动力学和随机过程理论建立了不同力、电特征的岩层破裂源的电磁辐射模型，对含石英的岩层进行了模拟。

足崎(Ohtsuki)等[105]提出等离子激元衰减模型解释地震中心产生的电磁辐射。他们认为，岩石高应力的增加，电子会被激发并发射，从而产生体积激元和表面激元，这些激元传播到地球表面形成电磁波。加茂川(Kamogawa)等[106]同时提出了强地震产生电磁波的偶极映像理论，认为岩石高应力的增加，外电子会被激发，出现瞬时偶极矩，地球内部出现偶极矩，通过偶极映像及其变化，电磁波就会辐射出来。该模型能够解释许多观察到的电磁波特征。

刘煜洲等[107]认为"晶体破裂效应""压电效应""天然半导体效应"是可以用来解释其试验结果的3种破裂-辐射效应，分别是产生高频信号、低频信号和具有独特波形的中频信号的主要机理。

虽然关于煤岩破裂电磁辐射机理的认识存在一定的分歧，但普遍认为煤岩受载过程中的电磁辐射信号主要来自：应力诱导电偶极子(偶电层)的瞬变；裂隙扩展和摩擦等作用产生的分离电荷的变速运动；裂隙壁面振荡RC回路的能量耗散；分离电荷的弛豫以及高速粒子碰撞裂隙壁面产生的韧致辐射等的综合作用产生电磁辐射。由于各种辐射机制在不同的加载水平、加载条件下对总的电磁辐射贡献有所不同，所以电磁辐射会受到煤岩体力学性质、电学性质、含孔隙介质等多种因素的影响。

1.3.2 地震电磁辐射前兆识别及预测

自20世纪20年代以来，震前电磁辐射异常现象就早已被发现。大理岩、花岗岩等坚硬岩石和相对硬度较小的煤体受载变形破坏能够产生不同频段电磁辐射的实验结果[11,21,108-112]，证实了震前电磁异常存在的真实性。国内外地震监测预报机构开始了利用电磁监测来预报地震的研究，震前电磁异常现象已经被大量的破坏性地震震例所证实，如我国1975年海城7.3级地震前发现了可靠的地震电磁前兆。目前震前电磁异常识别已经成为地震日常监测预报特别是短临预报最有效的手段之一。

震前电磁异常的有效和准确识别，是地震电磁监测预报能否准确的依据。国内外地震研究学者和观测人员，通过全面研究典型的地震震例，对所观测到的地震电磁前兆进行了系统的研究，对震前电磁前兆信息进行了定性或定量的识别，提出了地震电磁预报的判据、指标及实用化方法。

震前电磁辐射异常存在着一定的变化趋势。希腊的 VAN 小组[112]从 20 世纪 80 年代初开始的长期观测中,发现了一种延续时间为半分钟至数小时的低频及超低频电脉冲,脉冲幅度为毫伏量级,称之为"地震电信号(SES)",还观测到地电场的海湾形缓慢变化(持续时间为数周)和震前可高达数伏的突变电信号(仅持续几毫秒)。藤绳幸雄等[113]研究了震级大于或等于 4.8 级、深部不超过 60 km 的浅震发生前的超低频电场变化,发现 7 个地震中有 5 个震前三天内伴有 30 min 内出现两次以上振幅为 5 mV 的脉冲状变化的前兆。袁家治等[114]使用 ULF 和 VLF 频段观测到 13 次震例中,有 12 次地震都出现明显的异常信号,且异常主信号持续时间和脉冲幅度与震级和震中距有关。陈智勇等[115]在 1985 年 11 月 30 日任县 5.3 级地震和 1989 年 10 月 19 日大同 5.5 级地震前,都发现了电磁前兆频率随地震临近而逐渐升高的现象,且表现为较低频率的异常先出现,较高频率的异常后出现。钱书清等[116]发现在 1999 年 9 月 21 日台湾集集 7.4 级地震前,电磁异常信号从出现到结束长达 3 个月,且 9 个台站出现异常信号有先有后,且每个台站从开始出现异常到发生主震的这一时期内异常信号均具有一定的时域特征。张德齐等[117]对 1996 年 11 月 9 日南黄海 6.1 级地震前的观测结果表明,震前磁场 ULF 频段前兆呈现出由较长周期逐渐向较短周期发展的特点。郝建国等[118]对大气地震电场异常的观测表明,震前超低频电磁异常信息主要集中在数百秒以上的长周期部分,时间为震前 1 个月以内,而且信息量随震中距的增加而迅速衰减,只有在距震中较近的地方才能接收到一些频率稍高的信息。关华平等[119]利用自行研制的"EMAOS"电磁辐射仪(接收频段为 0.01~10 Hz)对 1998 年张北 6.2 级地震和 1999 年岫岩 5.4 级震群的观测表明,震前电磁异常表现为信息起伏增强达最大峰值后发生地震,信息发展过程为弱—强—弱或多次反复,当信息减弱后发生地震;信息持续时间、变化幅度与地震强度和震中距有关,持续时间越长,变化幅度越大,未来地震强度越剧烈。以上的地震学者以震前电磁异常的时间、幅度、频率为指标,对其进行了统计性的分析,总结了前兆的趋势性规律。可以认为,地震电磁前兆异常一般分为趋势性异常和突发性异常,大多数震例显示震前电磁前兆信息具有不连续、明显的阵发性和成丛性特征,且地震电磁异常具有显著的时间变化特征,具有"弱—强—弱—平静"后发震的变化过程。以上对于地震电磁前兆信息的识别,属于统计性的趋势分析,是定性的描述性分析。

对于震前电磁前兆数据分析和信息定量识别的研究,国内外地震学者进行了一定的尝试,探索出了一些地震电磁序列时空范围确定方法,建立了相应的判断方法与准则、统计检验分析方法、评价指标体系和判别模式。蒋海昆等[120]针对华北 5 级以上地震震前 VRTL 变化类型,引入并改进了"区域-时间-长度算法(region-time-length algorithm)",初步给出由 VRTL 进行中、短期异常识别并粗略估计发震时间的方法及异常判别标准;黄清华等[121]采用频谱分析和贝叶斯统计方法,定量分析了日本伊豆群岛的新岛台地电场资料中记录到的潮汐成分及其活动特征,并在此基础上探讨地电场的潮汐响应与地震之间是否存在相关性;吴绍春[122]从地震序列数据挖掘的角度出发,基于时序分析技术,提出一系列地震前兆观测数据处理模型和并行实现算法,实现了一个地震预报并行数据挖掘平台,在地震预报数据挖掘的海量数据处理方面进行了较为系统的研究。

1.3.3 冲击地压电磁辐射前兆识别及预测

近年来,煤岩电磁辐射效应的研究,无论在理论上还是应用研究方面,都取得了飞速的发展,特别是在地震方面用于预报地震,在矿山用于监测冲击地压和煤与瓦斯突出等煤岩动力灾害。

苏联学者用记录天然电磁辐射脉冲数的方法预测金属矿山冲击地压的危险性,并在煤矿井下进行了预测突出和冲击地压危险试验,监测仪器有 ВОЛНА2(可同时监测声发射、电磁辐射)和 ВОЛНА3 号(监测电磁辐射)。

弗里德(V. Frid)等[2-3,123-124]在现场研究了煤的物理力学状态(水分含量、孔隙结构等)、受力状态、瓦斯对工作面电磁辐射强度的影响,用谐振频率为 100 kHz 的天线测定了不同采煤工作面的天然电磁辐射,并用电磁辐射脉冲数指标确定了工作面前方岩石突出的危险程度,认为煤岩和瓦斯突出危险程度的增加改变了采矿工作面附近岩石的不同地球物理参数,可以依靠岩石破裂产生电磁辐射的方法进行煤岩与瓦斯突出预测。

哈米亚什维利(Н. Г. Хамиащвили)[125]测定了矿井采煤过程中由爆破引起的矿山冲击及塌陷时的电磁辐射谱,在实验室测定了不同岩石及复合岩层(煤层在砂岩层之间)破坏时的电磁辐射。弗里达(В. И. Фрид)等[126]对井下煤层电磁辐射进行了研究,实验证明,在煤层中打钻后钻孔口的电磁辐射脉冲数异常增大。

何学秋、王恩元等分析了煤岩体破裂过程中电磁辐射的特征,研究了电磁辐射法预测预报冲击地压的原理和技术,采用电磁辐射幅值和脉冲数两项指标预测冲击地压等煤岩动力灾害现象。王恩元还通过理论分析得出:当选择接收频率上限为 500 kHz 时,预测范围为7~22 m,基本满足煤岩动力灾害预测的需求。

国内从 20 世纪 90 年代起,中国矿业大学 EMR 研究团队对煤岩电磁辐射的产生机理、特征、规律及传播特性等进行了持续深入的研究,提出了电磁辐射预测冲击地压等煤岩动力灾害的原理及预报方法,先后研制了 KBD5 型和 KBD7 型在线式电磁辐射监测装备、YDD16 型和 GDD12 型声电监测装备、煤岩动力灾害综合监测预警系统,开发了相应的数据处理分析软件,获得了国家技术发明专利,通过了煤矿安全标志认证和防爆认证,并在全国 50 多个煤矿应用于冲击地压、煤与瓦斯突出等灾害的监测及报告,既为煤岩动力灾害预测提供了一种新的技术手段,也是对原有预报方法的有效补充和提高。

现行我国煤矿冲击地压灾害的电磁辐射预测一般采用临界值法和趋势法相结合进行综合评判,即对矿井某一监测区域电磁辐射指标的测试数据进行统计分析,并参考常规预测方法(如钻屑量等)的预测结果,来确定灾害危险性的电磁辐射临界值。当电磁辐射数据超过临界值时,认为有动力灾害危险;当电磁辐射强度或脉冲具有明显增强或先增大后降低的趋势时,也表明有动力灾害危险。这种以分析趋势为主,临界值作参考的预测预报方法,虽然在一些现场进行冲击地压灾害预测时得到了较好的应用,但不具有普遍性。由于受采掘条件和地质条件的影响,不同矿井发生冲击地压的类型也不相同,其冲击前的电磁前兆趋势也不同。这种经验式的前兆趋势识别方法,限制了冲击地压电磁辐射的准确预报。

为了更好地利用电磁辐射前兆数据预测冲击地压和煤与瓦斯突出等煤岩动力灾害,一些学者在电磁辐射前兆分析、电磁辐射预测动力灾害的指标和方法等方面进行了新的研究尝试,进一步研究了煤岩动力灾害电磁辐射前兆的非线性特征。窦林名等[127]依据电磁辐射幅值和脉冲数两个指标变化的偏差值确定冲击地压的危险程度,并进行预测预报;王先义[128]采用模糊数学理论建立了电磁辐射法预测突出指标临界值的方法,并被推广到冲击地压的预测上;王云海等[129]的研究表明,冲击地压电磁辐射前兆在时间上呈起伏增强的变化,与观测点的变形破坏过程及应力变化相对应;撒占友[130]建立了采掘工作面煤岩流变破坏电磁辐射异常判识模型,通过对电磁辐射信号趋势分量、周期分量和随机分量的提取,和对电磁辐射指标时间序列输出误差的均值函数进行分析,来判定电磁信号是否异常,并据此对工作面的冲击危险性进行预测;魏建平[131]建立了矿井煤岩动力灾害(包括冲击地压)的电磁辐射灰色-尖点突变模型,分析了煤岩变形过程中的电磁辐射尖点突变特征,并应用于冲击地压和煤与瓦斯突出的预警;邹喜正等[132]对现场采集的煤岩电磁辐射数据进行分形特征分析,认为在正常情况下电磁辐射分形维数变化小,在冲击地压发生前分形维数变化大;王静等[133]应用相空间重构法计算了5次矿震前后系统混沌吸引子的关联维数,发现矿震发生前,混沌吸引子的关联维数 D 先升后降,矿震过程中有降维现象;李洪[134]提出了冲击地压电磁辐射数据序列的混沌预测模型、分形预测模型及模式识别方法;刘晓斐[135]全面系统地分析了冲击地压灾害电磁辐射前兆三种响应形式,结合冲击煤岩的电磁辐射特征,分析了冲击地压灾害发展过程不同阶段电磁辐射信号的主要产生机理,并运用时间序列分析方法和群体识别体系对冲击地压灾害电磁辐射前兆信息进行了分析和定量识别。

1.4　煤岩冲击危险前兆识别研究的必要性

地震电磁辐射预报研究是建立在对长期观测得到的大量数据和信息的处理及分析的基础之上的。前兆信息能否有效和准确的识别,对地震的准确预报具有重要作用。我国的地震预报工作经过30多年的监测预报实践,已经积累了大量宝贵的震例前兆数据资料。尤其是近年来随着通信技术、网络技术、计算机技术、观测技术等的进一步完善和提高,地震数据库中的数据呈指数级别增长,日益丰富的地震数据在一定程度上已超过了人工所能够处理的程度,常规方法已经远远无法满足大型地学时空数据分布模式的判别和分解。全国的地震台网每日都在记录着数以千兆计的地震前兆观测数据。面对海量的数据资料,传统的数据处理技术和数据分析方法已经是力不从心,如何才能更有效率地从海量监测数据中提取前兆信息并进行识别,成为当前地震工作者急需解决的问题。

冲击地压的电磁辐射预报研究也面临着同样的问题。近年来,电磁辐射在冲击地压实时监测领域发展迅速,目前已是冲击地压预测预报的重要手段。如何从复杂、繁多的电磁辐射实时监测数据中提取前兆信息并预测冲击地压危险性,一直是冲击地压电磁辐射预测领域的研究重点,而问题的关键在于找到合适的识别和预测方法。

冲击地压的电磁辐射数据具有多尺度、多属性、时空耦合等特征,数据中包含的冲击地压要素之间的关联性相当复杂。早期的和现行运用的冲击地压电磁前兆信息识别方法,是建立在电磁指标及数据的统计之上的,对信息缺乏深层次的分析,只注重数据的表面变化,而忽视了隐藏及蕴含在数据里面的可以帮助识别冲击地压危险性的许多特征和有用信息,尤其是背景场对冲击电磁前兆变化的影响作用。虽然后期国内外一些学者也利用神经网络、混沌和分形等非线性理论在电磁辐射冲击地压方面进行了创新性研究,提出了一系列识别模型,但实用性有限。可以认为,以往的冲击地压电磁前兆识别及预测均是单纯从数据统计、分析的角度出发,忽略了冲击地压发生区域背景场变化的影响,造成了前兆信息识别与实际冲击地压背景场演化之间的脱节。事实上,冲击地压发生前的电磁前兆信息的产生,恰恰是由于冲击地压发生区域的背景场发生了变化所引起的。如果离开了背景场,仅仅依据电磁前兆序列的特征及变化类型来预测冲击地压是不具说服力的。

针对上述问题,我们开展了考虑背景场作用的冲击地压电磁前兆信息识别的研究,不仅要分析前兆序列本身的变化形态和特点,还要考虑冲击发生区域的背景场(包括区域构造位置、相关断裂性质、岩石力学特征、空间应力分布、震源机制等),解释冲击电磁前兆序列类型与背景场的关联关系,并在此基础上,利用时间序列分析和数据挖掘技术及方法,在已有的前兆信息识别方法上进行创新和改进,对电磁前兆信息的时空特征进行定量分析和识别,对冲击地压做出准确预报,可以避免前兆信息识别与实际冲击地压发生情况的脱节。另外,引入专门用于电磁时间序列分析的数据挖掘技术及方法,还可以解决如何从冲击地压电磁辐射实时监测海量数据中智能发掘前兆信息的需要。

煤岩冲击危险前兆识别研究,一方面能进一步揭示承载煤岩冲击电磁辐射前兆信息与背景场的关联关系,了解冲击地压灾害的演化过程及时空迁移特性,为预测及防治冲击地压灾害提供科学基础;另一方面,在电磁前兆时间序列数据挖掘方面的研究成果,能够为将来依据前兆序列相似性和匹配性,实现冲击地压的电磁辐射智能化和自动化预报提供理论基础。此外,研究成果与现有的电磁辐射监测预警技术及装备形成配套技术,可以提高冲击地压等煤岩动力灾害的电磁辐射预测准确性,可在我国有煤岩动力灾害的煤矿及矿区进行推广应用,能够最大限度地降低掘进和回采过程中的煤岩动力灾害影响,保障矿井职工的安全。

2 时间序列分析和数据挖掘理论

时间序列分析和数据挖掘是本书进行数据处理的理论基础。本章对时间序列的概念、历史、研究现状、主要方法和常用的预测模型做了详细的介绍;对数据挖掘的定义、理论、步骤和主要技术进行了总结,并对基于时间序列的数据挖掘的定义及研究现状进行了描述;对各类时序分析方法和数据挖掘技术的特点进行了分析和比较,为电磁辐射数据分析方法的选取提供了理论参考。

2.1 时间序列分析[136-137]

最早的时间序列分析可以追溯到 7 000 年前的古埃及。当时,为了发展农业生产,古埃及人一直在密切关注尼罗河泛滥的规律。把尼罗河涨落的情况逐天记录下来,就构成所谓的时间序列。对这个时间序列的长期观察使古埃及人发现尼罗河的涨落非常有规律。像古埃及人一样,按照时间的顺序把随机事件变化发展的过程记录下来就构成了一个时间序列。对时间序列进行观察、研究,找寻它变化发展的规律,预测它将来的走势就是时间序列分析。

2.1.1 时间序列的定义

在统计研究中,常用按时间顺序排列的一组随机变量

$$\cdots, X_1, X_2, \cdots, X_t, \cdots \tag{2-1}$$

来表示一个随机事件的时间序列,简记为 $\{X_t, t \in T\}$ 或 $\{X_t\}$。用

$$x_1, x_2, \cdots, x_n \text{ 或 } \{x_t, t = 1, 2, \cdots, n\} \tag{2-2}$$

表示该随机序列的 n 个有序观察值,称之为序列长度为 n 的观察值序列,有时也称式(2-2)为式(2-1)的一个实现。

2.1.2 时间序列分析研究现状

2.1.2.1 描述性时序分析

早期的时序分析通常都是通过直观的数据比较或绘图观测,找寻序列中蕴含的发展规律,这种分析方法就称为描述性时序分析。古埃及人发现尼罗河泛滥的规律就是依靠这种分析方法。而在天文、物理、海洋学等自然科学领域,这种简单的描述性时序分析方法也常常能使人们发现意想不到的规律。

描述性时序分析方法具有操作简单、直观有效的特点,从史前直到现在一直被人们广为使用,它通常是人们进行统计时序分析的第一步。

2.1.2.2 传统时间序列分析

随着研究领域的不断拓宽,人们发现单纯的描述性时序分析有很大的局限性。在金融、保险、法律、人口、心理学等社会科学研究领域,随机变量的发展通常会呈现出非常强的随机性,想通过对序列简单的观察和描述,总结出随机变量发展变化的规律,并准确预测出它们

将来的走势通常是非常困难的。

为了更准确地估计随机序列发展变化的规律,从 20 世纪 20 年代开始,学术界利用数理统计学原理分析时间序列。研究的重心从表面现象的总结转移到分析序列值内在的相关关系上,由此开辟了一门应用统计学科——时间序列分析。

纵观时间序列分析方法的发展历史可以将时间序列的分析方法分为以下两大类[136-137]。

(1) 频域(frequency domain)分析方法

频域分析方法也被称为"频谱分析"或"谱分析(spectral analysis)"方法。

早期的频域分析方法假设任何一种无趋势的时间序列都可以分解成若干不同频率的周期波动,借助傅里叶分析从频率的角度揭示时间序列的规律,后来又借助了傅里叶变换,用正弦、余弦项之和来逼近某个函数。20 世纪 60 年代,伯格(Burg)在分析地震信号时提出最大熵谱估计理论,该理论克服了传统谱分析所固有的分辨率不高和频率漏泄等缺点,使谱分析进入一个新阶段,我们称之为现代谱分析阶段。

目前谱分析方法主要运用于电力工程、信息工程、物理学、天文学、海洋学和气象科学等领域,它是一种非常有用的纵向数据分析方法。但是由于谱分析过程一般都比较复杂,研究人员通常要具有很强的数学基础才能熟练使用它,同时它的分析结果也比较抽象,不易于进行直观解释,导致谱分析方法的使用具有很大的局限性。

(2) 时域(time domain)分析方法

时域分析方法主要是从序列自相关的角度揭示时间序列的发展规律。相对于谱分析方法,它具有理论基础扎实、操作步骤规范、分析结果易于解释的优点。目前它已广泛应用于自然科学和社会科学的各个领域,成为时间序列分析的主流方法。

时域分析方法的基本思想是源于事件的发展通常都具有一定的惯性,这种惯性用统计的语言来描述就是序列值之间存在着一定的相关关系,而且这种相关关系具有某种统计规律。我们分析的重点就是寻找这种规律,并拟合出适当的数学模型来描述这种规律,进而利用这个拟合模型来预测序列未来的走势。

时域分析方法具有相对固定的分析套路,通常都遵循如下分析步骤:

第一步:考察观察值序列的特征。

第二步:根据序列的特征选择适当的拟合模型。

第三步:根据序列的观察数据确定模型的口径。

第四步:检验模型、优化模型。

第五步:利用拟合好的模型来推断序列其他的统计性质预测序列将来的发展。

时域分析方法的产生最早可以追溯到 1927 年,英国统计学家尤尔(G. U. Yule,1871—1951)提出自回归(autoregressive,AR)模型。不久之后,英国数学家、天文学家沃克(G. T. Walker)爵士在分析印度大气规律时使用了移动平均(moving average,MA)模型和自回归移动平均(autoregressive moving average,ARMA)模型。这些模型奠定了时间序列时域分析方法的基础。

1970 年美国统计学家博克斯(G. E. P. Box)和英国统计学家詹金斯(G. M. Jenkins)联合出版了 *Time Series Analysis Forecasting and Control* 一书。在书中,博克斯和詹金斯在总结前人研究的基础上,系统地阐述了对求和自回归移动平均(autoregressive integrated moving average，ARIMA)模型的识别、估计、检验及预测的原理及方法。这些知识现在被称为经典时间序列分析方法，是时域分析方法的核心内容。为了纪念博克斯和詹金斯对时间序列发展的特殊贡献，现在人们也常把 ARIMA 模型称为 Box-Jenkins 模型。

Box-Jenkins 模型实际上是主要运用于单变量、同方差场合的线性模型。随着人们对各领域时间序列的深入研究，发现该经典模型在理论和应用上都还存在着许多局限性。所以近 20 年来，统计学家纷纷转向对变量场合、异方差场合和非线性场合的时间序列分析方法的研究，并取得了突破性的进展。

在异方差场合，美国统计学家、计量经济学家罗伯特·恩格尔(Robert F. Engle)在 1982年提出了自回归条件异方差(ARCH)模型，用以研究英国通货膨胀率的建模问题。为了进一步放宽 ARCH 模型的约束条件，博勒斯洛夫(Bollerslov)在 1985 年提出了广义自回归条件异方差(GARCH)模型。随后纳尔逊(Nelson)等人又提出了指数广义自回归条件异方差(EGARCH)模型、方差无穷广义自回归条件异方差(IGARCH)模型和依均值广义自回归条件异方差(GARCH-M)模型等限制条件更为宽松的异方差模型。这些异方差模型是对经典的 ARIMA 模型很好的补充。它比传统的方差齐性模型更准确地刻画了金融市场风险的变化过程，因此 ARCH 模型及其衍生出的一系列拓展模型在计量经济学领域有着广泛的应用。

在多变量场合，博克斯和詹金斯研究过平稳多变量序列的建模，博克斯和 Tiao 在 1970年左右讨论过带干扰变量的时间序列分析。这些研究实际上是把随机事件的横向研究和纵向研究有机地融合在一起，提高了对随机事件分析和预测的精度。1987 年，英国统计学家、计量经济学家格兰奇(C. Grange)提出了协整(co-integration)理论，进一步为多变量时间序列建模松绑。有了协整的概念之后，在多变量时间序列建模过程中"变量是平稳的"不再是必须条件了，而只要求它们的某种线性组合平稳。协整概念的提出极大地促进了多变量时间序列分析方法的发展。

非线性时间序列分析也有重大发展，汤家豪教授等在 1980 年左右提出了利用分段线性化构造的门限自回归模型成为目前分析非线性时间序列的经典模型。

2.1.2.3　时间序列分析研究进展[138]

随着工程中所需处理的系统复杂度的增加，产生时序的系统越来越多地呈现出非线性的特征，系统非线性的因素在时序分析中的影响不可以再被忽略。另一方面时序问题的研究技术手段由原来的应用概率论、随机过程等纯数学的方法，到引入动力学系统的一些知识抽取时序的系统特征，再到引入小波变化、神经网络、混沌理论、分形理论、机器学习人工智能领域内的技术和数学手段相结合的方法，综合性越来越强。由于本书采用的是基于传统时域分析方法上的数据挖掘手段，关于时间序列与小波变化、神经网络、混沌理论、分形理论结合的研究只作简单的介绍。

（1）时间序列与小波变化

离散小波变换的一个重要用途是分解时间序列的样本方差。基于离散小波变换，其理论方差值能够容易地被估算出来，并被成功地付诸应用。

变点识别是现代统计学中研究的一类重要问题，变点识别大致包括两个方面：一个是信号的断点和尖点的识别，例如对于回归函数 $f(x)$ 的断点和尖点的辨识；另外一个是分布变点的识别，例如对于时间序列样本 $(x_1, x_2, \cdots, x_i) \sim F(x)$，$(x_{i+1}, \cdots, x_n) \sim G(x)$ 中 i 的辨识。断点和尖点的辨识在实际中应用非常广泛,在许多情况下,断点和尖点能反映研究对象的某种突变性,因此,断点和尖点问题一直受到国内外学者的特别重视。

门限自回归模型是应用较成功的一种非线性时间序列模型。该模型由汤家豪(H. Tong)于 1978 年首次提出,主要用于描述复杂的随机系统。已知门限 λ_l 和延时 d,即可估计 SETAR(d,r,p) 的参数 $b_i^{(j)}$。但是估计门限 λ_l 和延时 d 并非易事,因为延时 d 为整数,且门限 λ_l 的个数未知。现在估计门限 λ_l、延时 d 和参数 $b_i^{(j)}$ 的常用方法是 AIC 准则,但该准则只是一种数值方法,并没有理论结果。王耀南[139]通过构造一种经验小波系数 $W_{j,k}^{(m)}(t)$,从而得到门限 λ_l 和延时 d 的估计值,该方法的有效性在太阳黑子的数值模拟分析中得到验证。

(2)时间序列与神经网络

神经网络技术通过模仿大脑神经元工作的机制对系统历史、经验的数据进行学习,从而建立研究系统的等价模型。Kolmogorov 连续性定理为神经网络奠定了坚实的理论基础。它证明了存在一个三层网络,其隐单元输出函数为非线性函数,输入及输出单元函数为线性的函数,此网络的总输入输出关系可以逼近任意一个非线性函数。因为任何一个时间序列都可以看成一个由非线性机制确定的输入输出系统,所以 Kolmogorov 连续性定理从数学上保证了用神经网络对时间序列预测的可行性[140]。

在实际应用中,常用 BP 神经网络对时间序列进行预测。同线性模型相比,用神经网络技术进行的时序预测,以智能学习的机制对时序数据进行分析,不再需要假定随机性为时序数据和系统的基本特征,不再需要将线性假设作为时序分析的前提,这为时序的预测提供了一种新的方向。但是通过神经网络学习所获取的系统的知识是以由网络结构及其参数隐式表达的,具有透明性。另外,在神经网络的学习中存在着学习不足和过度适应的问题,这使得这种方法很不稳定。在由尼尔·格申菲尔德(Neil A. Gershenfeld)和安德烈亚斯·魏根(Andreas S. Weigend)[141]等人组织的圣达菲(Santa Fe)时间序列预测和分析竞赛中,同样的一批数据集,取得最好预测效果和最差预测效果的方法都是神经网络。

(3)时间序列与混沌理论

混沌时间序列预测的常用方法,包括全域预测法、一阶局域预测法、加权一阶局域预测法和基于最大 Lyapunov 指数的时间序列预测方法。

① 全域预测法

基于相空间重构的时间序列预测方法较多,根据拟合相空间中吸引子的方式可分为全域法和局域法两种。全域法是将轨迹中的全部点作为拟合对象,找出其规律,即得映射函数 $f(\cdot)$,据此预测轨迹的走向。这种方法在理论上是可行的,但由于实际数据总是有限的,以及相空间轨迹可能很复杂,从而不可能求出真正的映射 f。通常是根据给定的数据构造一个近似映射 $\hat{f}:R^m \to R^m$,使近似 $\hat{f}$ 逼近理论 f,即

$$\sum_{t=0}^{N}[Y(t+1)-\hat{f}(Y(t))]^2 \tag{2-3}$$

达到最小值的 $\hat{f}:R^m \to R^m$。对于较高嵌入维系统,重构相空间预测算法的预测精度也会迅速下降。因此,全域预测法一般适用于 f 比较简单,同时噪声干扰比较小的情况。

② 一阶局域预测法

局域预测法的基本思想是将相空间轨迹的最后一点作为中心点,把距中心点最近的若

干轨迹点作为相关点,然后对这些相关点作出拟合,再估计轨迹下一点的走向,最后从预测出的轨迹点的坐标中分离出所需要的预测值。

③ 加权一阶局域预测法

相空间中各点与中心点之间的空间距离是一个非常重要的参数,预测的准确性往往取决于与中心点的空间距离最近的若干个点。因此,将中心点的空间距离作为一个拟合参数引入预测算法,在一定程度上可以提高预测精度,并有一定的消噪能力。实际实验和数值实验表明:在一般情况下,局域法的预测效果要优于全域法;一阶局域法的预测效果要优于零阶局域法;加权零阶局域法的预测效果要优于零阶局域法;加权一阶局域法的预测效果要优于加权零阶局域法。

④ 基于最大 Lyapunov 指数的时间序列预测方法

考虑一个单变量混沌时间序列 $\{x(t_i, i = 1, 2, \cdots, N)\}$,则最大 Lyapunov 指数算法如下:

a. 对时间序列 $\{x(t_i), i = 1, 2, \cdots, N\}$ 进行快速傅里叶变换(fast Fourier transform),求出平均周期 P。

b. 用 C-C 方法计算嵌入维数 m 和时间延迟 τ。

c. 根据时间延迟 τ 和嵌入维数 m 重构相空间:

$$Y_i(t) = [x(t_i), x(t_i + \tau), \cdots, x(t_i + (m-1)\tau)] \in R^m,$$
$$t = 1, 2, \cdots, M, M = N - (m-1)\tau_o$$

d. 找出相空间中每个点 Y_j 的最近邻点 $Y_{j'}$,并限制短暂分离,即

$$d_j(0) = \min_f \| Y_j - Y_{j'} \|, |j - j'| > P \tag{2-4}$$

e. 对相空间中每个点 Y_j,计算出该相邻点对第 i 个离散时间点的距离 $d_j(i)$,即

$$d_j(i) = |Y_{j+i} - Y_{j'+i}|, i = 1, 2, \cdots, \min(M-j, M-j') \tag{2-5}$$

f. 对每个 i,求出所有 j 的 $\ln d_j(i)$ 平均 $y(i)$,即

$$y(i) = \frac{1}{q\Delta t} \sum_{j=1}^{q} \ln d_j(i) \tag{2-6}$$

其中 q 是非零 $d_j(i)$ 的数目,用最小二乘法作出回归直线,该直线的斜率就是最大的 Lyapunov 指数 λ_1。

Lyapunov 指数作为量化对初始轨道的指数发散和估计系统的混沌量,是系统的一个很好的预报参数。此处,设 Y_M 为预报的中心点,相空间中 Y_M 的最近的邻点为 Y_K,其距离为 $d_M(0)$,最大 Lyapunov 指数为 λ_1,即

$$d_M(0) = \min \| Y_M - Y_j \| = \| Y_M - Y_K \|,$$
$$\| Y_M - Y_{M+1} \| = \| Y_K - Y_{K+1} \| e^{\lambda_1} \tag{2-7}$$

上式就是基于最大 Lyapunov 指数的预报模式,其中点 Y_{M+1} 只有最后一个分量 $x(t_{n+1})$ 未知,因此 $x(t_{n+1})$ 是可预报的。

(4)时间序列与分形理论

分形理论的诞生为时间序列分析提供了一个新的途径,通过对时间序列所具有的分形行为进行研究,可以从一个崭新的角度分析、预测时间序列的特征和规律。霍斯特(H. E. Hurst)通过对时间序列数据的标度行为进行研究,发现按时间序列记录的结果有自仿射特征,从而创立了域重新标度分析方法(rescaled rangle analysis),简称 R/S 分析,进而可以借

助分形理论对其进行描述。

霍斯特对河流流量、泥浆沉积量、树木年轮、降雨量等许多自然现象进行研究后,得到一个惊奇而重要的结论,即时间序列的许多记录结果都表明:对 R 重新标度后的 $\dfrac{R}{S}$ 值可由以下经验公式描述

$$\frac{R}{S} = \left[\frac{\tau}{2}\right]^{H} \tag{2-8}$$

通常把 H 称为 Hurst 指数,H 值可以根据计算出的 $\left(\tau, \dfrac{R}{S}\right)$ 值,在双对数坐标系 $\left(\ln \tau, \ln \dfrac{R}{S}\right)$ 中用最小二乘法拟合式得到。根据 H 值的大小,可以判断该时间序列是完全随机的还是存在趋势性成分。趋势性成分是表现为持续性,还是反持续性。霍斯特对许多自然现象的时间序列记录进行的 R/S 分析结果表明,统计相关的时间序列 $H \approx 0.72$,相应的分形维数 $D \approx 1.28$;而统计独立的时间序列 $H = 0.5$ 且 $D = 1.5$。进一步的研究还发现,对于不同的 Hurst 指数 $H(0 < H < 1)$,存在以下规律:

① 如果 $H = 0.5$,表明过去的增量和将来的增量没有关系,这是布朗运动,即具有独立增量的随机过程。

② 如果 $0.5 < H < 1$,表明时间序列具有长期相关特征,即过程具有持续性,一个量在过去的一段时间内有增加的趋势意味着在将来的同一段时间段内也有增加的趋势,反之亦然。并且 H 值越接近 1,持续性越强。

③ 如果 $0 < H < 0.5$,表明时间序列具有长期相关性,但将来的总体趋势与过去相反,过程具有反持续性,过去的增加趋势意味着将来的减少趋势,过去的减少趋势意味着将来的增加趋势。

从表面上看,单变量或少数时间变量的时间序列似乎只能提供十分有限的信息,但是,非线性动力学的研究表明,时间序列包含着较为丰富的信息,时间序列蕴藏着参与系统动态变化的全部其他变量的痕迹。时间数据序列的相空间重构,为从单变量数据序列中获取维数的信息提供了一个简单且行之有效的方法。对已观测到的时间序列数据进行分维,常用 G-P 算法。

2.1.3　时间序列的特征、分类及适用模型

拿到一个观察值时间序列之后,首先要对它的平稳性和纯随机性进行检验,这两个重要的检验称之为序列的预处理。根据检验的结果和序列的特征可以将序列分为不同的类型,对不同类型的序列,则会采用不同的分析方法和适用模型。

2.1.3.1　时间序列的特征

（1）时间序列的概率分布族

分布函数或密度函数能够完整地描述一个随机变量的统计特征。同样,一个随机变量族 $\{X_t\}$ 的统计特性也完全由其联合分布函数或者联合密度函数决定。

对于时间序列 $\{X_t, t \in T\}$,其概率分布的定义如下:

任取正整数 m,任取 $t_1, t_2, \cdots, t_m \in T$,则 m 维随机变量 $(X_{t_1}, X_{t_2}, \cdots, X_{t_m})'$ 的联合概率分布记为 $F_{t_1, t_2, \cdots, t_m}(x_1, x_2, \cdots, x_m)$,由这些有限维分布函数构成的全体

$$\{F_{t_1, t_2, \cdots, t_m}(x_1, x_2, \cdots, x_m), \forall m \in (1, 2, \cdots, m), \forall t_1, t_2, \cdots, t_m \in T\}$$

就称为序列 $\{X_t\}$ 的概率分布族。

概率分布族是极其重要的统计特征描述工具,因为序列的所有统计性质理论上都可以通过概率分布推测出来。但是概率分布族的重要性也就停留在这样的理论意义上,在实际应用中,要得到序列的联合概率分布几乎是不可能的,而且联合概率分布通常涉及非常复杂的数学运算,这些原因使得人们很少直接使用联合概率分布进行时间序列分析。

(2) 时间序列的特征统计量

一个更简单、更实用的描述时间序列统计特征的方法是研究该序列的低阶矩,特别是均值、方差、自协方差和自相关系数,它们也被称为特征统计量。

尽管这些特征量不能描述随机序列全部的统计性质,但由于它们概率意义明显,易于计算,而且往往能代表随机序列的重要概率特征,所以对时间序列进行分析,主要就是通过分析这些特征量的统计特性,推断出随机序列的性质。

① 均值

对时间序列 $\{X_t, t \in T\}$ 而言,任意时刻的序列值 X_t 都是一个随机变量,都有它自己的概率分布,记 X_t 的分布函数为 $F_t(x)$。只要满足条件 $\int_{-\infty}^{\infty} x \mathrm{d}F_t(x) < \infty$,就一定存在着某个常数 μ_t,使得随机变量 X_t 总是围绕在常数值 μ_t 附近做随机波动。我们称 μ_1 为序列 $\{X_t\}$ 在 t 时刻的均值函数。

$$\mu_1 = EX_t = \int_{-\infty}^{\infty} x \mathrm{d}F_t(x) \tag{2-9}$$

当 t 取遍所有的观察时刻时,我们就得到一个均值函数序列 $\{\mu_t, t \in T\}$。它反映的是时间序列 $\{X_t, t \in T\}$ 每时每刻的平均水平。

② 方差

当 $\int_{-\infty}^{\infty} x^2 \mathrm{d}F_t(x) < \infty$ 时,我们可以定义时间序列的方差函数用以描述序列值围绕其均值做随机波动时平均的波动程度。

$$DX_t = E(X_t - \mu_t)^2 = \int_{-\infty}^{\infty} (x - \mu_t)^2 \mathrm{d}F_t(x) \tag{2-10}$$

当 t 取遍所有的观察时刻时,便得到一个方差函数序列 $\{Dx_t, t \in T\}$。

③ 自协方差函数和自相关函数

类似于协方差函数和相关系数的定义,在时间序列分析中我们定义自协方差函数(autocovariance function)和自相关系数(autocorrelation function)的概念。

对于时间序列 $\{X_t, t \in T\}$,任取 $t, s \in T$,定义 $\gamma(t, s)$ 为序列 $\{X_t\}$ 的自协方差函数:

$$\gamma(t, s) = E(X_t - \mu_t)(X_s - \mu_s) \tag{2-11}$$

定义 $\rho(t, s)$ 为时间序列 $\{X_t\}$ 的自相关系数,简记为 ACF。

$$\overline{\rho}(t, s) = \frac{\gamma(t, s)}{\sqrt{DX_t \cdot DX_s}} \tag{2-12}$$

之所以称它们为自协方差函数和自相关系数是因为通常的协方差函数和相关系数度量的是两个不同的事件彼此之间的相互影响程度,而自协方差函数和自相关系数度量的是同一事件在两个不同时期之间的相关程度,形象地讲就是度量自己过去的行为对自己现在的影响。

2.1.3.2　时间序列的分类

拿到一个观察值序列之后,首先是判断它的平稳性。通过平稳性检验,时间序列可以分为平稳时间序列和非平稳时间序列两大类。平稳时间序列和非平稳时间序列的建模方法各自不同。

（1）平稳时间序列的分类

平稳时间序列有两种定义,根据限制条件的严格程度,分为严平稳时间序列和宽平稳时间序列。严平稳时间序列通常只具有理论意义,在实践中用得更多的是条件比较宽松的宽平稳时间序列。

① 严平稳（strictly stationary）

所谓严平稳就是一种条件比较苛刻的平稳性定义,它认为只有当序列所有的统计性质都不会随着时间的推移而发生变化时,该序列才能被认为平稳。而我们知道,随机变量族的统计性质完全由它们的联合概率分布族决定。所以严平稳时间序列的定义如下:

定义 2.1　设 $\{X_t\}$ 为一时间序列,对任意正整数 m,任取 $t_1,t_2,\cdots,t_m \in T$,对任意整数 τ,有

$$F_{t_1,t_2,\cdots,t_m}(x_1,x_2,\cdots,x_m) = F_{t_{1+\tau},t_{2+\tau},\cdots,t_{m+\tau}}(x_1,x_2,\cdots,x_m) \tag{2-13}$$

则称时间序列 $\{X_t\}$ 为严平稳时间序列。

② 宽平稳（week stationary）

宽平稳是使用序列的特征统计量来定义的一种平稳性。它认为序列的统计性质主要由它的低阶矩决定,所以只要保证序列低阶矩平稳（二阶）,就能保证序列的统计性质近似稳定。

定义 2.2　如果 $\{X_t\}$ 满足以下三个条件:

a. 任取 $t \in T$,有 $EX_t^2 < \infty$;

b. 任取 $t \in T$,有 $EX_t = \mu$,μ 为常数;

c. 任取 $t,s,k \in T$,且 $k+s-t \in T$,有 $\gamma(t,s) = \gamma(k,k+s-t)$;

则 $\{X_t\}$ 为宽平稳时间序列。宽平稳也称为弱平稳或二阶平稳。

显然,严平稳序列比宽平稳序列的条件严格。严平稳序列是对序列联合分布的要求,以保证所有的统计特征都相同;而宽平稳序列只要求序列二阶平稳,对于高于二阶的没有任何要求。所以通常情况下,严平稳序列也满足宽平稳序列条件,而宽平稳序列不能反推严平稳序列成立,但这不是绝对的,两种情况都有特例。比如服从柯西分布的严平稳序列就不是宽平稳序列,因为它不存在一、二阶段,所以无法验证它二阶平稳。严格地讲,只有存在二阶矩的严平稳序列才能保证一定也是宽平稳序列。宽平稳序列一般推不出严平稳序列,但当序列服从多元正态分布时,则二阶平稳可以推出严平稳序列。

定义 2.3　时间序列 $\{X_t\}$ 称为正态时间序列,如果任取正整数 n,任取 $t_1,t_2,\cdots,t_n \in T$,相对应的有限维随机变量 $X_1,X_2,\cdots,X_n$ 服从 n 维正态分布,密度函数为:

$$f_{t_1,t_2,\cdots,t_n}(\widetilde{X}_n) = (2\pi)^{-\frac{n}{2}} |\boldsymbol{\Gamma}_n|^{-\frac{1}{2}} \exp\left[-\frac{1}{2}(\widetilde{X} - \widetilde{\boldsymbol{\mu}}_n)' \boldsymbol{\Gamma}_n^{-1} (\widetilde{X}_n - \widetilde{\boldsymbol{\mu}}_n)\right] \tag{2-14}$$

其中,$\widetilde{X}_n = (X_1,X_2,\cdots,X_n)'$,$\widetilde{\boldsymbol{\mu}}_n = (EX_1,EX_2,\cdots,EX_n)'$,$\boldsymbol{\Gamma}_n$ 为协方差阵:

$$\boldsymbol{\Gamma}_n = \begin{pmatrix} \gamma(t_1,t_1) & \gamma(t_1,t_2) & \gamma(t_1,t_n) \\ \gamma(t_2,t_1) & \gamma(t_1,t_2) & \gamma(t_2,t_n) \\ \vdots & \vdots & \vdots \\ \gamma(t_n,t_1) & \gamma(t_n,t_2) & \gamma(t_n,t_n) \end{pmatrix}$$

从正态随机序列的密度函数可以看出,它的 n 维分布仅由均值向量和协方差阵决定,换言之,对正态随机序列而言,只要二阶矩平稳,就等于分布平稳了。所以宽平稳正态时间序列一定是严平稳时间序列。对于非正态过程,就没有这个性质了。

(2) 时间序列的平稳性检验

对序列的平稳性有两种检验方法,一种是根据时序和自相关图显示的特征判断的图检验方法;一种是构造检验统计量进行假设检验的方法。图检验方法是一种操作简便、运用广泛的平稳性判别方法,它的缺点是结论带有很强的主观色彩。所以最好能用统计检验方法加以辅助判断。本书中时间序列平稳性的图检验方法采用的图均由 SAS 软件对数据处理后生成。

最常用的平稳性统计检验方法是单位根检验(unit root test),常见的单位根检验有 DF 检验、ADF 检验和 PP 检验,这三种检验的假设、检验统计量的构造和适用条件,详见文献[1],这里不再赘述。

(3) 时间序列的纯随机性检验

如果序列值彼此之间没有任何相关性,那就意味着该序列是一个没有记忆的序列,过去的行为对将来的发展没有丝毫的影响,这种序列我们称之为纯随机序列。从统计分析的角度而言,纯随机序列是没有任何分析价值的序列。

为了确定平稳序列还值不值得继续分析下去,我们需要对平稳序列进行纯随机性检验。

① 纯随机序列的定义

如果时间序列 $\{X_t\}$ 满足如下性质:

a. 任取 $t \in T$,有 $EX_t = \mu$;

b. 任取 $t,s \in T$,有 $r(t,s) = \begin{cases} \sigma^2, t = s \\ 0, t \neq s \end{cases}$

称序列 $\{X_t\}$ 为纯随机序列,也称为白噪声(white noise)序列,简记为 $X_t \sim WN(\mu, \sigma^2)$。

之所以称之为白噪声序列,是因为人们最初发现白光具有这种特性。容易证明白噪声序列一定是平稳序列,而且是最简单的平稳序列。

② 纯随机性检验

纯随机性检验也称为白噪声检验,是专门用来检验序列是否为纯随机序列的一种方法。我们知道如果一个序列是纯随机序列,那它的序列值之间应该没有任何相关关系,即满足

$$\gamma(k) = 0, \forall k \neq 0 \tag{2-15}$$

这是一种理论上才会出现的理想状况。实际上,由于观察值序列的有限性,导致纯随机序列的样本自相关系数不会绝对为零。

巴莱特(Barlett)证明,如果一个时间序列是纯随机的,得到一个观察期数为 n 的观察序列 $\{x_t, t = 1, 2, \cdots, n\}$,那么该序列的延迟非零期的样本自相关系数将近似服从均值为零、方差为序列观察期数倒数的正态分布,即

$$\overset{\wedge}{\rho_k} \overset{\cdot}{\sim} N\left(0, \frac{1}{n}\right), \forall k \neq 0 \tag{2-16}$$

式中　　n ——序列观察期数。

根据 Barlett 定理,我们可以构造检验统计量来检验序列的纯随机性。

a. 假设条件

由于序列值之间的变异性是绝对的,而相关性是偶然的,所以假设条件如下确定:

原假设:延迟期数小于或等于 m 期的序列值之间相互独立。

备择假设:延迟期数小于或等于 m 期的序列值之间有相关性。

该假设条件用数学语言描述即为:

$H_0 : \rho_1 = \rho_2 = \cdots = \rho_m = 0, \forall m \geqslant 1$

$H_1 :$ 至少存在某个 $\rho_k \neq 0, \forall m \geqslant 1, k \leqslant m$

b. 检验统计量

—— Q 统计量

为了检验这个联合假设,博克斯和皮尔斯(Pierce)推导出了 Q 统计量:

$$Q = n \sum_{k=1}^{m} \overset{\wedge}{\rho_k^2} \tag{2-17}$$

式中　　n ——序列观察期数;

　　　　m ——指定延迟期数。

根据正态分布和卡方分布之间的关系,我们很容易推导出 Q 统计量近似服从自由度为 m 的卡方分布:

$$Q = n \sum_{k=1}^{m} \overset{\wedge}{\rho_k^2} \sim \chi^2(m) \tag{2-18}$$

当 Q 统计量大于 $\chi^2_{1-\alpha}(m)$ 分位点,或该统计量的 P 值小于 α 时,则可以 $1-\alpha$ 的置信水平拒绝原假设,认为该序列为非白噪声序列;否则,接受原假设,认为该序列为纯随机序列。

——LB 统计量

在实际应用中人们发现 Q 统计量在大样本场合(n 很大的场合)检验效果很好,但在小样本场合就不太精确。为了弥补这一缺陷,博克斯和荣格(Ljung)又推导出 LB(Ljung-Box)统计量:

$$LB = n(n+2) \sum_{k=1}^{m} \left(\frac{\overset{\wedge}{\rho_k^2}}{n-k} \right) \tag{2-19}$$

博克斯和荣格证明 LB 统计量同样近似服从自由度为 m 的卡方分布。

实际上 LB 统计量就是博克斯和皮尔斯的 Q 统计量的修正,所以人们习惯把它们统称为 Q 统计量,分别记作 Q_{BP} 统计量(博克斯和皮尔斯的 Q 统计量)和 Q_{LB} 统计量(博克斯和荣格的 Q 统计量),在各种检验场合普遍采用的 Q 统计量通常指的都是 LB 统计量。

2.1.3.3　时间序列的适用模型[137-138]

时间序列模型是建立在线性模型基础上的,时间序列类型是以参数化模型处理动态随机数据的一种实用方法。通过对实测数据序列的统计处理,将其拟合成一个参数模型,再利用这个模型来分析研究实测数据序列内在的各种统计特性,从而可以按照实测数据序列的统计规律,利用现在和过去的观测值来预测或控制其未来值。

（1）平稳时间序列的适用模型

AR 模型（auto regression model）、MA 模型（moving average model）和 ARMA 模型（auto regression moving average model）是平稳时间序列模型中最常用的三种形式。

由于它们的线性差分分成的结构不同，因此它们具有完全不同的统计特性，其中最重要的区别表现在自相关特性和偏相关特性两个方面。AR 模型具有拖尾的自相关特性，即自相关系数具有无限个指数衰减的分布规律；而 MA 模型具有截尾的自相关特性，即该模型具有有限个自相关系数，其个数决定于模型阶数的大小。在偏相关特性方面，AR 模型具有截尾的偏相关系数，而 MA 模型则具有拖尾的偏相关特性。这种对偶性是时间序列模型的一个重要特点，可以利用这个特点来初步识别模型的类别。但是对于复杂的 ARMA 模型在识别时比较困难，因为 ARMA 模型的自相关特性和偏相关特性都是拖尾的，无法与 AR 模型的自相关函数拖尾特性和 MA 模型的偏相关函数拖尾特性有效地区分开来，此时必须通过其他方法来加以识别。

格林函数 G_j 与逆函数 I_j 是一种对偶关系。它们之间可以互相转换，都可以用来描述 ARMA 模型，而其共同特点是由无限多项组成，这与有限项组成的时间序列模型有原则性区别。作为 ARMA 模型的两种特殊情况，即 AR 模型也可以用无限项格林函数组成，或者用有限项逆函数组成；而 MA 模型则可以用有限格林函数或用无限项逆函数组成。但是无论是用格林函数或逆函数来描述不同的时间序列模型，都必须符合平稳性和可逆性条件。

随机序列的谱函数与其自相关函数都是要进行傅里叶变换。可以证明，线性平稳的时间序列的谱函数是个有理函数，因此可称其为有理谱。如果是自回归（AR）模型，则其谱函数的特征方程的根全部集中在分式的分母上，因此又可称为全极点模型。自回归滑动平均（ARMA）混合模型的谱函数则属于零极点模型。利用时间序列谱函数的不同特点，在应用时可以采用现代谱估计方法，以提高分辨率和减少频率泄漏。

① AR 模型

定义：具有如下结构的模型称为 P 阶自回归模型，简记为 AR(P)：

$$\begin{cases} x_t = \phi_0 + \phi_1 x_{t-1} + \phi_2 x_{t-2} + \cdots + \phi_p x_{t-p} + \varepsilon_t \\ \phi_p \neq 0 \\ E(\varepsilon_t) = 0, \mathrm{Var}(\varepsilon_t) = \sigma_\varepsilon^2, E(\varepsilon_t \varepsilon_s) = 0, s \neq t \\ E_{x_s \varepsilon_t} = 0, \forall s < t \end{cases} \tag{2-20}$$

其中后三个为限制条件，通常会缺省该方程的限制条件，把 AR(P)简记为：

$$x_t = \phi_0 + \phi_1 x_{t-1} + \phi_2 x_{t-2} + \cdots + \phi_p x_{t-p} + \varepsilon_t \tag{2-21}$$

当 $\phi_0 = 0$ 时，自回归模型（2-21）又称为中心化 AR(P)模型；引进延迟算子后，中心化 AR(P)模型又可以简记为：

$$\Phi(B)x_t = \varepsilon_t \tag{2-22}$$

其中，$\Phi(B) = 1 - \phi_1 B - \phi_2 B^2 - \cdots - \phi_p B^p$，称为 P 阶自回归系数多项式。

② MA 模型

定义：具有如下结构的模型称为 q 阶移动平均模型，简记为 MA(q)：

$$\begin{cases} x_t = \mu + \varepsilon_t - \theta_1 \varepsilon_{t-1} - \theta_2 \varepsilon_{t-2} - \cdots - \theta_q \varepsilon_{t-q} \\ \theta_q \neq 0 \\ E(\varepsilon_t) = 0, \mathrm{Var}(\varepsilon_t) = \sigma_\varepsilon^2, E(\varepsilon_t \varepsilon_s) = 0, s \neq t \end{cases} \tag{2-23}$$

其中后三个为限制条件,通常会缺省该方程的限制条件,把 MA(q)简记为:

$$x_t = \mu + \varepsilon_t - \theta_1\varepsilon_{t-1} - \theta_2\varepsilon_{t-2} - \cdots - \theta_q\varepsilon_{t-q} \tag{2-24}$$

当 $\mu = 0$,模型(2-24)称为中心化 MA(q)模型;使用延迟算子后,中心化 MA(q)模型又可以简记为:

$$x_t = \Theta(B)\varepsilon_t \tag{2-25}$$

式中 $\Theta(B) = 1 - \theta_1 B - \theta_2 B^2 - \cdots - \theta_q B^q$,称为 q 阶移动平均系数多项式。

③ ARMA 模型

定义:具有如下结构的模型称为自回归移动平均模型,简记为 ARMA(p,q):

$$\begin{cases} x_t = \phi_0 + \phi_1 x_{t-1} + \cdots + \phi_p x_{t-p}\mu + \varepsilon_t - \theta_1\varepsilon_{t-1} - \cdots - \theta_q\varepsilon_{t-q} \\ \phi_p \neq 0, \theta_q \neq 0 \\ E(\varepsilon_t) = 0, \mathrm{Var}(\varepsilon_t) = \sigma_\varepsilon^2, E(\varepsilon_t\varepsilon_s) = 0, s \neq t \\ E_{x_s\varepsilon_t} = 0, \forall s < t \end{cases} \tag{2-26}$$

当 $\phi_0 = 0$ 时,该模型称为中心化 ARMA(p,q)模型;使用延迟算子后,ARMA(p,q)模型简记为:

$$\Phi(B)x_t = \Theta(B)\varepsilon_t \tag{2-27}$$

式中:

$\Phi(B) = 1 - \phi_1 B - \phi_2 B^2 - \cdots - \phi_p B^p$,称为 P 阶自回归系数多项式;

$\Theta(B) = 1 - \theta_1 B - \theta_2 B^2 - \cdots - \theta_q B^q$,称为 q 阶移动平均系数多项式。

(2)非平稳时间序列随机分析的适用模型

实际上,在自然界中绝大部分时间序列都是非平稳的。对非平稳时间序列的分析方法可以分解为确定性时序分析和随机时序分析两大类。确定性时序分析采用以 Word 分解定理和 Cramer 分解定理为理论基础的确定性因素分解方法,对时间序列进行分析,把时间序列中所蕴含的长期趋势、循环波动和季节性变化这三大趋势和规律提取出来。但是该方法不能充分提取观察值序列中的有效信息,导致模型的拟合精度不够理想。随机时序分析方法弥补了这方面的不足,常用到的模型有:

① ARIMA 模型

具有如下结构的模型称为求和自回归移动平均(autoregressive integrated moving average)模型,简记为 ARIMA(p,d,q)模型:

$$\begin{cases} \Phi(B)\,\nabla^d x_t = \Theta(B)\varepsilon_t \\ E(\varepsilon_t) = 0, \mathrm{Var}(\varepsilon_t) = \sigma_t^2, E(\varepsilon_t\varepsilon_s) = 0, s \neq t \\ Ex_s\varepsilon_t = 0, \forall s < t \end{cases} \tag{2-28}$$

式中 $\nabla^d = (1-B)^d$;

$\Phi(B) = 1 - \phi_1 B - \cdots - \phi_p B^p$,为平稳可逆 ARMA($p,q$)模型的自回归系数多项式;

$\Theta(B) = 1 - \theta_1 B - \cdots - \theta_q B^q$,为平稳可逆 ARMA($p,q$)模型的移动平滑系数多项式。

式(2-28)可以简记为:

$$\nabla^d x_t = \frac{\Theta(B)}{\Phi(B)}\varepsilon_t \tag{2-29}$$

式中,$\{\varepsilon_t\}$ 为零均值白噪声序列。

由式(2-29)可见,ARIMA 模型的实质就是差分运算与 ARMA 模型的组合。这说明任何非平稳序列只要通过适当阶数的差分实现差分后平稳,就可以对差分后序列进行 ARMA 模型拟合了。而 ARMA 模型的分析方法非常成熟,这意味着对差分平稳序列的分析也将是非常简单、可靠的了。

② AUTO-Regressive 模型

ARIMA 模型使用差分方法能够对确定性信息的提取比较充分,但很难对模型进行直观解释,对残差信息的浪费严重。为了解决这个问题,人们构造了残差自回归(AUTO-Regressive)模型。

AUTO-Regressive 模型的构造思想是首先通过确定性因素分解方法提取序列中主要的确定性信息:

$$x_t = T_t + S_t + \varepsilon_t \tag{2-30}$$

式中　T_t——趋势效应拟合;

　　　S_t——季节效应拟合。

考虑到因素分解方法对确定性信息的提取可能不够充分,因而需要进一步检验残差序列 $\{\varepsilon_t\}$ 的自相关性。

如果检验结果显示残差序列自相关性不显著,说明确定性回归模型对信息的提取比较充分,可以停止分析了。

如果检验结果显示残差序列自相关性显著,说明确定性回归模型对信息的提取不充分,这时可以考虑对残差序列拟合自回归模型,进一步提取相关信息:

$$\varepsilon_t = \phi_1 \varepsilon_{t-1} + \cdots + \phi_p \varepsilon_{t-p} + \alpha_t \tag{2-31}$$

这样构造的模型:

$$\begin{cases} x_t = T_t + S_t + \varepsilon_t \\ \varepsilon_t = \phi_1 \varepsilon_{t-1} + \cdots + \phi_p \varepsilon_{t-p} + a_t \\ E(a_t) = 0, \mathrm{Var}(a_t) = \sigma^2, Cov(a_t, a_{t-i}) = 0, \forall i \geqslant 1 \end{cases} \tag{2-32}$$

称为(残差)自回归模型。

③ GARCH 模型

为了更精确地估计异方差函数,恩格尔(Engle)于 1982 年提出了条件异方差模型(ARCH 模型),其全称是自回归条件异方差模型(autoregressive conditional heteroskdastic)。

ARCH 模型的实质是使用误差平方序列的 q 阶移动平均拟合当期异方差函数值。由于移动平均模型具有自相关系数 q 阶截尾性,所以 ARCH 模型实际上只适用于异方差函数短期自相关过程。

但是在实践中,有些残差序列的异方差函数是具有长期自相关性的,这时如果使用 ARCH 模型拟合异方差函数,将会产生很高的移动平均阶数,这会增加参数估计的难度并最终影响 ARCH 模型的拟合精度。

为了修正这个问题,博勒斯洛夫(Bollerslov)在 1985 年提出了广义自回归条件异方差(generalized autoregressive conditional heteroskedastic)模型,即 GARCH 模型,其结构如下:

$$\begin{cases} x_t = f(t, x_{t-1}, x_{t-2}, \cdots) + \varepsilon_t \\ \varepsilon_t = \sqrt{h_t} e_t \\ h_t = \omega + \sum_{i=1}^{p} \eta_i h_{t-i} + \sum_{j=1}^{q} \lambda_j \varepsilon_{t-j}^2 \end{cases} \tag{2-33}$$

式中，$f(t, x_{t-1}, x_{t-2}, \cdots)$ 为 $\{x_t\}$ 的回归函数；$e_t \overset{i.i.d}{\sim} N(0,1)$。这个模型简记为 GARCH($p$, q)。

GARCH 模型实际上就是在 ARCH 模型的基础上，增加考虑了异方差函数的 p 阶自相关性。它可以有效地拟合具有长期记忆性的异方差函数。

显然 ARCH 模型是 GARCH 模型的一种特例，ARCH(q)模型实际上就是 $p=0$ 的模型 CARCH(p, q)。

GARCH 模型是至今为止最常用、最可行的异方差序列拟合模型。但它的有效使用必须满足如下两个约束条件。

条件 1：参数非负

$$\omega > 0, \eta_i \geqslant 0, \lambda_j \geqslant 0$$

条件 2：参数有界

$$\sum_{j=1}^{p} \eta_i + \sum_{j=1}^{q} \lambda_j < 1$$

这两个约束条件限制了 GARCH 模型的使用面。为了拓宽 GARCH 模型的使用，许多统计学家从不同的角度出发，构造了多个 GARCH 模型的变体，即：

a. 指数 GARCH 模型（EGARCH）；

b. 方差无穷 GARCH 模型（IGARCH）；

c. 依均值 GARCH 模型（GARCH-M）。

由于本书中对数据的处理很少用到 GARCH 模型的变体，所以对上述提到的三个 GARCH 模型变体的结构不再赘述。

2.1.3.4　ARMA 模型识别、估计与预测

建立 ARMA 模型的基本前提是保证时间序列的平稳性，ARIMA 建模过程则是把非平稳时间序列平稳化，再建立 ARMA 模型。模型中的两个参数 p 和 q 一旦确定下来，那么 ARMA 模型便可以确定。因此，首先要做的分析工作便是确定 p 和 q 的具体取值，然后再对 ARMA(p, q)模型进行参数估计及显著性检验，最后利用显著的模型对时间序列进行预测。

（1）模型的识别

ARMA 模型的识别主要是针对确定其两个参数 p 和 q 的具体数值而言的。确定 p 和 q 具体数值的过程即为模型的识别过程，也被叫作 ARMA 模型定阶。如 AR(2)被称为 2 阶 AR 模型，MA(3)被称为 3 阶 MA 模型。

模型的识别是针对平稳数据而言的。

① 利用自相关系数、偏自相关系数图进行模型识别

ARMA 模型的识别可以通过自相关系数和偏自相关系数对应的相关系数图形来进行。自相关系数前面已经做过介绍，它描述的是时间序列观测值与过去值之间的相关性。而偏自相关系数（PACF）则为在给定中间观测值的条件下，观测值与前面某个间隔的观测值之间的相关系数。偏自相关系数的推导过程较为复杂，其实质使得残差的方差达到最小的 k 阶 AR 模型的第 k 项系数，即：

$$\rho_{t, t-k \mid t-1, t-2, \cdots, t-k+1} = \frac{E\left[\eta_{t \mid t-1, t-2, \cdots, t-k+1} \eta_{t-k \mid t-1, t-2, \cdots, t-k+1}\right]}{\left(E\left[\eta_{t \mid t-1, t-2, \cdots, t-k+1}^2\right] E\left[\eta_{t-k \mid t-1, t-2, \cdots, t-k+1}^2\right]\right)^{\frac{1}{2}}} \tag{2-34}$$

其中：

$$\eta_{t\,|\,t-1,t-2,\cdots,t-k+1} = X_t - E[X_t\,|\,X_{t-1}X_{t-2}\cdots X_{t-k+1}]\,;$$

$$\eta_{t-k\,|\,t-1,t-2,\cdots,t-k+1} = X_{t-k} - E[X_{t-k}\,|\,X_{t-1}X_{t-2}\cdots X_{t-k+1}]\,。$$

利用相关系数图进行模型识别，首先应当搞清楚两个基本概念，即截尾和拖尾。

所谓截尾，是指在自相关系数图或偏自相关系数图中，自相关系数或偏自相关系数在滞后的前几期处于置信区间之外，而滞后的系数基本上都落入置信区间之内，且逐渐趋于零。通常把相关系数图在滞后第 p 期后截尾的情况叫作 p 阶截尾。

所谓拖尾，是指在自相关系数图或偏自相关系数图中的系数由指数型、正弦型或震荡型衰减的波动，并不会都落入置信区间内。

利用自相关系数图和偏自相关系数图进行模型识别，主要依据以下原则，见表2-1。

表 2-1　　　　　　　　　　　ACF 图和 PACF 图的模型识别表

自相关系数图（ACF 图）	偏自相关系数图（PACF 图）	模型识别结果
q 阶截尾	拖尾	MA(q)
拖尾	p 阶截尾	AR(p)
拖尾	拖尾	ARMA

在 ACF 图和 PACF 图都拖尾的情况下，ARMA 模型中的 p、q 参数还需进一步进行确定。

ARMA(p,q)的偏自相关系数可能在 p 阶滞后项前几项明显高出置信区间，但从 p 阶滞后项开始逐渐趋向于零；而其自相关系数则可能在 q 阶滞后项前几项明显高出置信区间，但从 q 阶滞后项开始逐渐趋向于零。

② 计算扩展的样本自相关函数并利用其估计值进行模型识别

利用该种方法进行识别时，需指定 p 和 q 的最大值和最小值，依据 ACF 图和 PACF 图的情形自行判断，并没有特殊的规定。

③ 利用最小信息准则进行模型识别

当样本长度 $N \to \infty$ 时，采用其他方法定出的模型阶数估计值，并不能依概率收敛到真值。对此，赤池弘次（Akaike）和哈曼（E. J. Haman）等学者又提出了 BIC 准则。

BIC 准则函数的定义如下：

$$\mathrm{BIC}(p) = \log\hat{\sigma}_a^2 + \frac{p\log N}{N} \tag{2-35}$$

若某一阶数 p'_0 满足：

$$\mathrm{BIC}(p'_0) = \min_{0 \leqslant p \leqslant L} \mathrm{BIC}(p) \tag{2-36}$$

其中 L 是预先设定的模型阶数上限，则取 p'_0 为模型的最佳阶数。

利用 SAS 软件系统，可以计算 ARMA(p,q)所有可能模型的 BIC 信息指数，并可根据系统计算出 BIC 指数最小的模型以作为识别依据。

④ 利用典型相关系数平方估计值进行模型识别

利用 SAS 软件系统，用典型相关系数平方估计值进行模型识别，系统运行后，得到各类模型之间的典型相关系数平方估计值和用于检验这些估计值显著性的概率值。

（2）模型参数估计及检验

在对时间序列模型进行识别并确定模型的具体形式之后，便可以利用样本数据进行模型的参数估计并对估计结果进行检验。对于 ARMA 模型，可以对其拟合性和参数估计显著性等方面进行检验。此外，对于一个适当的 ARMA 模型，还应当保证其残差项无自相关性，即对残差项进行白噪声检验。如果模型残差项非白噪声，则需要重新对模型进行识别。

对于 ARMA 模型的参数估计和拟合，应当使得估计值后的模型残差项不存在自相关，即模型的残差项是白噪声。因此，还应当对模型的残差项进行白噪声检验。

（3）模型预测

经过识别和参数估计并进行相应的检验之后，便可利用所建立的模型进行预测。目前对平稳时间序列最常用的预测方法是线性最小方差预测和条件期望预测。

设当前时刻为 t，已经知道平稳时间序列 $\{X_t\}$ 在时刻 t 及以前时刻的观察值为 X_t，X_{t-1}，X_{t-2}，$\cdots$，现用序列 X_t，X_{t-1}，X_{t-2}，$\cdots$ 对时刻 t 以后的观察值 $X_{t+l}(l>0)$ 进行预测，这种预测称为以 t 为原点，向前期（或步长）为 l 的预测，预测值记为 $\hat{x}_t(l)$。

① 正交投影预测（几何预测法）

对时间序列 $\{X_t\}$ 在 $t+l$ 时刻的取值进行预测，就是利用 $\{X_t\}$ 在 t 及以前时刻的取值 X_t，X_{t-1}，X_{t-2}，$\cdots$ 所提供的信息来表达 $X_{t+l}(l>0)$。一般考虑比较简单的线性函数：

$$\hat{X}_t(l) = g_0^* X_t + g_1^* X_{t-1} + \cdots \tag{2-37}$$

问题是如何求 g_0^*，g_1^*，$\cdots$，使得 $\hat{x}_t(l)$ 与 X_{t+l} 最接近？

如果将 X_t，X_{t-1}，X_{t-2}，$\cdots$ 看成向量，并定义向量间的距离为向量的均方差，那么 X_t，X_{t-1}，X_{t-2}，$\cdots$ 的线性组合将构成一个平面 M。由几何知识知，在平面 M 上只有 X_{t+l} 的正交投影与 X_{t+l} 的距离最小，如图 2-1 所示，即 $E(X_{t+l} - \hat{X}_t(l))^2 = E(e_t(l))^2$ 达到最小，$e_t(l)$ 为预测误差。

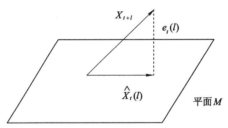

图 2-1　正交投影预测示意图

前面已经对 $\{X_t\}$ 建立了合适的平稳时间序列模型，也就知道了 $\{X_t\}$ 的结构，假设其结构可用正交分解（格林函数）表示为

$$X_t = \varepsilon_t + G_1\varepsilon_{t-1} + G_2\varepsilon_{t-2} + \cdots \tag{2-38}$$

其中，ε_t 满足

$$E(\varepsilon_t\varepsilon_{t-k}) = \begin{cases} \sigma_\varepsilon^2, & k = 0 \\ 0, & k \neq 0 \end{cases}$$

从而知，由 X_t，X_{t-1}，X_{t-2}，$\cdots$ 形成的平面就是由 ε_t，ε_{t-1}，ε_{t-2}，$\cdots$ 形成的平面。但它们又有所不同，其区别是 X_t，X_{t-1}，X_{t-2}，$\cdots$ 之间相互依赖，而 ε_t，ε_{t-1}，ε_{t-2}，$\cdots$ 之间相互正交，也就

是说 $\varepsilon_t, \varepsilon_{t-1}, \varepsilon_{t-2}, \cdots$ 是平面 M 的一组正交基。

以上是从几何的角度解决了预测问题,由于这种预测使得 $E(X_{t+l} - \hat{x}_t(l))^2$ 达到最小,因而也称为最小均方差预测,最小均方误差为

$$D(e_t(l)) = E(e_t(l))^2 = \sigma_a^2(1 + G_1^2 + G_2^2 + G_3^2 + \cdots + G_{l-1}^2) \tag{2-39}$$

式(2-39)不仅提供了计算预报的精度,也表明了 l 步线性最小方差预测误差的方差只与预测步长 l 有关,而与预测的时间原点 t 无关,这一点也体现了预测的平稳性。同时也可以看出预测的步长 l 越大,预测误差的方差也越大,即预测的准确性越差。

以上是从几何的观点看时间序列的预测,下面将从概率的角度看时间序列的预测。

② 条件期望预测

设当前时刻为 t,已经知道平稳时间序列 $\{X_t\}$ 时刻 t 及以前的观测值 $X_t, X_{t-1}, X_{t-2}, \cdots$。用 $X_t, X_{t-1}, X_{t-2}, \cdots$ 对时刻 t 以后的观察值 $X_{t+l}(l > 0)$ 进行预测,而 X_{t+l} 是一个未知的随机变量,与 $X_t, X_{t-1}, X_{t-2}, \cdots$ 相关,因此一个直观的想法就是用其条件期望值作为预测值,即

$$\hat{X}_t(l) = E(X_{t+l} \mid X_t, X_{t-1}, \cdots) \tag{2-40}$$

有关 X_t 和 ε_t 的条件期望具有以下规则:

常量的条件期望是其本身;对 ARMA 序列而言,现在时刻与过去时刻的观测值及扰动的条件期望是其本身,即

$$\begin{cases} E(X_k \mid X_t, X_{t-1}, X_{t-2}, \cdots) = X_k, k \leqslant t \\ E(\varepsilon_k \mid X_t, X_{t-1}, X_{t-2}, \cdots) = \varepsilon_k, k \leqslant t \end{cases} \tag{2-41}$$

未来扰动的条件期望为零,即

$$E(\varepsilon_k \mid X_t, X_{t-1}, X_{t-2}, \cdots) = E(\varepsilon_k) = 0, k > t$$

未来取值的期望为未来取值的预测值,即

$$E(X_{k+1} \mid X_t, X_{t-1}, X_{t-2}, \cdots) = \hat{x}(l) \tag{2-42}$$

(a) AR 序列 $X_t = \varphi_1 X_{t-1} + \varphi_2 X_{t-2} + \cdots + \varphi_p X_{t-p} + \varepsilon_t$ 的预测

向前 l 步预测 $\hat{x}(l) = \varphi_1 \hat{x}(l) + \cdots + \varphi_p \hat{x}(l-p)$。

预测方差为 $\mathrm{Var}(e_t(l)) = (1 + G_1^2 + G_2^2 + \cdots + G_{l-1}^2)\sigma_\varepsilon^2$。

95% 置信区间为 $(\hat{x}(l) \pm z_{1-0.5\alpha}(1 + G_1^2 + G_2^2 + \cdots + G_{l-1}^2)^{\frac{1}{2}}\sigma_\varepsilon)$,其中 $z_{1-0.5\alpha}$ 为 $N(0,1)$ 的 $1-0.5\alpha$ 的分位数。

(b) MA(1)模型 $X_t = \varepsilon_t - \theta_1 \varepsilon_{t-1}$ 的预测

向前两步预测 $\hat{x}(2) = E(X_{t+1} \mid X_t, X_{t-1}, \cdots) = E(\varepsilon_{t+2} - \theta_1 \varepsilon_{t+1} \mid\mid X_t, X_{t-1}, \cdots) = 0$。

一般的有

$$\hat{X}_t(l) = 0 \quad (l \geqslant 2)$$

类似地,对于 MA(q)模型而言,超过 q 步的预测值均为零,这与 MA 序列的短期记忆性是吻合的。

(c) ARMA 模型的预测

一般情况下,ARMA 模型可用逆转形式来表示:

$$X_t = \sum_{j=1}^{\infty} I_j X_{t-j} + \varepsilon_t$$

$$\hat{X}_t(l) = E(X_{t+l} \mid X_t, X_{t-1}, \cdots) = \sum_{j=1}^{\infty} I_j E(X_{t+l-j} \mid X_t, X_{t-1}, \cdots)$$

$$= \sum_{j=1}^{l-1} I_j \hat{X}_t(l-j) + \sum_{j=1}^{\infty} I_j X_{t+l-j}$$

从上式可以看出，预测要用到所有过去 X_t 的信息。实际上，ARMA 模型的可逆性保证了 I_j 构成收敛级数，按预定的精度要求，可取某个 k 值，当 $j>k$ 时，令 $I_j=0$，即忽略 X_{t+l} 对 X_{t+l-j} 的依赖性，进而得出预测值。

如果把预测值 $\hat{X}_t(l)$ 看作 l 的函数，则预测函数的形式是由模型的自回归部分决定的，滑动平均部分用于确定预测函数中的待定系数，使得预测函数"适应"于观测数据。

③ 适时修正预测

实际中常常遇到这样的问题，以时刻 t 为原点进行向前预测，得到 $\hat{x}_t(1)$，$\hat{x}_t(2)$，$\hat{x}_t(3)$，$\cdots$，而当到了时刻 $t+1$ 时，X_{t+l} 已成为已知，对于 $t+2,t+3,\cdots$ 时刻的预测还只用原来的 $\hat{x}_t(2)$，$\hat{x}_t(3)$，$\cdots$ 吗？

既然到了时刻 $t+1$ 时，X_{t+l} 已成为已知，它提供了新的信息，就应该加以利用，因而不能直接利用 $\hat{x}_t(2)$，$\hat{x}_t(3)$，$\cdots$，而要加以修正。这是因为它们只利用了 t 时刻以前的信息，并未利用 X_{t+l}，而 X_{t+l} 是最新信息，当然要加以利用，但是否又以 $t+1$ 为原点，重新构造新的预测模型得到 $\hat{x}_{t+1}(1)$，$\hat{x}_{t+1}(2)$，$\cdots$ 呢？

具体做法如下：

对于一个 ARMA 系统，已经知道

$$\hat{x}_{t+1}(l) = E(X_{t+l+1} \mid X_{t+1}, X_t X_{t-1}, \cdots) = G_l \varepsilon_{t+1} + G_{l+1}\varepsilon_t + G_{l+2}\varepsilon_{t-1} + \cdots$$

$$\hat{X}_t(l+1) = E(X_{t+l+1} \mid X_t X_{t-1}, \cdots) = G_{l+1}\varepsilon_t + G_{l+2}\varepsilon_{t-1} + G_{l+3}\varepsilon_{t-2} + \cdots$$

因此

$$\hat{x}_{t+1}(l) = \hat{X}_t(l+1) + G_l\varepsilon_{t+1}$$

而

$$\varepsilon_{t+1} = X_{t+1} - \hat{x}(1)$$

如果把 $t+1$ 时刻的观测值 X_{t+l} 以及预测值 $\hat{x}_{t+1}(l)$ 称为"新"的，而把以 t 时刻为原点的预测值 $\hat{X}_t(l+1)$ 称为旧的，则

$$\hat{x}_{t+1}(l) = \hat{X}_t(l+1) + G_l\varepsilon_{t+1} \tag{2-43}$$

说明新的预测值可以由新的观测值以及旧的预测值推算出。这样就不必对数据进行重新计算，提高了计算速度。

2.1.4 时间序列分析软件 SAS

随着计算机科学的高速发展，现在有许多软件可以帮助我们进行分析时间序列分析。常用的软件有：S-plus，Matlab，Gauss，TSP，Eviews 和 SAS。

由于本书中时间序列数据的处理和分析采用的是 SAS 软件系统[142-145]，因此有必要对

使用的 SAS 软件进行简要的介绍。SAS 的全称是 Statistical Analysis System,直译过来就是统计分析系统。它最早是由美国北卡罗来纳州立大学(North Carolina University)的两位生物统计学研究生编制,并于 1976 年成立了 SAS 软件研究所,正式推出了 SAS 软件。发展到今天,它不仅成为统计分析领域的国际标准软件,而且已经成为具有完备的数据访问、数据管理、数据分析和数据呈现功能的大型集成化软件系统,如今已广泛地普及和应用于医学、社会学、市场学、经济学和自然科学各个领域的信息处理、定量研究和科研分析中。由于领先的技术和全新的功能,SAS 软件已经成为全球数据分析方面首选软件。

目前 SAS 软件已被全世界 120 多个国家和地区的近 3 万家机构所采用,直接用户则超过 300 万人,遍及金融、医药卫生、生产、运输、通信、政府和教育科研等领域。在数据处理和统计分析领域,SAS 软件系统被誉为国际上的标准软件系统,并在 1996~1997 年度被评选为建立数据库的首选产品。

SAS 软件系统是一个组合软件系统,它由多个功能模块组合而成,其基本部分是 BASE SAS 模块。BASE SAS 模块是 SAS 软件系统的核心,承担着主要的数据管理任务,并管理用户使用环境,进行用户语言的处理,调用其他 SAS 模块和产品。SAS 软件系统具有灵活的功能扩展接口和强大的功能模块,在 BASE SAS 的基础上,还可以增加如下不同的模块而增加不同的功能:SAS/STAT(统计分析模块)、SAS/GRAPH(绘图模块)、SAS/QC(质量控制模块)、SAS/ETS(经济计量学和时间序列分析模块)、SAS/OR(运筹学模块)、SAS/IML(交互式矩阵程序设计语言模块)、SAS/FSP(快速数据处理的交互式菜单系统模块)、SAS/AF(交互式全屏幕软件应用系统模块)等等。SAS 软件有一个智能型绘图系统,不仅能绘各种统计图,还能绘出地图。SAS 软件提供多个统计过程,每个过程均含有极丰富的任选项。用户还可以通过对数据集的一连串加工,实现更为复杂的统计分析。此外,SAS 软件还提供了各类概率分析函数、分位数函数、样本统计函数和随机数生成函数,使用户能方便地实现特殊统计需求。

SAS 软件系统是由大型机系统发展而来,其核心操作方式就是程序驱动,经过多年的发展,现在已成为一套完整的计算机语言,其用户界面也充分体现了这一特点:它采用 MDI(多文档界面),用户在 PGM 视窗中输入程序,分析结果以文本的形式在 OUTPUT 视窗中输出。使用程序方式,用户可以完成所有需要做的工作,包括统计分析、预测、建模和模拟抽样等。但是,这使得初学者在使用 SAS 软件时必须要学习 SAS 语言,入门比较困难。由于 SAS 软件系统是从大型机上的系统发展而来,在设计上也是完全针对专业用户进行设计,因此其操作至今仍以编程为主,人机对话界面不太友好,并且在编程操作时需要用户对所使用的统计方法有较清楚的了解,非统计专业人员掌握起来较为困难。

SAS 和 SPSS(statistical package for the social science,社会科学统计软件包)、BMDP(biomedical programs,生物医学程序)并称为国际上最有知名度的三大统计软件。在国际学术界有条不成文的规定:凡是适用 SAS 和 SPSS 统计分析的结果,在国际学术交流中,可以不必说明算法。由此可见其权威性和信誉度。

在 SAS 软件系统中,SAS/ETE(econometric & time series)模块,是一个专门进行计量经济与时间序列分析的软件。SAS/ETE 编程简洁,输出功能强大,分析结果精确,是进行时间序列分析与预测的理想软件。由于 SAS 软件系统具有全球一流的数据仓库功能,因此在进行海量数据的序列分析时 SAS 软件具有其他统计软件无可比拟的优势。

2.2 数据挖掘

近十几年来,随着计算机软、硬件的飞速发展,人们利用信息技术产生和搜集数据的能力大幅度提高,数以千万计的数据库被用于商业管理、政府办公、科学研究和工程开发等方面。收集工具的进步使人们拥有了数量庞大的数据。面对这些数据,急需一些新的工具和技术,能够智能化且自动地把这些数据转化为有用的信息和知识,从而解决"信息爆炸"所带来的问题,即数据丰富,信息贫乏[146]。

过去对于数据的分析主要依赖于分析人员的人工操作,数据的分析工作只是简单的根据专家知识从数据库进行查询和获取数据,并呈现给分析人员做出决策。这种对收集数据进行传统的数理统计和对数据管理工具进行的分析已不再适用。如何从海量数据中及时发现有用的知识,提高信息利用率,并将这些有用的信息和知识运用到实际工作中去成为一个迫切需要解决的问题。数据挖掘(data mining,DM)通常又称为数据库知识发现(knowledge discovery in database,KDD)越来越受到人们的重视。因此,数据挖掘和知识发现可以说是数据库技术与信息技术发展的一个必然趋势。当人们不再为获取数据而烦恼时,如何分析、理解并利用这些数据就成为必然的要求。

2.2.1 数据挖掘的定义

到目前为止数据挖掘还没有一个严格的定义,从 1989 年到现在,DM 的定义随着人们研究的不断深入也在不断完善,与数据挖掘类似名词还有信息挖掘(information miner),知识获取(knowledge extraction),KDD 等。汉德(D. J. Hand)等[147]认为数据挖掘是指从大量数据中获取有趣的或者有价值信息的过程;西穆迪斯(E. Simoudis)[148]用 DM 来代表由大数据库中抽取正确的、前所未知的、可理解的并具有可操作性、能用来进行决策的信息的过程。许多人认为广义上 DM 是 KDD 的同义词,也有人认为数据挖掘仅仅是 KDD 中的一个步骤。

KDD 目前比较公认的定义是法耶兹(U. M. Fayyad)等[149]给出的:指从数据集中识别出有效的、新颖的、潜在有用的,以及最终可理解的模式的非平凡过程。其中,"数据集"是一组事实 F(如关系数据库中的记录);"模式"是一个用语言式来表示的一个表达式 E,它可用来描述数据集 F 的某个子集 FE,E 作为一个模式要求它比对数据子集凡的枚举要简单(所用的描述信息量少);"过程"在数据挖掘中通常指多阶段的处理,涉及数据准备、模式搜索、知识评价以及反复的修改求精,该过程要求是"非平凡"的,意思是要有一定程度的智能性、自动性(仅仅给出所有数据的总和不能算作是一个发现过程);"有效性"是指发现的模式对于新的数据仍保持有一定的可信度;"新颖性"要求发现的模式应该是有新意的;"潜在有用性"是指发现的知识将来有实际效用;"最终可理解性"则要求发现的模式能被用户理解,目前它主要是体现在简洁性上。

严格地讲,数据挖掘是知识发现过程中的一个关键步骤,这就是从大量数据中提取隐含的、以前未知的、具有潜在应用价值的信息的过程,它研究和探索在数据库中抽取有用知识的算法和技术,使用基于发现的方法,运用模式匹配和其他算法决定数据之间的重要联系。在通常情况下,人们常把数据挖掘视为数据库中的知识发现的同义词,不加区分地使用"知识发现"和"数据挖掘"这两个术语,实际上,多数人更习惯于使用"数据挖掘"这一词汇。

2.2.2 数据挖掘的一般过程

数据挖掘的一般过程如图 2-2 所示[150]，它不是一个简单的线性过程，包括很多的反馈回路在内，其中的每一个步骤都有可能回到前面的一个或者几个步骤往复执行。数据挖掘过程可粗略地理解为三部曲[122]：数据准备(data preparation)、数据开采以及结果的解释评估(interpretation and evaluation)。

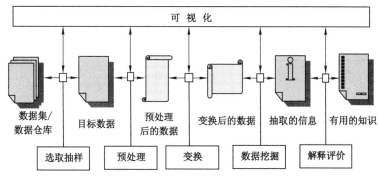

图 2-2　数据挖掘的一般过程

（1）数据准备

数据准备又可分为三个子步骤：数据选取(data selection)、数据预处理(data preprocessing)和数据变换(data transformation)。

数据选取的目的是确定挖掘任务的操作对象，即目标数据(target data)，它是根据用户的需要从原始数据库中抽取的一组数据。数据预处理一般可能包括消除噪声，推导计算缺值数据，消除重复记录，完成数据类型转换(如把连续值数据转换为离散型的数据，以便于符号归纳；或是把离散型的转换为连续型的，以便于神经网络归纳)等。数据变换的主要目的是削减数据维数或降维，即从初始特征中找出真正有用的特征，以减少数据开采时要考虑的特征或变量个数。

（2）数据挖掘

数据挖掘阶段首先要确定开采的任务或目的，如数据分类、聚类、关联规则挖掘或序贯模式挖掘等。确定了挖掘任务后，就要决定使用什么样的挖掘算法。选择挖掘算法有两个考虑因素：一是不同的数据有不同的特点，因此需要选择适合这些特点的相关的算法来挖掘，必要时就需要设计开发专门的数据挖掘算法；二是用户或实际运行系统的要求不同也可能导致需要选择使用不同的算法。例如，有的用户可能希望获取描述型的、容易理解的知识(采用规则表示的方法显然要好于神经网络之类的方法)，而有的用户则希望获取预测准确度尽可能高的预测型知识。挖掘算法的实施结果是获取有用的模式。

（3）结果的解释和评估

数据挖掘阶段挖掘出来的模式，经过用户或机器的评价，可能存在冗余或无关的模式，这时需要将其剔除；也有可能模式不满足用户要求，这时则需将整个挖掘过程退回到挖掘阶段之前，重新选取数据，采用新的数据变换方法，设定新的数据挖掘参数值，甚至换一种挖掘算法。另外，还可能需要对发现的模式进行可视化，或者把结果转换为用户易懂的另一种表示。

2.2.3 数据挖掘的主要技术

数据挖掘任务一般可分为两类：描述和预测。描述性挖掘任务刻画数据库中数据的一般特性,把获取的知识表示成规则形式。预测性挖掘任务则是在当前数据上进行推测判断,以预测未来。常见的数据挖掘可以发现的模式类型有如下几种。

(1) 关联分析

关联分析(association analysis)就是发现关联规则[151],这些规则展示属性和值频繁地在给定数据集中一起出现的条件。关联分析是数据挖掘领域发现知识的一类重要方法,广泛地用于购物篮或事务数据分析。

挖掘关联规则可以分为以下两个子问题:

① 找出存在于事务数据库的所有频繁项集;

② 利用频繁项集生成关联规则。对每个频繁项集 l,若 $s \subset l, s \neq \Phi$,且 support_ count (l)/support_ count(s) $\geqslant$ min_ conf,则输出规则 $s \Rightarrow (l-s)$。

挖掘关联规则的总体性能由每一步决定。目前大多数研究集中在第一个子问题上,这个问题的主要挑战在于数据量巨大,因此算法的效率是关键。

(2) 分类和预测

分类的目的是学会一个分类函数或者分类模型(也常称为分类器),该模型能把数据库中的数据项根据其共同属性,映射到给定类别中的某一个。分类和回归都可以用于预测。预测的目的是利用历史数据记录自动推导出对给定数据的推广描述,从而能对未来数据进行预测。与回归方法不同,分类的输出是离散的类别值,而回归的输出则是连续值。要构造分类器,需要有一个训练样本数据(训练集)作为输入。训练集由一组数据库记录或者元组数据构成,每个元组数据是一个关键字段(又称为属性或特征)值组成的特征向量,这些字段和大数据库(测试集)中的记录字段相同。另外,每个训练样本还有一个类标记。一个具体样本的形式可以表示为:$(v_1, v_2, \cdots, v_n; C)$,其中,$v_i$ 表示字段值,C 表示类别。

分类器的构造有统计方法、机器学习方法和神经网络方法等。统计方法包括贝叶斯法和非参数法(近邻学习或基于事例学习),对应的知识表示为判别函数和原型事例。机器学习方法包括决策树法和规则归纳法,前者对应的表示为决策树或判别树,后者则一般为产生式规则。神经网络方法主要是 BP 算法,它的模型表示是前向反馈神经网络模型(由代表神经元的节点和代表连接权值的边组成的一种体系结构),BP 算法本质上是一种非线性判别函数。粗糙集和支持向量机是最近兴起的新方法。下面介绍几种主要的分类方法。

① 贝叶斯分类是统计分类方法,可预测类成员关系的可能性。贝叶斯分类的基础是贝叶斯定理。当类条件独立假设成立时,即假定一个属性值对给定类的影响独立与其他属性值,称为朴素贝叶斯分类算法。朴素贝叶斯分类算法的性能可以和决策树与神经网络算法相媲美,而对于大型数据库,具有高准确率和高速度的特点。贝叶斯网络是图形模型,它表示了属性子集间的依赖关系。

② 决策树模型的基本原理是以一种递归方式来划分变量。其树状结构内部每一个节点表示在一个属性上的测试,每个分支代表一个测试输出,最终每个叶子节点表示了类或类分布。

③ 支持向量机(SVM)是统计学习理论的一个实现方法。统计学习理论是目前针对小样本统计估计和预测学习的最佳理论,它从理论上系统地研究了经验风险最小化原则成立的条件、有限样本下经验风险与期望风险的关系及如何利用这些理论找到新的学习原则和方法等问题。

不同的分类器有不同的特点。有三种分类器评价或比较尺度：a. 预测准确度；b. 计算复杂度；c. 模型描述的简洁度。

预测准确度是用得最多的一种比较尺度，特别是对于预测型分类任务，目前公认的方法是 10 折分层交叉验证法（10-fold cross validation）。计算复杂度依赖于具体的实现细节和硬件环境，在数据挖掘中，由于操作对象是巨量的数据库，因此空间和时间的复杂度问题将是非常重要的一个环节。对于描述型的分类任务，模型描述越简洁越受欢迎，例如采用规则表示的分类器构造法就更有用，而神经网络方法产生的结果就难以理解。

（3）聚类分析

将物体或抽象对象的集合分组成为由类似的对象组成的多个类的过程被称为聚类。由聚类所生成的簇是一组数据对象的集合，这些对象与同一个簇中的对象彼此相似，而不同簇中对象彼此相异。聚类与分类的不同点在于它是观察性学习，而不是示例性学习，事先并没有类或类特征，类是在聚类分析中产生的。

聚类分析可以分为基于距离的聚类分析和概念聚类。前者是基于几何距离来度量相似度的传统聚类分析；而在概念聚类中，计算相似度不是以几何聚类来度量的，一组对象只有被同一个概念描述时才形成一个簇。

基于距离的聚类分析和概念聚类的共同点是具有相同的指导原则，即追求较高的类内相似度和较低的类间相似度。在基于距离的度量聚类分析中，距离的度量包括欧式距离、曼哈坦距离及明考斯基距离。它们适合的数据类型是数值性的。

关于聚类分析中各种距离的定义以及常用到的聚类分析方法将在本书的第 5 章做相应的详细介绍。

（4）序贯模式挖掘

阿格拉瓦（R. Agrawal）在 1995 年将序贯模式挖掘引入数据挖掘之中[152]。一般地，序贯模式是指在一组数据序列中频繁出现的子序列。作为序贯模式挖掘的输入数据，每一个数据序列由一系"事务（transactions）"的有序排列组成，而其中每个事务是一组称为"项（item）"的数据的集合。一般来说，每项事务都有一个与之相关的事务时间。一条序贯模式也是由这样一些项的集合按照某种顺序排列而成。而包含某一序贯模式的数据序列在整个数据库中的比例称为该序贯模式的支持度[153]。由此，序贯模式挖掘的任务就是：给定一组数据序列，其中每条数据序列由一系列元素（element）按照某一顺序排列而成，而每个元素又包含一组项。对于由用户给定的最小支持度阈值，寻找所有在这组数据序列中出现的概率大于最小支持度阈值的"频繁子序列"，即序贯模式。

综上所述，数据挖掘是一个年轻的跨学科领域，能够从大量数据中发现潜在有用的知识（有趣的模式）。经过 20 多年的发展，数据挖掘在许多方面取得了飞速发展，不断有一些新技术和新工具产生。出现了功能比较齐全的通用数据挖掘工具，经典的有 IBM 公司 Almaden 研究中心开发的 QUEST 系统、SGI 公司的 MlineSet 系统、加拿大西蒙弗雷泽大学（Simon Fraser University）开发的 DBMiner 系统等。也有专门为某些特定领域开发的专用的数据挖掘工具，如美国加州理工学院喷气推进实验室研究的 SKICAT 系统，用以发现、识别遥远星体；芬兰赫尔辛基大学研制的 TASA 系统，能够预测网络通信中的警报。

随着信息技术的飞速发展，各行业的数据库中数据量也在飞速增长，它们带着各自的新特点、新要求，对数据挖掘的研究者和开发者不断提出新的挑战。

2.3 时间序列数据挖掘

1999 年 12 月,美国威斯康星州马奎特大学的波维内利(R. J. Povinelli)[154] 在他的博士论文中,提出了一种基于时间序列的数据挖掘的框架,他将提出的数据挖掘称之为时间序列数据挖掘。

2.3.1 时间序列数据挖掘的定义

根据当前时间序列数据挖掘的研究情况,我们认为,时间序列数据挖掘可以一般性地定义如下[5]:

时间序列数据挖掘(time series data mining,TSDM):基于一个或多个时间序列的数据挖掘称为时间序列数据挖掘,它可以从时序中抽取时序内部的规律用于时序的数值、周期、趋势分析和预测等。

2.3.2 时间序列数据挖掘研究现状

同数据挖掘中的关联规则挖掘相比,与时间序列数据挖掘相关的研究和探讨在文献中并不多见。

波维内利所做的仅仅是时间序列数据挖掘中的一种。这种数据挖掘的处理对象可以是一个时间序列或多个时间序列。在他的研究中,他并没有将整个时间序列作为预测和分析的目标,而是仅对时序中事件(event)的出现加以模式发现和预测。首先,要定义事件标志函数(event characterization function),然后在其基础之上定义数据挖掘的目标函数,进行数据挖掘。其中,事件标志函数标志着对应时间子序列属于某事件的程度。通过挖掘所得的模式,可以用来预测事件的"发生"。

罗森斯泰因(M. T. Rosenstein)等[155] 提出了一种从时间序列中发现"概念(concept)"的方法,这可以算得上一种时间序列数据挖掘的雏形。这里"概念"是基于预测意义上的,概念就是模式的预测内容。在研究过程中,罗森斯泰因利用了时间序列数据背后动力学系统的性质,首先对时间序列进行了延迟嵌入,然后对延迟后的数据进行了动态聚类。他们的实验表明,通过这种方式形成的数据分类,可以很好地对应物理意义上的概念。他们将其用于机器人的自学习过程中,取得了不错的效果。

达斯(G. Das)等[156] 提出了一种从时间序列中发现规则的方法,他们采用了常用的滑窗技术对时序进行预处理,然后对形成的窗口向量集合进行聚类,再用这些类对原来的时序进行重构。在完成了对时序离散化和符号化的过程之后,再对重构后的时序进行规则发现。达斯的方法只是生硬地将数据挖掘的方法应用于时序分析中去,并没有考虑时序问题的背景知识,没有对他们的工作给出合理的理论解释。

韩家炜(Han Jiawei)等[157] 采用数据挖掘技术对时间序列数据库中的时序进行周期片段和部分周期片段研究。

通过上面的各类研究情况可以看出,国内外已经逐渐开始将数据挖掘的思想运用到时间序列研究中去,作为一种新的时序问题处理方法。从时间序列问题的本质出发,对时序进行数据挖掘,从中发现一般性的确定性规律的研究是未来的发展方向。

2.3.3 时间序列相似性度量

冲击地压的预报是一种综合预报,是根据出现的各类异常,结合以往有关冲击地压综合预报的经验和冲击地压孕育机理的认识,来分析研究在冲击地压可能发生的时间、地点及破坏强度等。

前后发生的冲击地压之间具有一定的关联性,多次冲击地压之间的前兆异常具有一定的相似性,不同监测区域的冲击地压前兆异常序列也具有一定的相似性,甚至有的冲击地压前兆异常是前面几次冲击地压前兆。因此研究单维甚至是多维时间序列的相似性度量非常有必要。

对象之间相似性的定义和度量研究在统计理论、机器学习以及数据挖掘等方面具有重要的意义。在许多信息检索和数据挖掘系统中定义和度量对象之间的相似性和不相似性有着重要的地位。时间序列是一类复杂的数据对象。在时态数据挖掘中,相似性问题的研究主要是与时间序列数据库的查询以及对时序分类的需求紧密结合在一起。

相似性查询可以分为两类。一类是整体匹配,查询序列和数据库中的记录序列具有相同的长度。另一类是子序列匹配,查询序列比数据库中的记录序列要短,需要在记录序列中寻找和查询序列相似的子序列。

相似性问题的研究主要包括相似性搜索算法的设计和相似性查询语言设计两部分。相似性算法的设计,是相似性问题研究的核心,包括以下三个部分:相似性的定义、相似性度量模型的建立和算法的实现。

一般相似性的定义根据应用需求而定,而相似性度量模型则是依据所定义的相似性进行数学抽象而成。在相似性定义方面,有的比较简单、粗糙,例如,阿格拉沃尔(R. Agrawal)等[158]就提出了一种相似性,它是根据直观意义上时序数据的上升、下降的趋势定义的。通过这种相似性可以比较粗糙地从数据库中发现具有相似形状的时序。有的相似性的定义则比较复杂,例如达斯等[159]提出了一种称为 F-相似的相似性模型:设 F 是一个函数集,对于两个待比较时序而言,如果它们有满足一定长度要求的子序列,且存在 F 中的一个函数 f 使得其中的一个子序列可以近似地映射到另一个子序列,则称两时序具有 F-相似性。这种相似性对时间序列中的异常点(outliers)、基线以及比例因子不敏感。后来阿格拉沃尔等又提出了一种 ε-相似性度量模型,这种相似性可以容忍时序中由于噪声的存在而引起的局部不匹配,并对时间轴上的偏移以及幅度的缩放比例不敏感。

在算法实现上,一般都要对原始时序进行处理,使其表示形式适合相似性模型的要求和数据库查询的需要。如何度量不同时间序列间的相似性是时间序列数据挖掘的一个重要问题,而时间序列的相似性搜索是整个时间序列知识发现的一个基础性工作。很多的进一步分析和挖掘都是建立在搜索的基础上,该方面的主要度量方法有[160-161]:

(1) L_P 距离

大多数的相似性度量采用了欧几里得(Euclidean)距离或者是与 L_P 距离的某种形式。快速傅里叶分析以及小波分析等工具能够进行有效的特征提取,使得 L_P 距离可以使用快速的索引技术。对给定的长度相等的序列 X 和 Y,它们之间的 L_P 距离定义为:

$$D_P(X,Y) = \left(\sum_{t=1}^{n} |x_t - y_t{}^P| \right)^{1/P} \tag{2 . }$$

其中,n 表示时间序列的长度。当 $P=1$ 时,就是 Manhattan 距离;当 $P=2$ 时,是应用最广泛的 Euclidean 距离,也是最简单、最直接的一种。但是对于不同的时间序列进行比较时,首先需要对它们进行标准化,这使得最后距离的物理含义变得模糊。

针对时间序列维数高、干扰数据多等特点,阿格拉沃尔等[162]给出一种更广义的时间序列相似性定义。这一定义的基础依旧是 Euclidean 距离,但是针对可能出现的噪声、序列间平移以及序列在幅值上的伸缩等情况,扩展地定义了相似性。

在这个定义下,如果两个序列之间有足够多的相似子序列,则这两个序列被认为是相似的。这里要求同一序列中的子序列是两两不相交的,子序列的相似性用 Euclidean 距离来度量,而在进行子序列比较前,可以对两个时间序列进行适当的平移及幅值上的伸缩。

在广义相似下进行时间序列的数据挖掘主要由以下步骤完成:

① 到两个序列中所有长度为 w 的相似子序列,而且这些子序列称为"窗口",它们相互间的间隔可以随意选定;

② 将这些窗口根据一定的条件连接起来,形成更长的子序列;

③ 将这些子序列在互不重叠的情况下进行合适的排序,使得两个原始序列之间的子序列长度为最长。

(2)DTW 距离

B. K. Yi 等[163]给出了一种基于动态时态错位(dynamic time warping,DTW)的时间序列的相似性定义。对任意非空序列 X 和 Y,DTW 距离定义如下:

$$D_{warp}(<>,<>) = 0$$
$$D_{warp}(<X,<>) = D_{warp}(Y,<>) = \infty$$
$$D_{warp}(X,<Y) = D_{base}(\text{Head}(X),\text{Head}(Y)) + \text{Min}\begin{cases} D_{warp}(X,\text{Rest}(Y)) \\ D_{warp}(\text{Rest}(X),Y) \\ D_{warp}(\text{Rest}(X),\text{Rest}(Y)) \end{cases}$$

$$(2\text{-}45)$$

式中,$<>$ 表示空序列,$D_{warp}()$ 表示 DTW 距离,Head(X)均表示序列 X 的第一个元素值,Rest(X)表示序列 X 去除首元素后剩余的序列,$D_{base}()$ 表示任意合适的距离度量。DTW 距离可以适时地转换、扩张或压缩两个序列的局部特征,实现两个序列的同步化,因此 DTW 距离不要求比较序列长度的一致性。DTW 计算复杂度为 $O(\text{Len}(X) * \text{Len}(Y))$,而时间序列的维数都非常的大,因此 DTW 距离计算消耗十分惊人。

2.4 小 结

通过对当前各类时间序列分析方法和数据挖掘技术的比较,可以为后面章节中电磁辐射数据分析方法的选取提供理论参考。

时间序列分析和数据挖掘是本书进行数据处理和预测的理论基础。本章介绍了时间序列的相关概念、发展历史以及研究现状,详细介绍了传统的主要时序分析技术及常用的预测模型,对当前引入了小波变化、神经网络、混沌理论、分形理论、机器学习、人工智能领域内的技术和数学手段的时间序列分析方法作了简单的叙述。传统的时序分析技术和预测模型是本书后面章节关于冲击地压电磁辐射数据处理的主要理论依据和主要使用方法。

另外,对数据挖掘的定义、理论、步骤和主要技术进行了总结。在此基础上,对时间序列数据挖掘的定义及研究现状进行了描述,尤其是对时间序列相似性度量的几种数据挖掘方法进行了分析和比较,时间序列相似性度量是本书后面章节的冲击地压电磁辐射前兆群体异常识别的主要依据之一。

3 冲击煤岩声电实验特征及
冲击地压电磁前兆研究

本章研究了具有冲击倾向性的煤岩全应力应变实验过程中峰前、峰后阶段和煤岩摩擦实验过程的电磁辐射（EMR）特征，同时研究了冲击煤岩全应力应变过程中的声发射（AE）特征；总结分析了冲击地压的电磁辐射前兆响应形式，并结合实验结果和前人对煤岩变形破坏电磁辐射机理的研究成果，分析了在冲击地压发展过程的不同阶段，以及起主导作用的电磁辐射产生的机理。

3.1 冲击地压与煤岩全应力应变及峰后特征的相关性

为了研究岩石的强度和变形特性及岩石发生破裂的发展过程，利用岩石力学试验机对圆柱形岩石试件进行压缩实验是一种基本手段。试验机对试件所施加的轴向载荷和试件轴向变形的关系曲线通常称之为力-位移曲线。在假定试件的截面积和长度在整个实验过程中均保持不变的前提下，由力-位移曲线也可方便地换算成名义上的应力-应变曲线。

超过峰值强度后，岩石试件实际上仍然可具有一定的承载能力。一般说来，只有在峰值后再发生一定的变形才达到其最小值或残余强度。这种包括过峰值强度点以后的力-位移特性在内的曲线称之为全过程曲线，而过峰值强度点以后的岩石力学特性叫作破坏后区特性或峰值后特性。峰值后区特性在采矿实践中对于确定岩石的破裂面是否稳定是很重要的。因为采矿巷道的岩石尽管发生破裂，但"破裂的岩石"仍然能够支撑相当大的负荷，特别是当侧面有支护时更是如此。显然，在研究矿柱的稳定性和地下巷道中发生岩爆的可能性时，对岩石的峰值后区特性作深入的了解是十分有必要的。

3.1.1 冲击地压与煤岩全应力应变的相关性

根据刚性试验机原理，只要试验机的刚度小于试样刚度，则试样破坏就是突然失稳破坏。推理到现场实际，可将拟开采的煤柱（或煤层）比拟为试验机中的试样；煤柱的顶、底板岩层可视为试验机的上、下加压板；上覆岩层的重力可视为试验机施加的压力。由此得出，只有在顶、底板岩层的刚度小于煤柱刚度时，才具备发生冲击地压的必要条件。

刚性试验机可以测出不同煤（岩）的刚度及破坏形态，利用其全应变曲线，可清楚地解释试样在不同量级荷载作用下的应力应变关系、能量变化关系以及破坏的全过程。

（1）煤岩变形破坏的全应力应变过程

通常，岩石（煤）试件在压力机上实验时，当到达或通过应力-应变曲线的峰值后就迅猛地发生，几乎是爆炸式地崩解而终止。刚性试验机问世后，才得到了岩石类材料破坏过程的全程应力-应变曲线，揭示了岩石峰值强度后的力学性质。图3-1就是岩样在刚性试验机上单轴（或低围压）压缩实验时得到的典型曲线。从图中可以很直观地看到，全程应力-应变曲线可分为四个部分：① *OA* 段，曲线稍向上凹；② *AB* 段，近似直线；③ *BC* 段，曲线上凸；④ *CD* 段，曲线下降。

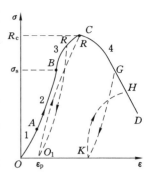

图 3-1 典型的岩石全
应力-应变曲线

OA 段是由于煤岩体内部的裂隙、孔隙等缺陷随着外载的增加而密实的结果。该段曲线向上弯说明随着变形的增加产生同样大小的应变，所需的应力变大。实验证明，这是由于煤岩试件中的孔隙、裂隙逐步压紧闭合所产生的现象。对于致密岩石，这个区域很小，如在压力很大时进行实验，就没有这个区域。

AB 段近似直线，其斜率为弹性模量 *E*，主要是由于岩石固体骨架弹性变形的结果。在 *OA* 及 *AB* 区内，如果卸载，变形恢复，岩石试件呈弹性性质。此时岩石微裂纹开始发生随机分布，裂纹产生后立即停止。裂纹有均匀分布的趋势，裂纹发生与闭合的概率几乎相等。故其产生同样大小应变所需应力接近常数。*B* 点对应的应力值 σ_s 是弹性变形的应力极限，因而在超过 *B* 点之后，岩石试样就发生塑性变形，故 σ_s 称为弹性极限或屈服极限。

BC 段是当煤岩体试件超过弹性极限 σ_s 后继续加载的结果。在该阶段内，如果在某点 *R* 完全卸载，则会产生永久的应变 ε_p。卸载后重新加载，则曲线 $O_1 R$ 上升到与原来曲线相联结，这样就造成一个回滞圈。其加载与卸载途径不同，即具有历史相关性或途径相关性，并把屈服点从 *B* 点提高到 *R* 点，这种现象称之为应变硬化。曲线的最高点 *C* 对应的应力值称为抗压强度 σ_c，它表示岩石试件在这种条件下承受的最大压应力，有时也称破坏强度，一般为屈服极限的 1.5～2.0 倍。在 *B* 点附近，煤岩试件不断产生微破裂及粒内或粒间滑移，产生明显的非弹性变形，使得岩石试件体积增加，这种现象叫扩容。扩容是岩石与金属受力变形性质的主要区别之一，是岩石破坏的一个因素。接近 *C* 点前，微观裂纹明显增加，它们沿着试件中央部分的平面相互搭接。在应力最大点 *C* 处，试件中央部分发展成宏观的破裂平面，该破裂通过裂缝的阶梯状连接向试件端部增长。

CD 为煤岩体试件失稳破坏阶段，即所谓的应变软化阶段。*C* 点附近，煤岩体试件已形成宏观破裂面。若试验机继续施加很小的载荷，试件的承载能力迅速下降，甚至为零。若为刚性试验机，试件与试验机系统平衡状态为稳定的，将能记录到第四个区域 *CD* 段。此时试件虽已产生很大的塑性变形，但是仍然保持完整，可承受一定载荷继续变形而不发生破裂。为破裂和宏观裂缝继续发展，直至完全丧失黏结力。

岩石在 *CD* 段由于裂纹的发生发展显著形成宏观裂纹，黏结力逐渐丧失，因而抵抗变形的能力随变形增加而下降，或者说承载能力随变形增加而下降。若进行卸载后再加载，应力-应变曲线将沿 *KH* 而上升，在未到 *H* 前将只产生弹性变形。直到 *H* 才发生塑性变形，相当于把屈服极限降至 *H* 所对应的应力值，故称之为应变软化。当试件的某些面上完全丧失黏结力，产生相对移动而发生宏观破坏，在一定围压下此时试件破裂面保持一定摩擦阻力阻止其相对滑动，承受一定的载荷，此时岩石试样只剩下残余强度了。

在试件变形前三个阶段，随着变形增加，试件抵抗变形的能力增加，即承载能力增加，并有 $d\sigma \cdot d\varepsilon > 0$。而在变形的第四阶段随变形的增加，承载能力降低，即有 $d\sigma \cdot d\varepsilon < 0$。按塑性理论前者是稳定的，后者为非稳定的。在塑性阶段卸载曲线斜率随变形增加而降低，此现象称为弹塑性耦合，在非稳定阶段更为显著。

综上所述,煤岩体的变形破坏过程是以裂纹发生发展为主导的过程,经历了裂纹的压密、发生发展、密集并合成宏观裂纹、宏观裂纹发展四个阶段,对应于非线性弹性变形、线性弹性变形、应变硬化和应变软化四个变形区域。

在一定的条件下,岩石进行的剪切、拉伸实验也可以得到类似压缩的全应力-应变曲线。

（2）冲击地压与煤岩全应力-应变的关系

大量的实验发现,有些岩石不能在普通试验机上做出全应力-应变曲线,岩石破坏剧烈,但在刚性试验机上却能做出,且岩石破坏过程较为平缓。贾格尔(J. C. Jager)等[164]认为:关键在于其加载刚度小于试件全应力-应变曲线后半段斜率,试验机中积蓄的能量足以使岩石破坏,如图 3-2 所示。岩石是一种应变软化材料,当岩样进入加载后期时,岩样的承载能力降低,此时试验机卸载并释放在加载过程中所储存的弹性能,岩样峰值 A 点到峰值后区 C 点时所消耗的能量为四边形 ACFE 的面积 S_{ACFE};当试验机刚度较大(大于岩样峰值后区曲线斜率的绝对值)时,试验机卸载所释放的能量为四边形 ADFE 的面积 S_{ADFE},即 $S_{ACFE} > S_{ABCD}$,则岩样稳定破坏,反之则失稳破坏。布莱克将其推广到岩爆的研究中,提出了岩爆发生的刚度理论。刚度理论认为:矿山结构所受载荷达到强度极限,且矿山结构体刚度大于矿山负荷系统(围岩)的刚度,满足这两个条件就会发生岩爆。刚度理论虽然具有明确的物理概念,但对于矿山岩体来说,除少数情况外,很难直接计算岩体刚度,因此就限制了其实际应用。

朱之芳[165]建立了抚顺煤矿煤岩样的全应变曲线实验,观察到如图 3-3 所示的现象:① 当力-位移关系(P-U 曲线)由直线变为曲线时,停止加载,保持压力不变。可以看出,线弹性区间(ab 段)的波速比(v_p/v_s)为一常数,显微镜观察在此区间未出现裂纹。然后对试样继续加载,当加载至 P-U 曲线不再上升而开始下降时(bc 段),立即稳定住压力,观察到在 bc 区间内波速比下降,并有细、短、小的裂纹出现。继续加载时,宏观裂纹出现,波速比上升,试样破坏。但此时的试样仍具有一定的承载能力,即残余强度。这就得出全应变曲线和试样破坏

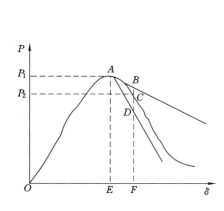

图 3-2　试验机刚度对岩石破坏的影响

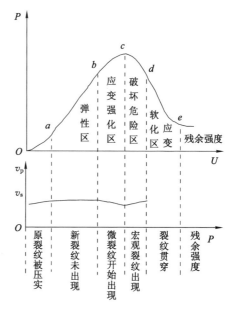

图 3-3　煤样全应变不同变形阶段的裂纹表现形式

的全过程情况。② 试样破坏均发生在过峰值后,即在图中 *cd* 段范围内。由于岩性不同,*cd* 段的范围大小不同。因此,试样破坏的猛烈程度取决于 *cd* 段范围内应力-应变关系。③ 试样破坏形式多为劈裂型(拉坏)或拉剪混合型破坏。上述情况说明,试样在过峰值后,大量的微裂纹出现且密集呈宏观裂纹。此时试样还能接受的能量为 *cd* 曲线以下所围成的面积 $A_型$。如果该能量小于峰值前所贮存的弹性变形能 $A_弹$ 时,则试样便有失稳破坏的危险。这就是失稳破坏的必要条件(即 $A_型 < A_弹$)。其充分条件是要具备使 $A_弹 - A_型$ 的多余能量有释放的机会,如在 *cd* 段范围内有宏观裂纹出现,则多余能量将沿着宏观裂纹迅速释放,造成突然、猛烈性的破坏。朱之芳根据实验现象,提出了用全应变曲线建立起来的能量冲击性指标 A_{CF} 或刚度冲击性指标 K_{CF} 作为冲击危险性判断的主要依据。该指标均是以刚度试验机原理为基础,并结合对各种煤岩试样测出的全应变曲线以及抚顺煤矿现场实测资料综合对比后得到,不仅考虑了峰值前的应力-应变关系,而且还考虑到峰值后的应力-应变关系,并且认为峰值后的应力-应变关系对研究冲击地压问题更为重要。

李长洪等[166]提出了岩石典型的单向压缩下全应力-应变曲线的数学描述,并根据全应力-应变曲线推导了岩爆发生的能量条件。岩石强度达到峰值以后,即在强度减小的过程中,试验机对试件压力 *P* 降低的速度小于岩石强度降低的速度时将发生"岩爆"。岩爆取决于岩石性质和加载速率,与峰值前后曲线下面积差无关;岩爆释放能量只是贮存在试件中的弹性变形能。采用柔性试验机进行实验时,岩爆所释放的能量是贮存在整个力学系统中的弹性变形能,即试验机中的弹性变形与试件中的弹性变形能之和。采用刚性试验机进行单向压缩实验时,可以避免岩爆的发生,并能获得岩石的全应力-应变曲线;但也可以改变加载速率,使加载压力的降低速度小于岩石强度的降低速度,造成岩爆的发生,用以研究岩爆形成的力学机理。

董毓利等[167]采用刚性实验系统对混凝土材料的受压全过程进行了研究,并成功地观测到其中的声发射过程。实验发现,尽管混凝土随外载的增加微裂缝不断发展,但直至残余强度阶段,试件才形成贯通裂缝。当应变较小即混凝土试件刚刚受力时便出现声发射信号,此阶段相应于初始压密阶段,混凝土内部原有的微孔、隙微、缺陷在外载作用下逐步被压实,使其内部微结构发生变化,该阶段一般占极限荷载的 20%左右;然后进入平稳阶段,在这个阶段几乎没有声发射信号出现。当载荷接近 80%极限荷载时,声发射信号的强度和密度不断增加,接近峰值荷载时尤甚,说明此时混凝土内部的裂缝已由骨料与砂浆间的界面裂缝发展至砂浆内部,且由稳定发展过渡到非稳定发展阶段。峰值后应力-应变曲线下降段的声发射信号较峰值处的密度稍稀疏些,但仍有相当的强度,直至残余强度阶段。此时已形成的裂缝相互作用并彼此连通致使混凝土试件破坏。

3.1.2 冲击地压与煤岩峰后特性的相关性

大量的岩石力学实验证实,峰后岩石具有位移软化的特性。刚度理论就是利用这一特性确定了岩石煤失稳破坏和岩爆(冲击地压)条件的。因此可以认为岩爆(冲击地压)的发生与其周围区域岩(煤)体在应力途径下的峰后特性有着密切的关系。另外,巷道围岩存在的破裂带是普遍现象,巷道支护所涉及的对象正是这些处于峰后的破裂岩体,巷道地压的显现也正是峰后破裂岩体的力学表现,研究岩石材料在峰后力学行为还对巷道支护具有重要的指导意义。在了解影响煤岩峰后特性各种因素的基础上,可以通过相应的途径来改变采掘现场围岩煤岩体的峰后特性,缓解冲击地压的发生。

朱建民等[168]通过岩石三轴循环加卸载实验,发现破碎岩在峰值前后的循环加卸载并不能改变其软化特性,但峰后区的循环加卸载可出现明显的摩擦滑移特征。破碎岩峰后应变软化实际上是破裂块体之间的一种摩擦滑动特性,这一特性不应属于破碎岩材料本身的性质,而是破裂块体之间的镶嵌组合的结构效应。破碎岩在峰后区将产生显著的体积膨胀效应,这种沿剪切面滑移造成的体积膨胀是剪膨现象,并且在峰值后应变比保持为一常数,反映了试件沿破裂面摩擦滑动的结构效应;这种结构效应往往由它的破裂面所控制,一般可以称破裂面为变形的主控破裂面。因此,在对破裂围岩的支护实践上,应遵循使其能从被动承载转化为主动承载的原则。

王学滨[169-170]研究了单轴压缩岩样应变软化阶段侧向应变与轴向应变的比值(峰后泊松比)的变化规律。在峰值强度时,峰后泊松比(即软化阶段的侧向应变与轴向应变的比值)等于峰前泊松比。当压缩应力降至零时,峰后泊松比达到临界值。该临界值可能比峰前泊松比大,也可能比峰前泊松比小。峰后泊松比还与试件尺寸有关。峰后泊松比与轴向压应力之间的具体关系形式,取决于岩石的本构参数(弹性模量、剪切及软化模量、剪切带宽度及峰前泊松比)、试件的结构尺寸(试件宽度及高度)及剪切带倾角之间的关系。

徐松林等[171]对大理岩等围压三轴压缩实验中的峰值强度、残余强度和峰前、峰后卸围压的强度进行统计分析,发现大理岩的峰值强度和残余强度对围压很敏感,而峰前卸载和峰后卸载的强度对围压相对而言敏感程度较低,卸围压过程岩石的破坏可能不完全是由剪破裂控制的。进入残余强度阶段,试件已形成贯穿的宏观断裂,试件内基本表现为两部分的摩擦作用。在峰后发生较大的应力降之前,岩石由一般状态向较大应力降的摩擦滑动状态转化,反映了破坏强度、摩擦强度的综合作用。

王汉鹏等[172]在进行了单轴压缩下破裂岩石的峰后注浆加固实验,发现对破裂岩石注浆加固时,岩石自身强度与其残余强度都有显著提高,加固后岩石的变形趋于协调。注浆加固使得对破裂面的渗透胶结,一方面直接充填并胶结张开破裂面从而提高其强度,另一方面通过部分渗透来强化粗糙破裂面的摩擦滑动和凸凹块之间的相互咬合从而提高残余强度,同时加强破裂面间的约束和传力机制来抑制侧向变形,并使轴向变形和侧向变形趋向协调。

刘文彬等[173]运用RFPA程序数值模拟了单轴压缩实验下破裂试样残余强度特性对岩石类非均质材料弹-脆-塑性的影响。模拟结果显示:残余强度是影响岩石弹-脆-塑性的重要方面。残余强度越高,岩石越容易表现为塑性,岩石试样所承受的峰值载荷也越高。在残余强度从0.01增加到0.7的过程中,曲线的斜率越来越小,主破坏发生的时间越来越晚,主破坏前后的非线性阶段也越来越长,岩石试样宏观整体破坏所表现出来的脆性减弱,塑性增加。另外,比较不同残余强度试样宏观破坏过程的应力-应变曲线,可以发现峰值过后突然的应力降越来越不明显,试样的失稳过程越来越表现为塑性破坏。

综上所述,峰后岩石(煤)的特性和岩石本身具有冲击倾向性是产生冲击地压(岩爆)的根本原因,而地质和力学因素是产生冲击地压(岩爆)的外部因素。残余强度是影响岩石弹-脆-塑性的重要因素,当残余强度较低时,容易发生脆性断裂,而残余强度越高,岩石越容易表现为塑性。只有当残余强度下降到一定范围时,围岩再次破裂呈现脆性破坏的可能性增大,才会具有冲击地压(岩爆)的趋势。

3.2　冲击煤岩变形破坏的声发射和电磁辐射实验特征

冲击地压孕育和发展过程中的电磁辐射特征包括了煤岩体在各种加载条件下(单轴拉伸和压缩、三轴、摩擦、剪切等)所呈现出来的电磁辐射特征。根据冲击地压与全应变及峰后的关系,进行煤岩全应变及峰后实验,研究分析煤岩全应变及峰后的电磁辐射特征。根据前人对冲击地压电磁辐射机理的研究,认为冲击地压孕育中有大量的电磁辐射效应来自摩擦效应,因此需要对煤岩体摩擦的电磁辐射特征进行研究。

3.2.1　受载煤岩变形破坏声电测试系统

受载煤岩变形破坏声电测试系统主要由加载系统、声和电数据采集系统以及屏蔽系统组成。测试示意图如图 3-4 所示,实物图如图 3-5 所示。

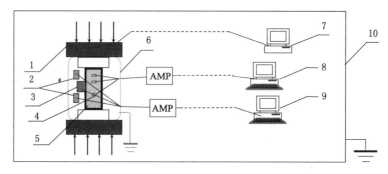

图 3-4　受载煤岩变形破坏声电测试系统示意图

1——试验机压头;2——电磁辐射天线;3——声发射传感器;4——应变片;5——试样;6——屏蔽网;

7——载荷控制系统;8——应变采集系统;9——声发射及电磁信号采集系统;10——电磁屏蔽室

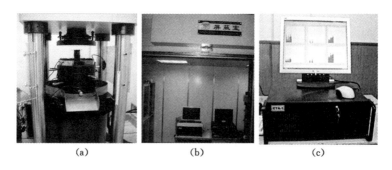

(a)　　　　　　　　(b)　　　　　　　　(c)

图 3-5　受载煤岩变形破坏声电测试系统示意图

(a) 加载系统;(b) 屏蔽系统;(c) CTA-1 型声发射信号数据采集处理系统

(1) 加载及载荷-位移记录系统

加载系统采用新三思 3 000 kN 微机控制电液伺服压力实验机,加载系统实物图如图 3-5(a)所示。该加载系统由液压油泵、DCS 加载控制器和 MaxTest 控制程序组成。液压油泵最大载荷可达到 3 000 kN,能够实现多种载荷方式并用编程加载,实验力示值相对误差为±1%左右,具有控制可靠性高、精度高等特点,支持多种加载控制方式,可以采用载荷控制和位移控制两种方式,进行单轴压缩与拉伸、分级加载、循环加载和蠕变等实验。

（2）屏蔽系统

为了减少外界环境声信号对实验结果的干扰,该实验在 AFGP-Ⅱ型屏蔽室内进行,屏蔽效果在 85 dB 以上,这样可以有效地减少外界机械振动等声信号的干扰。实验时,将载荷传感器、压机机头、声发射传感器、电磁辐射天线和 CTA-1 型声发射信号数据采集处理系统等一起放在屏蔽系统内;为了防止载荷控制系统发出的声音对实验干扰,把载荷控制系统放到屏蔽系统之外;系统内各部分之间的信号采用同轴屏蔽线缆传输,且电缆的屏蔽层直接接地;最大限度地保证实验在无干扰条件下进行。屏蔽系统实物图如图 3-5(b)所示。

（3）声发射和电磁辐射信号采集及处理系统

采用美国 Physical Acoustics 公司的 8 通道 CTA-1 型声发射信号数据采集处理系统实现声发射信号和电磁辐射信号的采集,实物图如图 3-5(c)所示。该系统主要由前置放大器、滤波电路、A/D 转换模块、波形处理模块和计算机等部分组成,主要功能有参数设置、信号采集、信号 A/D 转换、数据存储和图形显示等。16 位 A/D 转换器和 8 个高速数据采集通道,采样频率 100 kHz~10 MHz,并能进行波形采集、频谱分析和声发射事件空间三维定位等功能。

电磁天线和声发射传感器:电磁辐射信号采用点频天线和宽频天线接收。点频天线主要采用磁棒天线,其接收频率为 50 kHz、150 kHz、500 kHz 和 800 kHz。宽频天线采用弧形、平面板天线,由电路板加工而成;声发射信号采用多个不同频率的声发射传感器接收,由美国 Physical Acoustics 公司配套生产,其谐振频率主要在千赫兹频段,如图 3-6 所示。

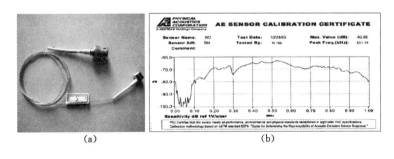

（a）　　　　　　　　　　　　　　（b）

图 3-6　AE 传感器实物图及频响标定曲线

（a）声发射传感器;（b）声发射传感器灵敏度频响标定曲线

实验时,根据实验要求选择电磁天线和声发射传感器的类型和数量。磁棒电磁天线垂直于试样长轴布置在试样的周围,两个不同频率的磁棒布置在平行于试样长轴方向同一位置的不同高度上,磁棒端部与试样表面的距离 1~2 cm。弧形天线直接固定在试样的表面,天线与试样表面之间用绝缘纸隔开。平面板电磁天线平行于试样长轴方向放置。声发射传感器与试样表面之间用凡士林耦合,并采用胶带纸与试样粘紧。

3.2.2　试样制备、实验内容及步骤

煤岩全应变及峰后实验中采用的煤岩试样主要为原煤,取自国内的冲击地压矿井,煤样和岩样均具有弱及以上冲击倾向性。原煤样由井下采取的大块煤样加工而成,用岩芯管取样,切割两端制成 $\phi 50$ mm$\times 100$ mm 的圆柱形样品。

煤岩摩擦实验的试样以煤矿岩石为主,另有煤层顶、底板岩石。试样分别取自大同煤业集团忻州窑煤矿、同家梁煤矿两个矿的煤层,均具有冲击倾向性。煤岩试样均由井下采取的大块煤岩体和顶板岩石加工而成。试样一般加工成 ϕ50 mm×100 mm 和 ϕ50 mm×50 mm 的圆柱形试样,50 mm×50 mm×100 mm 和 50 mm×50 mm×50 mm 的立方体试样。

实验的主要内容有:煤岩样全应力-应变过程、峰前和峰后的电磁特征、声发射特征、应力及应变测试;煤岩样摩擦全过程的电磁辐射特征、声发射特征、应力及应变测试。

实验的具体步骤见图 3-7。

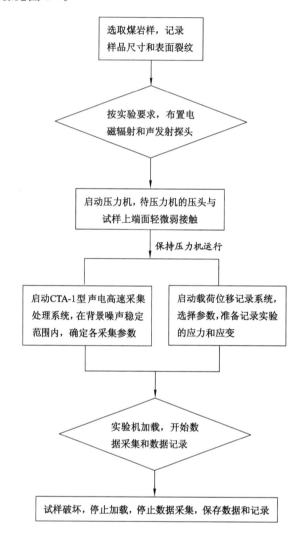

图 3-7　煤岩变形破坏实验流程图

3.2.3　煤岩全应力-应变及峰后的声发射和电磁辐射特征

实验所用煤样为 ϕ50 mm×100 mm 的圆柱体标准原煤试样,由取自黑龙江鹤岗矿区峻德煤矿采掘现场的大块煤样加工而成;实验岩样同样取自峻德煤矿,与煤样为同一煤层。煤岩样编号及加载方式等实验参数见表 3-1。

表 3-1   冲击煤、岩样实验参数

样品类型	试样尺寸/(mm×mm)	加载方式	加载控制模式	加载速率
煤	φ50×100	单轴压缩	位移控制	0.1 mm/min
顶板岩石			载荷控制	1 kN/s

（1）实验结果

图 3-8 为煤样 J-M3 和岩样 J-Y1 的单轴压缩变形破坏的声电信号实验结果，其他煤、岩样也具有类似实验结果。声发射和电磁辐射信号的测试参数为能量值和脉冲数。脉冲数主要反映了煤岩的受载变形及微裂纹的频次，能量值代表试样变形破裂过程中所释放的能量。

图 3-8(c) 为煤样单轴压缩变形破坏的 AE 与 EMR 的实验结果。可以看出，AE、EMR 的脉冲数和能量值基本随着加载阶段的进行而增大，具有较好的相关性。从载荷时间曲线图可以看出，加载 150 s 试样进入快速破裂阶段，此时 AE 信号还不是很明显而 EMR 信号已经比较强烈。加载 250 s 时试样临近主破裂，AE 和 EMR 的信号最为剧烈。

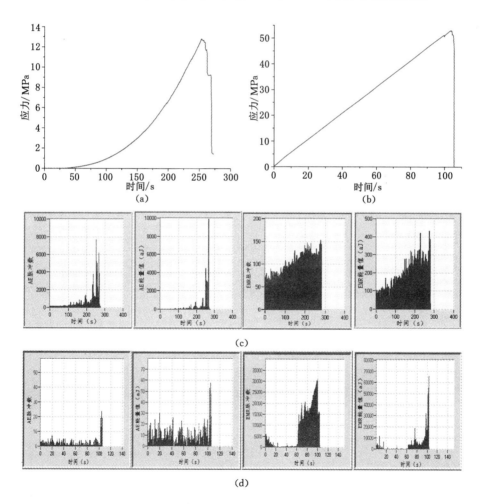

图 3-8 受载煤、岩样变形破坏实验声电测试结果

（a）煤样应力时间曲线；（b）岩样应力时间曲线；（c）煤样 J-M3 实验结果；（d）岩样 J-Y1 实验结果

图 3-8(d)为岩样单轴压缩变形破坏过程 AE 与 EMR 的实验结果。可以看出,加载初期,声发射和电磁辐射都相对平静,加载 20 s,EMR 信号还比较弱而 AE 信号已经很强烈,其数值大小仅次于主破裂发生时,此时声发射信号主要来自于试样内部原始微裂纹、微孔隙的压密及少量新裂纹的产生。加载 100 s 附近,主破裂发生时,试样脆裂,发出声响,AE 信号很强。EMR 信号随着加载过程的进行而逐渐增大,主破裂发生时,EMR 信号最强,具有较好的相关性。

（2）不同加载阶段 AE、EMR 信号参数的统计规律

根据载荷控制系统记录的数据,画出实验中煤岩样变形破坏的应力-应变曲线（图 3-9）,将整个加载过程划分为四个阶段,即阶段Ⅰ压密阶段（OA）、阶段Ⅱ线弹性阶段（AB）、阶段Ⅲ弹塑性阶段（BC）和阶段Ⅳ破坏阶段（CD）,并记录每段的开始时间及结束时间,然后根据时间对应关系和声电数据采集系统记录的数据确定不同阶段的 AE、EMR 的脉冲数和能量值,依据下面的公式进行统计计算:

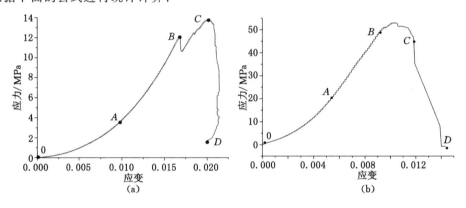

图 3-9 实验煤岩样变形破坏全应力-应变曲线图
（a）煤样 J-M3;（b）岩样 J-Y1

$$t_0 = t - t_{载荷} \tag{3-1}$$

式（3-1）中 t 为声电数据采集系统记录的总时间,$t_{载荷}$ 为载荷控制系统记录的总载荷时间,t_0 为两者的时间差。由于在载荷控制系统中,当有载荷作用时才开始记录,之前声电数据采集系统已经开始记录,一般有 $t_0 \geqslant 0$。这样就可以使载荷和声电信号相对应。

$$b_i = \frac{\sum a_i}{t_i - t_{i-1}}, i = 1,2,3,4 \tag{3-2}$$

式（3-2）中 a_i 为第 i 个阶段 AE 与 EMR 的脉冲数和能量值,t_i 为第 i 个阶段的持续的时间,b_i 为第 i 个阶段 AE 与 EMR 的脉冲数和能量值总和对时间的平均值。

$$c_i = \frac{b_i}{\sum\limits_{i=1}^{4} b_i}, i = 1,2,3,4 \tag{3-3}$$

式（3-3）中 c_i 为第 i 个阶段的 AE 与 EMR 的脉冲数和能量值总和对时间的平均值在总的加载阶段所占的比例。

由声电数据采集系统和载荷控制系统记录的数据和公式（3-1）～公式（3-3）计算得出的所有实验煤、岩样声电信号参数的时域统计结果如图 3-10 和图 3-11 所示。图中横坐标为加载阶段,纵坐标为声电信号在各个阶段所占的比例。

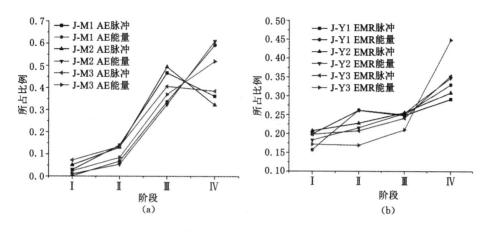

图 3-10 受载煤样声电信号参数的时域统计结果

(a) 不同阶段 AE 的脉冲和能量所占比例；(b) 不同阶段 EMR 的脉冲和能量所占比例

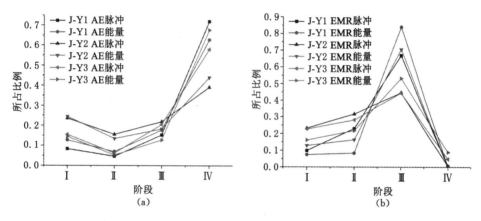

图 3-11 受载岩样声电信号参数的时域统计结果

(a) 不同阶段 AE 的脉冲和能量所占比例；(b) 不同阶段 EMR 的脉冲和能量所占比例

由图 3-10 和图 3-11 的统计结果可以看出：

① 煤样 AE 的能量值、EMR 的脉冲数和能量值随着加载阶段的进行而不断增大，在破坏阶段达到最大值；煤样 AE 的脉冲数随着加载阶段的进行出现波动，先增大后减小，在弹塑性阶段达到最大值。

煤样 AE 和 EMR 信号与裂纹的扩展过程密切相关。在加载初期，AE 和 EMR 的脉冲数和能量值较小，是因为在这个阶段试样处于内部微裂隙、微裂纹的压密阶段，几乎没有新裂纹的产生和扩展。随着加载阶段的进行，试样内部开始有新裂纹产生，同时裂纹不断汇合贯通，裂纹之间的相互作用加剧，AE 与 EMR 的脉冲和能量值较大。在破坏阶段，裂纹汇合贯通导致主破裂发生，AE 和 EMR 信号达到最大值。

② 岩样 AE 的脉冲数和能量值在压密阶段较大，随着加载阶段的进行先减小后增大，在线弹性阶段最小，到破坏阶段达到最大；岩样 EMR 的脉冲数和能量值随着加载阶段的进行先增大后减小，在弹塑性阶段达到最大值。

在压密阶段，岩样 AE 信号脉冲数和能量值已经较大，在该阶段试样内部原始微裂纹、微孔隙的压密及少量新裂纹的产生,这一时段的 AE 信号主要由微裂纹壁面的摩擦滑移所产生。在破坏阶段,试样脆裂,发出声响,AE 信号的脉冲数和能量值达到最大值。岩样 EMR 的脉冲数和能量值基本与加载阶段呈正相关,在弹塑性阶段达到最大值,主要是因为在弹塑性阶段应力最大,产生的 EMR 的信号也最强。在破坏阶段,岩样发生塑性流变变形[174],EMR 信号逐渐减弱,EMR 的脉冲数和能量值较弹塑性阶段变小。

③ 煤样和岩样在单轴压缩变形破坏不同加载阶段产生的 AE 和 EMR 信号具有相似性,同时也存在一定的差异性。

相似性表现:AE 和 EMR 信号大致随加载阶段的进行而增大,呈现良好的相关性。

差异性表现:在压密阶段,岩样 AE 的脉冲数和能量值较煤样的大,主要是由于煤样和岩样具有不同的力学性质,从微观上看,岩样内部的孔隙、裂隙等都要比煤样少;岩样 EMR 的脉冲数和能量值在弹塑性阶段达到最大值而煤样在破坏阶段达到最大值,这主要是由于岩样发生塑性流变变形[175],EMR 信号减弱。

(3) 声发射特征与应力水平的关系

窦林名和王云海等[176]根据冲击倾向煤样(东滩矿和义马矿区)全应变变形破坏实验结果,将电磁辐射信号强度及脉冲的变化和应力水平进行了比较,具体分为峰前阶段和峰后阶段。

由图 3-12 可以看出,东滩煤样在破坏过程的峰前阶段,电磁辐射信号随应力水平的增加呈起伏增强的变化。当应力水平达到峰值应力的 60% 时,电磁辐射强度有一个较小的峰值,对应的电磁辐射脉冲也是如此;当应力水平达到 80%～90% 时,电磁辐射信号开始快速上升,并达到峰前阶段的最大值;当应力水平达到峰值时,电磁辐射信号有所下降,但仍处于较高水平。而从图 3-13 可以看出,义马煤样在破坏过程的峰前阶段,电磁辐射信号同样随应力水平的增加呈起伏增强的变化。当应力水平处在低于峰值应力的 80% 时,电磁辐射强度和脉冲均很低,变化不大;当应力水平达到 80% 时,电磁辐射达到峰前阶段的最大值;峰值应力处的电磁辐射比最大值略微降低,但仍处在较高的水平。

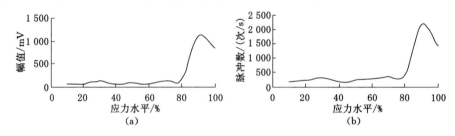

图 3-12　东滩煤样峰前阶段电磁辐射变化图

(a) 电磁辐射强度与应力水平;(b) 电磁辐射脉冲与应力水平

由图 3-14 可以看出,东滩煤样在破坏过程的峰后阶段,当应力水平在下降到 60% 的过程中,电磁辐射信号虽然有所下降,但仍然保持着一个稳定的较高水平;在 60% 以后的阶段,电磁辐射信号随应力水平的降低,呈现一个线性降低的趋势。从图 3-15 可以看出,义马煤样在破坏过程的峰后阶段,电磁辐射在峰值强度后随着应力的降低呈上升的趋势,在峰后应力水平达到 60% 左右时电磁辐射达到最大值。之后随着应力下降,电磁辐射逐渐下降。

综合实验结果认为,电磁辐射水平与煤岩所受的应力水平关系密切,不同煤岩破坏峰前阶段的电磁辐射随应力的增加而起伏增强,峰前阶段的电磁辐射在应力水平为 80%～95%

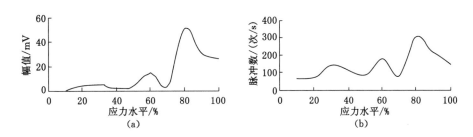

图 3-13　义马煤样峰前阶段电磁辐射变化图

(a) 电磁辐射强度与应力水平；(b) 电磁辐射脉冲与应力水平

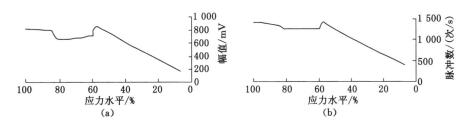

图 3-14　东滩煤样峰后阶段电磁辐射变化图

(a) 电磁辐射强度与应力水平；(b) 电磁辐射脉冲与应力水平

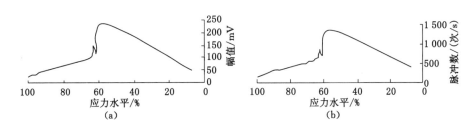

图 3-15　义马煤样峰后阶段电磁辐射变化图

(a) 电磁辐射强度与应力水平；(b) 电磁辐射脉冲与应力水平

时最强；峰后阶段的电磁辐射在峰值强度后随着应力的降低呈上升趋势，峰后阶段的应力水平为 60% 左右时，电磁辐射达到最大值，之后随着应力的下降，电磁辐射逐渐下降。

　　另外，徐为民等[91] 的实验研究也证明：岩样破裂时最强的电磁辐射信号发生在岩样的主破裂到解体的时段内，即岩样的峰后阶段。而大量的实验研究和理论分析表明，煤岩破坏峰后阶段的主要破坏机制为剪切滑移，所以电磁辐射的产生与滑移摩擦关系较大。

3.2.4　煤岩摩擦的电磁辐射特征

　　煤岩摩擦实验采用双剪摩擦法来研究岩体的摩擦过程，特此设计了专用夹具施加侧向压力 F，摩擦煤岩样的装配图见图 3-16。将按图装配好的煤岩样放置到压力机上加载，加载完成预定的摩擦长度即停止实验。实验过程采用位移控制，加载速度为 5 mm/min。由于实验中压头是匀速运动，故

图 3-16　摩擦实验煤样装配图

载荷 P 等于试样间的摩擦力 f。试样间摩擦力的变化可以用载荷的变化来表示。

　　图 3-17 和图 3-18 分别是选取的其中两组煤样在摩擦实验过程中的应力-时间曲线图及相

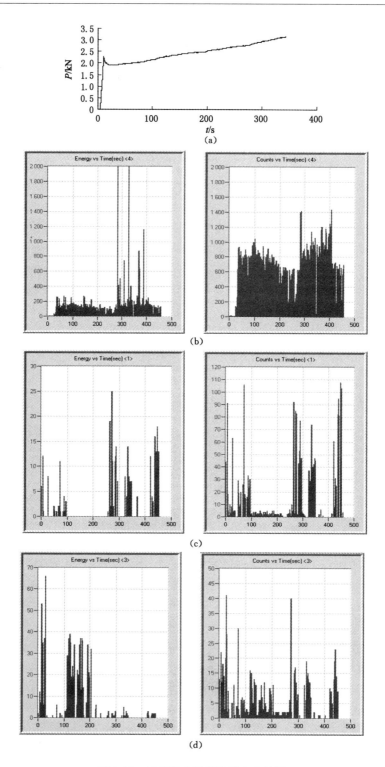

图 3-17　同家梁矿煤样摩擦实验结果

（a）应力-时间曲线；（b）声发射能量和脉冲曲线；

（c）800 kHz 电磁点频能量和脉冲曲线；（d）30 kHz 电磁点频能量和脉冲曲线

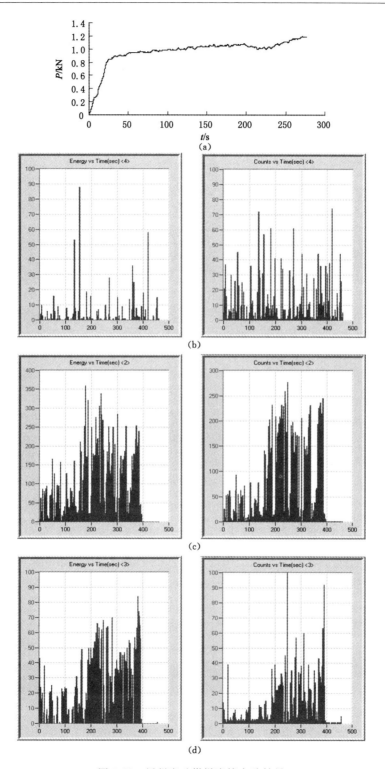

图 3-18 忻州窑矿煤样摩擦实验结果
(a) 应力-时间曲线;(b) 声发射能量和脉冲曲线;
(c) 800 kHz 电磁点频能量和脉冲曲线;(d) 30 kHz 电磁点频能量和脉冲曲线

应的电磁辐射、声发射曲线图,图中的 energy 表示声电信号的强度值(或幅值,单位:mV),counts 表示声电信号的脉冲数。

由实验结果发现:

(1)煤-煤摩擦绝大部分为黏滑,总体上呈线性增长。摩擦过程可以分为两个阶段,一是静摩擦阶段,表现为摩擦力上升速度较快,此时摩擦面之间尚未产生滑移;二是动摩擦阶段,表现为摩擦力维持在一个较为稳定的范围内,摩擦面之间产生相对滑移,部分实验由于试样摩擦面平整程度和局部的凹凸不平,摩擦力产生波动甚至产生增大的趋势,但相比于静摩擦阶段其大小总体趋势还是相对平稳的。

(2)煤岩摩擦过程可以分为三个阶段,实验开始时表现为弹性变形阶段,切应力随时间呈线性增加;中间为弹塑性过渡阶段,这一阶段持续时间较短,切应力产生微小波动;最后为剪切塑性变形阶段,表现为切应力维持在一个较为稳定的幅度。部分实验由于试样摩擦面平整程度不够和局部的凹凸不平,切应力大小会产生波动。

(3)摩擦产生的电磁辐射信号为非连续的阵发性信号。无论是在弹性变形阶段还是剪切塑性变形阶段,煤岩之间摩擦均能产生电磁辐射,电磁辐射与切应力之间有着较好的对应关系。在摩擦发生的初期一般有相对较强的电磁辐射信号。弹性变性阶段,产生的电磁辐射脉冲数较少,能量较小。进入剪切塑性变形阶段后,电磁辐射脉冲数有所增加,能量也有所增强。这可以解释为在弹性变形阶段主要是由于压缩使煤岩内部结构产生变形,煤体各部分的非均匀变形引起的电荷迁移和裂纹扩展过程中形成的带电粒子变速运动产生,为煤岩内部产生的电磁信号;而在剪切塑性变形阶段,除了内部产生的信号外,煤岩之间的摩擦面之间由于摩擦原因产生带正电的粒子所形成的电磁信号成为主要部分。停止加载后,电磁辐射信号消失,这充分说明所接收信号为煤岩摩擦产生。

煤岩摩擦能产生电磁辐射,在图 3-17 和图 3-18 的实验中得到了证实。而摩擦力的大小会对煤岩摩擦实验中的电磁辐射信号产生影响。对摩擦力大小的控制,可以采用两种方式。一是在加载过程中改变摩擦面的大小;二是通过改变侧压力的大小。图 3-19 的实验为通过改变侧向压力来改变摩擦力大小,该实验由于初始预加了载荷,故没有静摩擦阶段,直接进入动摩擦阶段。由图 3-20 可看出,在同一加载速度下,电磁辐射总体上随着切应力的增大而增大,电磁辐射与切应力大小对应关系明显。这是由于在切应力增大的情况下,煤岩表面摩擦破裂的微粒增多,变形、微破裂和裂纹扩展量增大,电磁迁移量增多,产生的电磁信号也增加。

由图 3-20 可看出,在变速加载条件下,煤岩摩擦电磁辐射强度和脉冲总体上随着加载速率的增大而增加,同时,在加载速度较低时,速度变化对电磁辐射的影响不是太大,而在加载速率较高时则影响明显。这是由于当加载速率大时,试样接触面间的温度上升较快,热量比较集中,能够容易激发出更多的自由电子,因而产生的电磁辐射信号频率高、强度大。另外,试样间的滑动速度越快,摩擦产生的电场形成的类电容器振荡越快,产生的电磁辐射信号也越多。

综合认为,煤岩摩擦过程中,摩擦面间切应力增大,产生的电磁辐射频率升高,强度增强。声发射信号也有相似的规律。煤岩摩擦电磁辐射脉冲和强度总体上随着加载速率的增大而增加,声发射在煤岩摩擦过程的前期受速度的影响较大,剪切塑性变形阶段影响较小。

3.2.5 声发射参数(波形和主频)与应力水平的相关性

(1)细砂岩波形、主频随应力演化规律

选择应力水平(注:应力水平为此时的应力与峰值应力的百分比,下同)为 5%、15%、

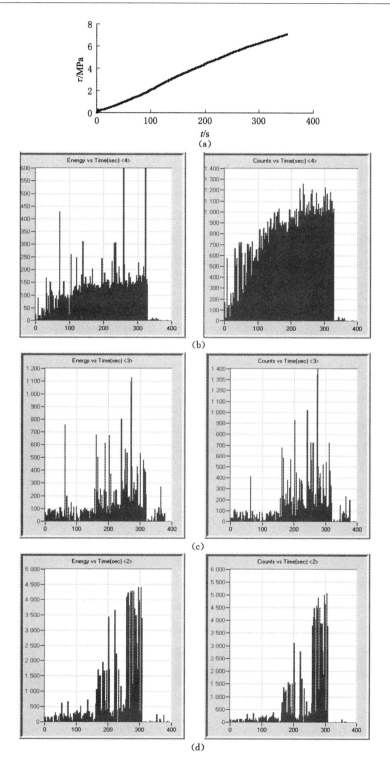

图 3-19 侧向压力对摩擦实验声电信号的影响

（a）侧应力-时间曲线；（b）声发射能量和脉冲曲线；

（c）30 kHz 电磁点频能量和脉冲曲线；（d）800 kHz 电磁点频能量和脉冲曲线

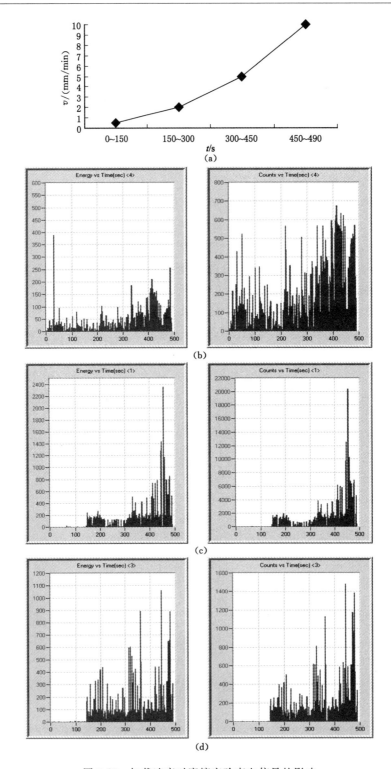

图 3-20　加载速率对摩擦实验声电信号的影响

（a）加载速率-时间曲线；（b）声发射能量和脉冲曲线；

（c）800 kHz 电磁点频能量和脉冲曲线；（d）30 kHz 电磁点频能量和脉冲曲线

25％、40％、55％、65％、80％、98％、峰后90％和峰后65％共10组声发射原始波形数据进行快速傅里叶变化(FFT),图3-21和图3-22分别为10组细砂岩的波形图和经过FFT变化的二维频谱图。

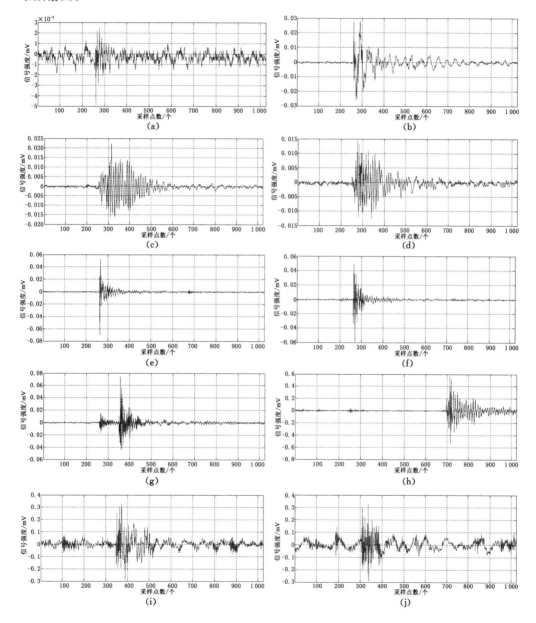

图 3-21 岩石(细砂岩)受载过程中波形图

(a) 应力水平 5％;(b) 应力水平 15％;(c) 应力水平 25％;(d) 应力水平 40％;
(e) 应力水平 55％;(f) 应力水平 65％;(g) 应力水平 80％;(h) 应力水平 98％;
(i) 峰后应力水平 90％;(j) 峰后应力水平 65％

加载初期(应力水平5％)和峰后应力的声发射波形较为杂乱,受外界噪声干扰较大,而加载过程中声发射呈现出比较规则的完整波形,有波形的开始和结束时刻。在加载的过程

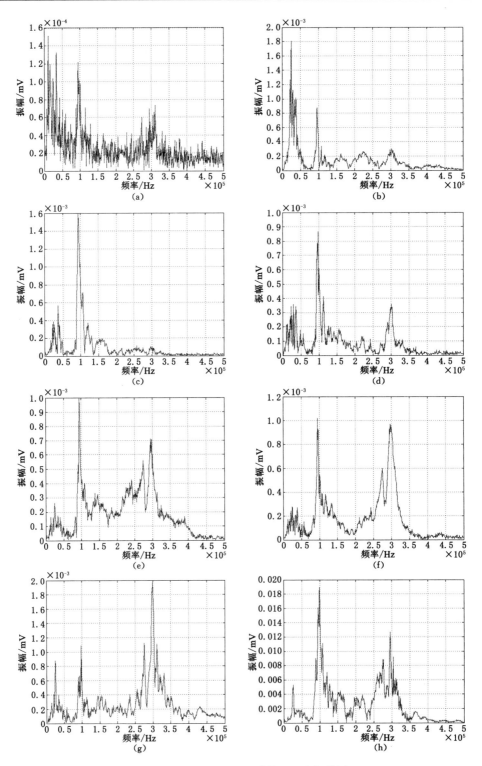

图 3-22　岩石(细砂岩)受载过程中频谱图

(a) 应力水平 5%；(b) 应力水平 15%；(c) 应力水平 25%；(d) 应力水平 40%；

(e) 应力水平 55%；(f) 应力水平 65%；(g) 应力水平 80%；(h) 应力水平 98%

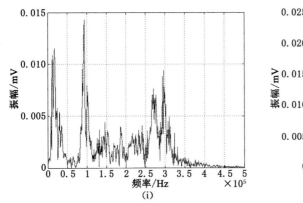
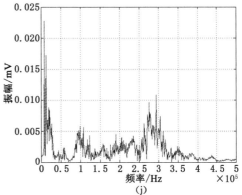

续图 3-22　岩石(细砂岩)受载过程中频谱图

(i) 峰后应力水平 90％；(j) 峰后应力水平 65％

中主频主要集中在 20 kHz、100 kHz、300 kHz 左右的 3 个频段上,随着加载的进行主频从 20 kHz 变为 100 kHz,当应力水平达到 80％左右时,300 kHz 次主频变为主频,当峰值应力前后时主频又变为 100 kHz,但主频幅值较大,表现为低频高幅值,而峰值应力之后主频从 100 kHz 变为 10 kHz 左右,幅值仍较高。

加载过程中主频及主频幅值随应力的变化规律如图 3-23 所示。岩石声发射信号主频随着应力的升高呈现出升高—平稳波动—急速升高—下降的变化趋势,整体上呈现出升高后下降的倒"V"形,而主频幅值呈现出先平稳波动变化、接近峰值应力时急速升高、峰值后仍较大变化的趋势。在峰值应力附近出现主频幅值急速升高是因为岩石试样脆性较好,从应力-应变曲线可以看出,峰值应力附近应力急剧下降,能量出现集中快速释放。

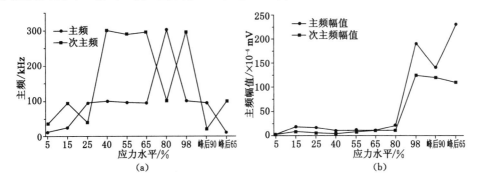

图 3-23　岩石(细砂岩)主频和幅值随应力演化规律

(a) 主频；(b) 主频幅值

(2) 原煤样波形、主频随应力演化规律

选择应力水平为 10％、20％、35％、55％、70％、80％、90％、峰后 98％、峰后 80％和峰后 55％共 10 组声发射原始波形数据进行快速傅里叶变化(FFT),图 3-24 和图 3-25 分别为 10 组原煤样的波形图和经过 FFT 变化的二维频谱图。

原煤样在加载过程中(应力水平 10％~80％),声发射事件较大,同一时刻的声发射波形数据中包含着 2 个或者更多的声发射完整波形,声发射为连续信号或者连续信号与突发

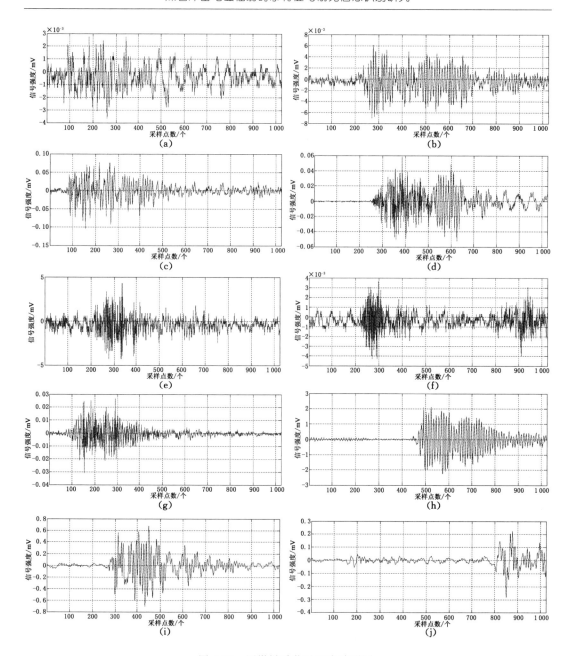

图 3-24 原煤样受载过程中波形图

(a) 应力水平 10%;(b) 应力水平 20%;(c) 应力水平 35%;(d) 应力水平 55%;
(e) 应力水平 70%;(f) 应力水平 80%;(g) 应力水平 90%;(h) 峰后应力水平 98%;
(i) 峰后应力水平 80%;(j) 峰后应力水平 55%

信号的组合,这取决于煤样材料的性质,受载过程破裂较多,产生的声发射事件较多。而声发射在加载的过程中主频主要也集中在 20 kHz、100 kHz、300 kHz 左右的 3 个频段上,在加载初期主频大约为 20 kHz,随着加载的进行主频从 20 kHz 变为 100 kHz,当应力水平达到 70% 左右时,主频变为 300 kHz,当峰值应力前后时主频变为 100 kHz,但主频幅值较大,表现为低频高幅值,而峰值应力之后主频从 100 kHz 变为 20 kHz 左右,幅值仍较高,整个

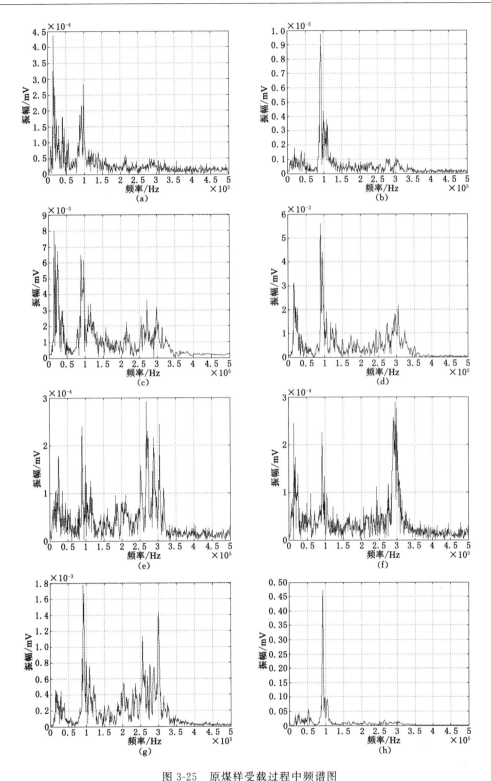

图 3-25 原煤样受载过程中频谱图

（a）应力水平 10％；（b）应力水平 20％；（c）应力水平 35％；（d）应力水平 55％；
（e）应力水平 70％；（f）应力水平 80％；（g）应力水平 90％；（h）峰后应力水平 98％

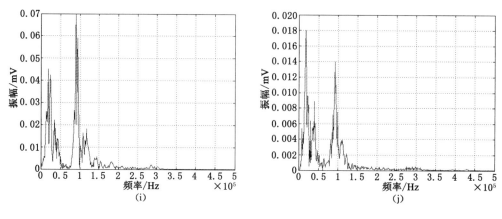

续图 3-25　原煤样受载过程中频谱图

(i) 峰后应力水平 80%；(j) 峰后应力水平 55%

加载过程中，煤样和之前分析的岩石主频变化规律较为相似。

图 3-26 为原煤样加载过程中主频及主频幅值随应力的变化规律图。可以看出原煤样声发射主频随着应力的升高呈现出在 20 kHz 和 100 kHz 间波动—升高—下降的趋势，在整体上也呈现出先升高后下降的倒"V"形，而主频幅值呈现出小幅值平稳波动变化、接近峰值应力时急速升高、峰值后仍较大变化的趋势，在峰值时释放的能量远大于其他加载时刻，对应着煤矿现场动力灾害的发生时能量的释放，灾害的危害性也较大。

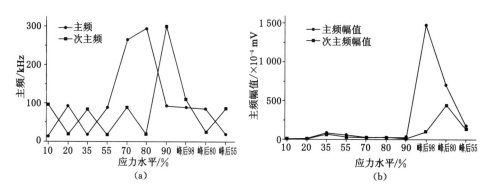

图 3-26　原煤样主频和幅值随应力演化规律

（a）主频；（b）主频幅值

（3）综合分析

主频随着应力的升高呈现出升高（波动）—保持—升高—下降的趋势，在整体上呈现出先升高后下降的倒"V"形趋势，而主频幅值呈现出小幅值平稳波动变化、升高、峰值后下降变化的趋势。

在加载初期（5%～25%），不同试样声发射频带范围都较宽；主频不突出，出现次主频甚至有时会出现第三、第四主频，且主频的波动性较大，主频的振幅（强度）较小。这主要是由于在加载初期煤样处于压密阶段，煤体内部的微裂隙、微孔隙等缺陷的扩展过程具有随机性和多样性，产生的声发射主频率也就呈现出了波动性，因为这些缺陷的强度较小，故产生的声发射信号的振幅也较小。

随着加载的继续进行(30%～70%),不同试样声发射都出现了明显的主频,主频幅值呈现在 100 kHz 左右,次主频为 300 kHz 左右,且次主频的振幅与主频振幅的比值随着应力的升高而逐渐变大,当应力达到 70%～75%时,主频变为 300 kHz,而 100 kHz 成为次主频。在该阶段煤体中大量裂纹开始扩展并与周围的裂纹汇合、贯通,形成更大的裂纹,这些裂纹的扩展过程中与加载初期相比具有了一定的规律性,故释放出来的声发射信号主频明显,声发射信号频率集中在一定的范围之内。

当加载到后期(应力水平 75%～100%),不同试样的声发射主频逐渐向低频移动,而主频的振幅却有增高的趋势,在峰值应力附近急速增高,这与许多学者研究得出的临破裂前低频高振幅的结果相似。在该阶段,煤体声发射信号的分形维数 D 下降,即煤体中的裂纹扩展、贯通过程出现了有序特征,另外煤、岩体中已存在着大量微破裂,使高频吸收增大,故出现主频向低频段移动的现象。

在应力水平达到峰值之后,这时煤、岩体内部裂纹大量融合、贯通形成宏观裂隙,仍有大量的能量释放,声发射信号主频较低,而主频振幅仍保持较高的水平。

3.3 煤岩冲击破坏电磁前兆时间序列分析

随着时间的推移且具有不可重复特性,电磁辐射数据自然就形成了一时间序列,因此,用时间序列的理论和方法对电磁辐射数据做分析处理是完全符合其原理的。时间序列分析电磁辐射数据规律不仅可以从数量上揭示某一现象的发展变化规律或从动态的角度上刻画若干现象之间的内部数量关系及其变化规律,而且运用时序模型还可以预测和了解现象的未来行为,能够更加深刻地从电磁辐射数据规律中挖掘出有用的信息,并深入认识煤岩冲击发生的电磁辐射前兆特征。

另外,时间序列分析作为数理统计学的一个专业分支,其分析过程中模型的识别、检验都是基于数理统计学中大数定律和中心极限定理的,因此时间序列样本数必须至少要达到30,即为大样本时,才能保证分析过程和结果的可靠性。

3.3.1 煤岩单轴压缩实验电磁前兆时序分析

煤岩单轴压缩过程电磁辐射信号随着应力的增加而增强,当煤岩受载达到极限时,电磁辐射信号相应引起突变。电磁辐射信号突变过程是研究的重点对象,将其突变过程分成峰前、峰后阶段分别进行时序分析。

(1)煤岩单轴压缩电磁辐射序列平稳性检验

煤岩单轴压缩电磁辐射突变过程的峰前、峰后序列如图 3-27 所示。图 3-27 中 BE 段和 EF 段为电磁辐射信号突变的峰前阶段和峰后阶段。

时序分析过程中,首先要对电磁辐射信号突变过程峰前、峰后序列进行零均值化和平稳化处理,变换后的数据观察自相

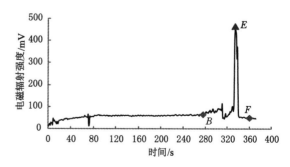

图 3-27 煤岩单轴压缩电磁辐射数据图

关系数（ACF）、偏自相关系数（PACF）及反自相关系数（IACF），确定其突变序列是否具有平稳性特征。图 3-28 和图 3-29 为突变过程峰前、峰后序列各系数图。

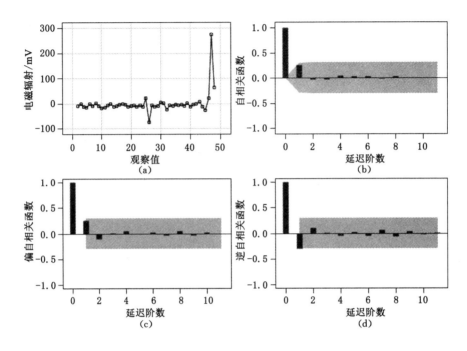

图 3-28　电磁辐射突变峰前序列平稳性检验

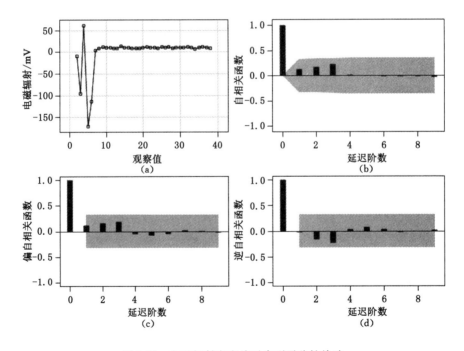

图 3-29　电磁辐射突变峰后序列平稳性检验

图 3-28 和图 3-29 中 EMR(1)曲线图中的"1"表示对突变峰前、峰后序列进行一阶差分处理,处理后的电磁辐射数据在 0 附近上下波动,没有明显的上升或下降趋势。

图 3-28 和图 3-29 中自相关系数图(ACF)中序列的每个自相关系数都落入置信区间(即图中所示的两条水平线之间,取置信水平 $p=0.05$),且逐渐趋于零。偏自相关系数图(PACF)和反自相关系数图(IACF)中序列的各系数也均落入置信区间中。

表 3-2 和表 3-3 中自相关系数白噪声检验 Pr>ChiSq 的 p 值为 0.724 5 和 0.674 5,均大于置信水平 0.05,表明白噪声检验一阶差分后时间序列是不显著的。

表 3-2　　　　　　　　电磁辐射突变峰前序列自相关系数白噪声检验表

白噪声自相关检验									
To Lag	Chi-Square	DF	Pr>ChiSq	Autocorrelations					
6	3.65	6	0.724 5	0.260	−0.033	−0.030	0.039	0.027	0.026

注:To Lag 为延迟阶数;Chi-Square 为 LBQ 统计量的值,其服从卡方分布;DF 为 LBQ 统计量服从卡方分布的自由度;Pr>ChiSq 为该 LBQ 统计量的 p 值;Autocorrelations 为计算得出的延迟各阶 LBQ 统计量的样本自相关系数的具体数值。以下表中含义与此同。

表 3-3　　　　　　　　电磁辐射突变峰后序列自相关系数白噪声检验表

白噪声自相关检验									
To Lag	Chi-Square	DF	Pr>ChiSq	Autocorrelations					
6	4.02	6	0.674 5	0.121	0.176	0.224	0.017	−0.005	−0.009

因此,在置信水平为 0.05 的条件下,通过自相关系数、偏自相关系数、反自相关系数及其白噪声检验一阶差分后的电磁辐射时间序列是平稳的。

(2)煤岩单轴压缩电磁辐射时序模型识别、检验

模型的识别利用 SAS 软件系统很容易确定,重点是确定的时间序列模型是否合适这就需要检验之后才能确保,并需对各种识别的模型进行检验,确定最适合的模型。以下着重介绍模型的检验。

要检验模型合适与否,首先要保证其残差项无自相关性,即对残差项进行白噪声检验,其次要考察残差项分布与正态分布之间的拟合度。

表 3-4 和表 3-5 中该模型的各滞后期的残差项不存在自相关性(图 3-30 和图 3-31),即 Pr>ChiSq 均远远大于 0.05。

表 3-4　　　　　　　　峰前序列模型残差项白噪声检验表

残差项自相关检验									
To Lag	Chi-Square	DF	Pr>ChiSq	Autocorrelations					
6	0.38	3	0.944 5	0.017	0.034	0.009	0.040	0.016	0.060
12	0.72	9	0.999 9	−0.039	0.060	−0.002	0.016	−0.018	0.006
18	2.54	15	0.999 9	−0.047	0.066	−0.054	0.027	0.012	−0.117
24	10.29	21	0.974 8	−0.088	0.073	−0.245	0.105	−0.056	0.009

表 3-5 峰后序列模型残差项白噪声检验表

To Lag	Chi-Square	DF	Pr>ChiSq	Autocorrelations					
残差项自相关检验									
6	1.19	3	0.7561	−0.010	−0.017	0.136	−0.060	−0.065	−0.029
12	1.21	9	0.9988	−0.006	−0.009	−0.017	−0.002	−0.007	0.001
18	1.25	15	1.0000	−0.001	−0.004	−0.013	−0.011	−0.006	−0.013
24	1.39	21	1.0000	−0.012	−0.020	−0.013	−0.019	−0.007	−0.020

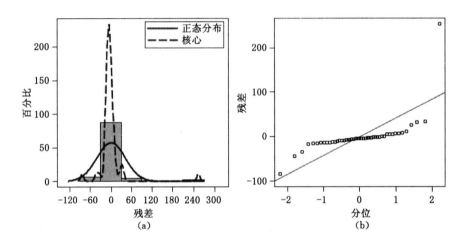

图 3-30 峰前序列模型残差项正态分布图

(a) 残差分布图;(b) 分位数图

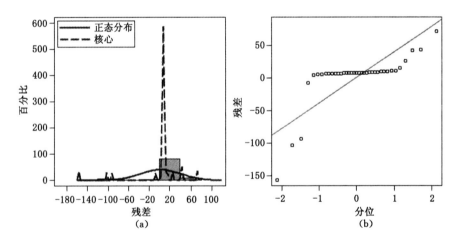

图 3-31 峰后序列模型残差项正态分布图

(a) 残差分布图;(b) 分位数图

因此通过上述检验,电磁辐射突变过程峰前、峰后序列时序模型分别确定为 ARIMA(3,1,0) 和 ARIMA(2,1,1) 是适合的。

模型具体形式为:

① 电磁辐射突变峰前时序模型

$$X_t = 0.294\ 27X_{t-1} - 0.693\ 21X_{t-2} - 0.425\ 96X_{t-3} + 89.8$$

② 电磁辐射突变峰后时序模型

$$X_t = 0.501\ 75X_{t-1} + 0.147\ 06X_{t-2} - 0.421\ 16a_{t-1} + 87.758$$

（3）煤岩单轴压缩电磁辐射时序模型拟合及预测

经模型识别、确定后，便可对电磁辐射序列进行拟合及预测，如图 3-32 所示。

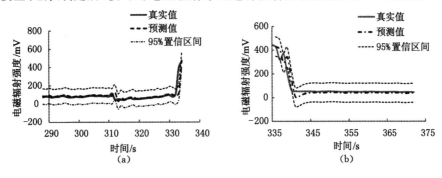

图 3-32　煤岩单轴压缩电磁辐射突变序列模型拟合对比图

（a）峰前拟合模型；（b）峰后拟合模型

图 3-32 中突变峰前、峰后电磁辐射序列真实值大部分都落入时序模型预测区域（95％置信区间）之内，且拟合曲线和电磁辐射强度真实值的趋势基本是一致的。

分析图 3-33 中的电磁辐射强度曲线，根据电磁辐射信号特征将电磁辐射强度曲线分为四个阶段，即为 OA 段、AB 段、BE 段和 EF 段四个阶段。OA 段电磁辐射信号具有较为明显的上升趋势，曲线上凸；AB 段电磁辐射信号较为平稳，曲线接近于直线；BE 段电磁辐射信号开始突变急剧上升，达到最大值，曲线下凹；EF 段电磁辐射信号急剧下降回到最初水平，曲线下凹。

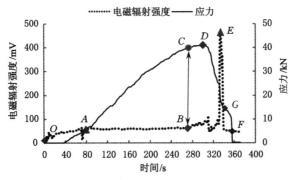

图 3-33　煤岩单轴压缩力 - 电对比图

对比图 3-33 中的应力曲线可知：OA 段对应应力曲线段下凸，A 点对应应力为最大应力的 20％；AB 段对应的应力曲线段上凸，B 点对应应力值是 C 点值，为最大应力的 90％；BE 段对应的应力曲线段是 CG 段，曲线呈上凸，电磁辐射强度最大值 E 点对应应力值为 G 点值，为最大应力的 37％；EF 段对应应力曲线段为 GF 段，F 点对应应力为最大应力的 20％，回到最初水平。

通过上述对比分析,电磁辐射强度开始突变并达到峰值时(BE 段),对应的应力处于应力强化区和峰后破坏危险区,也即煤样微裂纹和宏观裂纹出现区;而电磁辐射强度从峰值回到原始水平时,对应的应力处于软化区,也即煤样裂纹贯穿破裂即将发生。

因此,通过图 3-32 中时间序列分析电磁辐射突变序列并进行拟合,可以提前对电磁辐射突变过程进行预测,以达到认识冲击地压电磁辐射前兆规律的目的。

3.3.2 煤岩摩擦实验电磁前兆时序分析

通过实验分析得知煤岩摩擦的整个过程是由静摩擦和动摩擦组成的。为了研究煤岩冲击前兆特征,分别对静摩擦序列、动摩擦序列进行时序分析,并与煤岩摩擦全过程进行对比,进一步挖掘煤岩摩擦实验电磁辐射前兆信息,更加深入地掌握冲击发生的前兆特征。

（1）煤岩摩擦电磁辐射序列平稳性检验

静摩擦阶段、动摩擦阶段及摩擦全过程的煤岩摩擦实验电磁辐射时间序列进行平稳性检验,检验详细结果见表 3-6～表 3-8 和图 3-34～图 3-36。

表 3-6   静摩擦电磁辐射序列自相关系数白噪声检验表

To Lag	Chi-Square	DF	Pr>ChiSq	Autocorrelations					
				白噪声自相关检验					
6	3.59	6	0.732 4	−0.058	0.014	0.041	−0.197	−0.063	−0.121
12	9.63	12	0.648 5	−0.087	−0.079	0.100	−0.228	0.119	0.060

表 3-7   动摩擦电磁辐射序列自相关系数白噪声检验表

To Lag	Chi-Square	DF	Pr>ChiSq	Autocorrelations					
				白噪声自相关检验					
6	7.97	6	0.240 4	−0.071	0.007	−0.110	−0.026	−0.148	0.083
12	14.77	12	0.254 2	0.073	−0.159	0.019	−0.062	0.034	−0.053
18	18.97	18	0.393 4	0.086	−0.082	0.019	−0.012	−0.015	0.090
24	20.94	24	0.642 0	−0.033	−0.086	−0.023	−0.010	−0.037	0.005

表 3-8   摩擦全过程电磁辐射序列自相关系数白噪声检验表

To Lag	Chi-Square	DF	Pr>ChiSq	Autocorrelations					
				白噪声自相关检验					
6	7.23	6	0.299 7	−0.065	0.008	−0.076	−0.068	−0.129	0.042
12	15.83	12	0.199 1	0.045	−0.130	0.050	−0.115	0.059	−0.018
18	21.75	18	0.243 1	0.079	−0.055	0.032	−0.018	−0.061	0.105
24	23.17	24	0.509 9	−0.025	−0.001	−0.039	0.010	−0.048	−0.036

通过图 3-34～图 3-36 和表 3-6～表 3-8 的检验,在置信水平为 0.05 的条件下,自相关系数、偏自相关系数、反自相关系数及其白噪声检验一阶差分后的电磁辐射时间序列是平稳的。

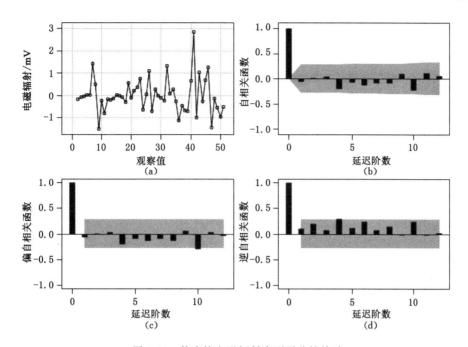

图 3-34　静摩擦电磁辐射序列平稳性检验

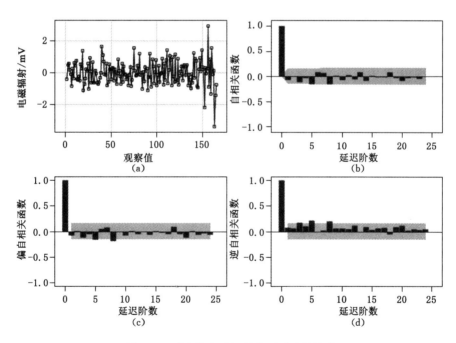

图 3-35　动摩擦电磁辐射序列平稳性检验

（2）煤岩摩擦电磁辐射时序模型识别、检验

确定煤岩摩擦各阶段电磁辐射序列是平稳序列后，进行模型识别和检验，结果见表 3-9～表 3-11 和图 3-37～图 3-39。

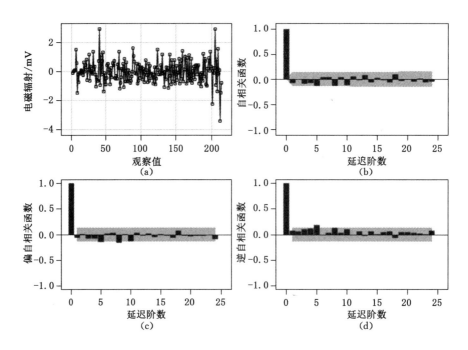

图 3-36　摩擦全过程电磁辐射序列平稳性检验

表 3-9　　　　　　　　　　　　**静摩擦序列模型残差项白噪声检验表**

残差项自相关检验									
To Lag	Chi-Square	DF	Pr>ChiSq	Autocorrelations					
6	3.73	5	0.589 0	0.001	0.012	0.030	−0.200	−0.084	−0.130
12	9.41	11	0.584 0	−0.099	−0.079	0.083	−0.217	0.113	0.071
18	13.39	17	0.709 5	0.047	0.002	0.106	−0.084	−0.145	0.099
24	14.88	23	0.899 1	−0.012	0.085	−0.065	0.039	−0.057	0.007

表 3-10　　　　　　　　　　　**动摩擦序列模型残差项白噪声检验表**

残差项自相关检验									
To Lag	Chi-Square	DF	Pr>ChiSq	Autocorrelations					
6	0.63	1	0.426 4	0.007	0.015	−0.029	−0.011	−0.039	0.031
12	7.58	7	0.371 3	0.026	−0.182	−0.030	−0.058	0.024	−0.030
18	11.94	13	0.532 7	0.070	−0.086	−0.014	−0.028	−0.034	0.097
24	14.79	19	0.735 8	−0.039	−0.090	−0.033	−0.033	−0.053	−0.019
30	15.63	25	0.925 3	−0.011	−0.025	0.010	0.004	0.010	0.057

表 3-11　　　　　　　摩擦全过程序列模型残差项白噪声检验表

残差项自相关检验									
To Lag	Chi-Square	DF	Pr>ChiSq	Autocorrelations					
6	0.51	1	0.475 5	−0.011	−0.011	0.005	−0.003	0.015	0.043
12	5.16	7	0.640 4	0.034	−0.093	0.039	−0.081	0.053	0.002
18	10.90	13	0.619 1	0.075	−0.047	0.018	−0.026	−0.054	0.113
24	12.17	19	0.878 4	−0.025	−0.004	−0.032	0.018	−0.031	−0.048
30	14.03	25	0.961 2	0.032	−0.010	0.065	0.004	−0.044	0.015
36	22.39	31	0.870 3	0.040	−0.110	0.084	0.039	0.031	0.098
42	25.41	37	0.925 2	−0.053	0.050	0.004	0.001	0.030	−0.072

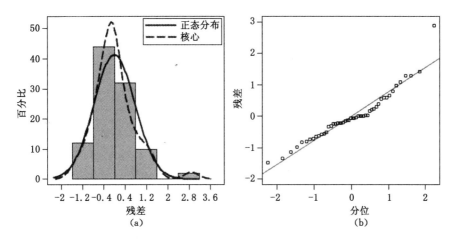

图 3-37　静摩擦序列模型残差项正态分布图

（a）残差分布图；（b）分位数图

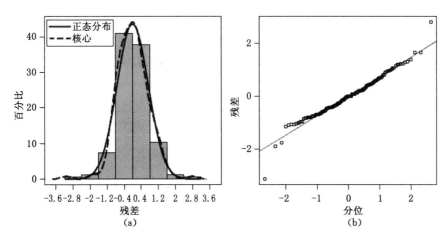

图 3-38　动摩擦序列模型残差项正态分布图

（a）残差分布图；（b）分位数图

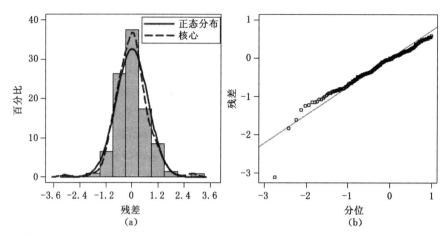

图 3-39　摩擦全过程序列模型残差项正态分布图

(a) 残差分布图；(b) 分位数图

通过上述检验，静摩擦、动摩擦及摩擦全过程时序模型分别确定为 ARIMA(1,1,0)、ARIMA(5,1,0) 和 ARIMA(0,1,5) 是适合的。

模型具体形式为：

① 静摩擦时序模型

$$X_t = -0.058\,84X_{t-1} + 3$$

② 动摩擦时序模型

$$X_t = -0.095\,71X_{t-1} - 0.049\,31X_{t-2} - 0.162\,2X_{t-3} - 0.101\,26X_{t-4} - 0.205\,06X_{t-5} + 5$$

③ 摩擦全过程时序模型

$$X_t = -0.086\,31a_{t-1} - 0.013\,25a_{t-2} - 0.139\,12a_{t-3} - 0.120\,56a_{t-4} - 0.214\,98a_{t-5} + 4$$

（3）煤岩摩擦电磁辐射时序模型拟合及预测

煤岩摩擦实验过程中，通过图 3-40 中三个拟合曲线反映出各阶段电磁辐射强度真实值都落入时序模型预测区域（95％置信区间）之内，时序模型拟合电磁辐射强度值拟合度均非常高。

图 3-40(c) 中静摩擦阶段是图 3-41 中的 OA 段，OA 段对应的切应力曲线段上凸，且随着切应力增加，煤岩内部结构产生变形，煤岩体各部分变形引起电荷迁移和裂纹扩张形成带电粒子变速运动，产生煤岩内部的电磁辐射信号且信号逐渐增强，所以形成了静摩擦阶段电磁辐射强度急剧上升趋势。时序分析对静摩擦阶段电磁辐射强度进行拟合且在静摩擦阶段预测动摩擦初期电磁辐射强度的变化趋势，从图 3-40(a) 可以看出，时序模型不仅对静摩擦阶段电磁辐射拟合效果明显而且与动摩擦初期电磁辐射强度趋势也基本一致，预测结果有效。

图 3-40(c) 中动摩擦阶段是图 3-41 中的 AB 段，AB 段对应的切应力曲线段稍微上凸，波动很小。AB 段除了煤岩内部产生信号外，煤岩之间的摩擦面因摩擦产生带正电的粒子进而产生电磁辐射信号，因此动摩擦电磁辐射信号要强于静摩擦过程。时序分析对动摩擦阶段电磁辐射强度进行拟合，从图 3-40(b) 可以看出，时序模型对动摩擦阶段的电磁辐射强度趋势拟合效果明显。尤其电磁辐射强度下降，时间序列拟合曲线相应也下降。

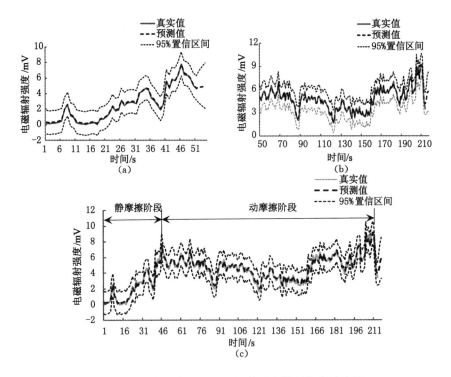

图 3-40　摩擦各阶段电磁辐射时序模型拟合对比图
(a) 静摩擦拟合模型；(b) 动摩擦拟合模型；(c) 摩擦拟合模型

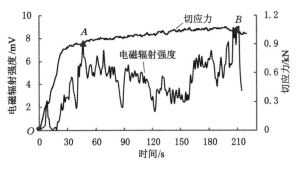

图 3-41　煤岩摩擦力-电对比图

通过上述分析，不论是静摩擦、动摩擦时间序列曲线的拟合，还是煤岩全过程时间序列曲线的拟合，均较正确地反映了各阶段煤岩电磁辐射信号的变化趋势，加深了对煤岩摩擦各过程电磁辐射强度趋势特征的认识，保证了预测的可靠性，为电磁辐射技术预测煤岩动力灾害提供依据。

3.4　煤岩体变形破坏的电磁辐射产生机理

电磁辐射的前提和基础是电荷的分离，也就是在宏观上表现出正负电荷，而这些分离电荷的最终恢复，使得煤岩体在宏观上表现为电中性的过程，即电磁辐射的过程。前人对受载煤岩体电磁辐射机理方面进行了比较深入的研究,取得了不少成果,提出了多种电磁辐射机理,这些在本书的绪论中均做了比较详细的描述,这里不再重复。本节在煤岩体变形破坏的电磁辐射产生机理上,侧重描述和分析作者个人认为在冲击地压孕育和发展过程中可能起到一定程度作用的几种机理。

3.4.1 压电效应机理

自然界中的一些晶体(石英、电气石等)在受压或受拉时能产生表面电荷,该现象称为压电效应。压电效应由尼桑(U. Nitsan)等[177]提出,最早被用来解释电磁辐射机理的理论。在研究岩石破裂电磁辐射时所使用的岩石富含具有压电效应的石英,由此提出了电磁辐射的压电机理。徐为民等[137]通过岩石破裂过程中电磁辐射实验研究认为,用岩石的压电效应来解释电磁辐射是合适的。后来的一些实验,如沃里克(J. W. Warwick)、马克斯韦尔(M. Maxwell)、拉塞尔(R. D. Russell)等[178-180],表明含压电材料和不含压电材料的岩石都有电磁辐射产生。因此,一些研究者,如克雷斯(G. O. Cress)和布拉德利(B. T. Brady)等[97,181]、孙正江等[182]、朱元清和王炽仑等[100,102],认为压电效应不是电磁辐射的真正机理或起作用不大。根据已有的研究成果,我们认为,压电效应虽然不是电磁辐射产生的唯一原因,但它确实是其原因之一。尼桑和沃里克的岩石破碎实验没有发现不含石英等压电材料的岩石有电磁辐射,其实验结果虽不能排除电磁辐射的其他机理,但的确证明压电材料所起的作用。徐为民等研究了灰岩、花岗岩和石英岩在破裂过程中的电磁辐射及光辐射,花岗岩和石英岩在破裂过程中有强烈的电磁辐射及光辐射,而不含压电材料的石灰岩则没有;其实验结果与尼桑及沃里克的结果非常一致,综合前人的实验结果,显然压电体的存在有助于电磁辐射的产生,其内在原因是压电效应产生电荷分离。即电压效应是产生新生表面电荷分离的内在机制之一。

压电体的压电效应可以进行如下定性解释。当无外力作用时,压电体中正负电荷重合,晶体的总电矩等于零,故晶体表面不带电,但是当沿某一方向对晶体施加机械力时,晶体会由于发生形变而导致正负中心不重合,晶体总电矩不再为零,从而能使晶体的一些相应的表面上出现电荷。压电体产生的电量正比于应力。通过对我国煤灰主要成分含量的一般分析[183],发现在煤体中或多或少都存在具有压电效应的 SiO_2 矿物。这说明煤体受载电磁辐射也有压电效应的贡献。

3.4.2 摩擦起电及摩擦热激发电子机理

(1)摩擦起电

摩擦起电是裂纹形成及扩展形成的新表面产生电荷的重要机理之一。摩擦起电的本质是电荷转移,电荷转移的过程可用凝聚物质的功函数来解释,从物质中发射一个电子的能量称为相应物质的功函数。电子在物体内就好像是处于深度为 Φ 的势阱中,其中 Φ 就是其功函数,当有功函数不相同的 A、B 两种物质靠近后,则有电子从一个物质的表层移至另一个物质的表层。由于电子较易离开功函数较小的物质,所以若 Φ_A 大于 Φ_B,则 A 的表层将形成多余的负电荷,而 B 的表层将出现等量的正电荷,从而使两物体的接触面间产生一个偶电层,当物体快速分离则电层两侧的电荷来不及完全消失,形成电荷分离。

在说明摩擦起电产生电荷分离时必须注意到岩石,尤其是煤的非均质性及各向异性,这是其摩擦起电电荷分离机制的基础。罗杰·霍恩(Roger G. Horn)和道格拉斯(S. T. Douglas)[184]同时测量了云母和石英在氮气中简单接触时的表面电荷密度和表面力的作用,其结果表明,电荷密度为 $5\sim10\mu C/m^2$,认为表面力是静电作用的结果,摩擦起电产生的电荷分离对界面之间的力起重要作用田川(Tagawa)等发现用摩擦的方法可使石墨产生电子发射,其过程可能和电荷分离有关,从这些实验来看,它们的最大特点是电荷分离时相互接触的材料是不同的,煤岩的非均质性和各向异性也具有这样的特点。煤岩成分的 X 射线衍射结果表明,煤岩内含有多种矿物质,是一种典型的非均质材料,因此煤岩裂纹面具备摩擦起电的物理基础。煤岩在变形破坏过程中,裂纹界面间的滑移摩擦会在裂纹面上产生电荷,并引起电荷的分离,在裂纹壁面间产生电场。

（2）摩擦热激发电子

裂纹壁面之间的摩擦还会产生热电子的发射。能带理论能较为完整地解释摩擦产生热电子的微观机理,关于能带理论和能带模型对热电子产生和发射的具体解释,可以参考文献[185,186]。在煤岩体受载时由于在局部,例如裂纹尖端或摩擦起电处会产生极高电场,可达 10^9 V/m[182],在这种极高电场下,会产生大量的本征电子,并在此电场下加速运动,从而向外辐射电磁波。这往往在煤岩体受载后期,裂隙间电场达到很高时才会产生较多数量的自由电荷。

3.4.3　煤岩变形及裂纹扩展过程中的电荷分离

（1）电磁辐射的电荷变速运动机理

当煤岩受载压力较高时,超过裂纹扩展临界应力时,裂纹扩展,裂纹尖端的束缚电子能量增大,越过势垒成为自由电子,或者束缚电子由于隧道效应产生电子,或者当煤岩孔隙内电场足够高,达到气体或煤岩介质的电离或击穿场强时,气体电离产生电子,在裂缝高静电场作用下,向外发射,这种发射会产生电磁波。另外,当脆性试样临近破坏时,裂纹汇合、贯通的过程中,带电的煤岩碎块、碎片也会在应力作用下向外飞溅,这种变速运动也会产生电磁波,这两种辐射可以用低速($v \ll c$)带电粒子产生的电磁场处理,如果是电子发射则电量 q 变为 e。低速运动的带电粒子产生的电磁场为:

$$\begin{cases} \boldsymbol{B} = \dfrac{q \overrightarrow{\dot{v}} \times \overrightarrow{r}}{4\pi\varepsilon_0 c^3 r^3} + \dfrac{\overrightarrow{qv} \times \overrightarrow{r}}{4\pi\varepsilon_0 c^2 r^3} \\ \boldsymbol{B} = \dfrac{q\dot{v} \times r}{4\pi\varepsilon_0 c^3 r^3} + \dfrac{qv \times r}{4\pi\varepsilon_0 c^2 r^3} \end{cases} \tag{3-4}$$

从上式可以看出,带电粒子产生的电场 E 分为两项,第一项是静电荷的库仑场,第二项是辐射场。库仑场与 r^2 成反比,它存在于粒子附近,当 r 大时可以忽略;对于辐射场,实际上是一电偶极辐射场。所以低速运动的带电粒子产生的辐射场相当于一个电偶极辐射场。

（2）电磁辐射的分离电荷弛豫机理

由于各种电荷分离机制,在裂隙形成和扩展过程中,裂隙壁面带有电荷,从而在壁面间建立了较强的电场。当裂隙壁上的分离电荷由于某种原因弛豫时,此时存储于裂隙间电场的能量部分以电磁波的形式被辐射出去,形成能量耗散。必须指出,如果把裂隙当作一标准的电容器,连接两壁面的煤体视作一电阻,形成电阻-电容器电路,此时也会促使分离电荷弛豫,由于煤具有很高的电阻率,上述电阻—电容器电路的电阻将很大,其弛豫速度将是非常缓慢的。

分离电荷的重要弛豫机制是荷电粒子辐射。由于裂隙壁间电场强度很高,引起大量的场致荷电粒子辐射,在这些荷电粒子中,绝大部分是电子,荷电粒子辐射的结果是降低裂隙壁间的场强,使壁面上电荷产生弛豫。由于粒子辐射导致电荷弛豫产生电磁辐射的机制类似于电偶极子震荡产生的电磁波,辐射的荷电粒子束充当了连接两带电壁面导体的角色。

显然,壁面间介质的电性质、壁面电荷的分布以及煤岩体的性质决定着荷电粒子辐射弛豫的整个过程。

裂隙壁面分离电荷的弛豫在裂隙形成扩展过程是一个连续过程,一方面裂隙扩展形成新的电荷分离,另一方面电荷弛豫,形成电磁波辐射。就整个裂隙的壁面而言,电荷分布是不均匀的,越靠近裂隙壁的边缘,电荷密度越高。由于裂隙的非稳定扩展及壁面的差异,壁面电荷弛豫是非均衡的,其辐射的电磁波也会在频率及幅度上有所不同。

3.5 冲击地压的电磁辐射前兆规律及机理

3.5.1 冲击地压的电磁辐射前兆规律

3.5.1.1 冲击地压的电磁辐射前兆形式

在具有冲击地压(或矿震)危险的山东华丰煤矿、北京木城涧煤矿、鹤岗南山煤矿、兖州东滩煤矿、徐州三河尖煤矿等进行了大量试验,测试并分析了采掘工作面及巷道中电磁辐射分布及其变化规律,分析了电磁辐射异常与冲击地压(或矿震)危险性之间的关系,冲击地压(或矿震)危险主要由实际冲击地压(或矿震)显现或微震监测结果确定。

测试及分析结果表明,冲击地压(或矿震)发生前,该区域的电磁辐射呈现明显异常。研究发现,主要表现为 3 种响应形式[187]。

(1) 突然增强式(或超临界型、高能量型)

图 3-42 为山东华丰煤矿 3406(1)工作面 2001 年 3 月 6 日至 3 月 12 日电磁辐射观测结果,3 月 9 日电磁辐射异常增大,超过正常测试值的 2 倍以上,3 月 10 日发生 1.7 级冲击地压。

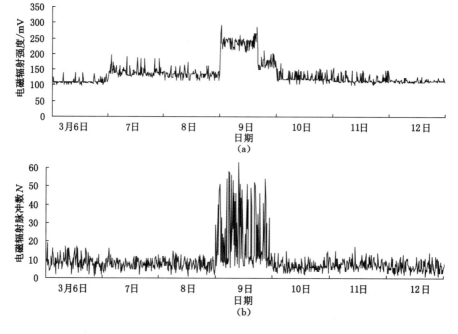

图 3-42 华丰煤矿 3 月 6～12 日的电磁辐射测试结果

(a)电磁辐射强度;(b)电磁辐射脉冲数

突然增强式冲击地压,是该区域煤岩体中聚积的能量较大,超过或接近该区域煤岩体能够承受的临界能量,并且持续一定时间,煤岩体失去应力平衡,变形破裂过程较强烈,当应力和煤岩体的强度演化到一定程度后,该区域的煤岩体突然失稳,瞬间释放大量的弹性能,达到新的平衡状态。煤柱区或构造型的冲击大多属于这种类型。

(2) 逐渐增强式

图3-43为山东华丰煤矿2004年2月15日至4月11日连续监测的1409采煤工作面上平巷电磁辐射强度和脉冲数的变化情况。从图中可以看出,2月27日之后电磁辐射基本呈现逐渐增强趋势,之后在采取注水卸压措施的情况下,于3月9日发生0.7级矿震;3月26日之后,电磁辐射呈现逐渐增强趋势,于4月9日发生1.0级矿震。这充分表明,电磁辐射预测结果与实际冲击地压显现一致,同时与微震记录结果一致。可见,当电磁辐射信号较强,或电磁辐射信号呈现明显的增强趋势或剧烈变化时,有发生冲击地压的危险。

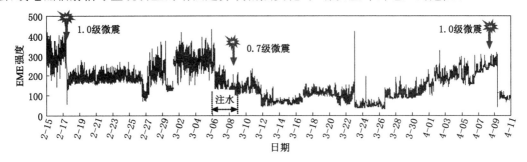

图3-43 华丰煤矿1409采煤工作面上平巷连续监测的电磁辐射与微震监测记录对比图

该类冲击地压的发生是该区域煤岩体中的能量逐渐积累到一定程度,超过当地煤岩体的承载能力后发生的,在能量积累的过程中,煤岩体的变形破裂过程也逐渐增强,所以电磁辐射信号也逐渐增强。顶板型或周期来压时的冲击地压大多属于该类情况。

(3) N形模式

鹤岗南山煤矿237采煤工作面为孤岛工作面,矿压显现和冲击危险程度较高。2005年12月12日,237采煤工作面发生3.0级冲击地压,冲击对巷道、工作面及支护设备造成了一定程度的破坏。图3-44是冲击前工作面的电磁辐射变化情况。

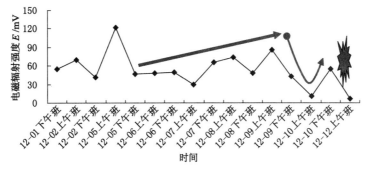

图3-44 南山煤矿237采煤工作面冲击前的电磁辐射变化

从工作面12月1日后的电磁辐射观测结果来看,12月9日前工作面电磁辐射呈现逐渐增强趋势,而后急剧下降且上升,呈现N形模式,有严重危险预兆(图3-44)。其中12月5

日上午出现一个电磁辐射高值,是由于工作面前壁第一个测点测试时受干扰所致,是伪异常值,可以排除。

该类冲击地压的发生是该区域煤岩体中的能量先期逐渐积累,在能量积累的过程中,煤岩体的变形破裂过程也呈增强趋势,所以电磁辐射等能量释放也呈增强趋势;能量积聚到一定程度,煤岩体的变形破裂逐渐减弱或进入平静阶段,电磁辐射能量等能量释放呈减弱或平静状态,该区域或临近区域的能量还在积聚;当该区域或临近区域的能量超过临界能量时,突然发生冲击。该种类型的冲击具有突发性,因发生前有一段时间表现平静,能量释放较低,冲击前征兆不明显,易漏报或误报,且这种冲击能量很大,破坏范围和破坏强度比较大。

3.5.1.2 应力突变引发冲击地压的电磁辐射前兆规律

在采煤过程中,采煤工作面和上、下平巷中均有电磁辐射产生。电磁辐射的强弱与应力有密切关系:应力大或应力集中的区域,或变形破裂强烈的区域,电磁辐射较强。监测区域的应力状态发生突变,就会产生冲击地压等煤岩动力危险,同时应力突变之前会有电磁辐射异常的征兆[188]。

监测区域在没有冲击危险的电磁辐射信号表现形式为:电磁幅值较低且稳定,即使有波动产生,幅度也不是很大,而且在临界值以下,说明这个时间段内监测区域的应力处于一个相对稳定的平衡状态,暂时不会有煤岩动力危险产生。

当监测区域开始出现一个急剧上升而又急剧下降的电磁水平波动,且峰值在临界值以上,要密切注意观测,如果在波动后期没有新的急剧波动产生并持续,那么可以认为该监测区域煤体内部有部分煤岩体破坏,产生了较为强烈的电磁辐射信号,破坏没有达到剧烈改变煤体原先的应力平衡;如果产生一个甚至两个新的急剧波动,说明煤体内部煤岩破坏剧烈,已经使得煤体原先的应力平衡被打破,会引起应力的突变,产生煤岩动力危险。这就是应力突变导致煤岩动力危险产生的电磁辐射前兆特征。以鹤岗南山煤矿 237 采煤工作面的几次冲击地压为例,来说明冲击地压的电磁辐射前兆特征。

237 采煤工作面的刮板输送机道在 2006 年 1 月 12 日发生了震级为 2.4 级的冲击地压(简称"1·12冲击"),发生之前就具有上述所描述的应力突变的电磁辐射特征,表现为出现两个周期的电磁辐射波动,且峰值在临界值(30 mV)之上,见图 3-45。由图 3-46 可以看出,5 月 11 日发生的微型冲击(简称"5·11 冲击")也具有同样的电磁辐射特征,且峰值也在临界值(30 mV)之上。而 4 月 2 日发生的震级为 1.4 级的冲击地压,其应力突变电磁辐射特征却有所区别,虽然有电磁辐射波动周期出现,但波动幅度不大,且峰值在临界值之下。

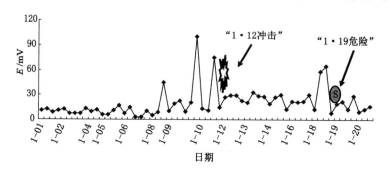

图 3-45 1 月 12 日冲击前的电磁辐射特征

4月2日冲击之后电磁辐射强度值出现了特殊现象,回零现象,见图3-46(a)。4月2日冲击之前的电磁辐射前兆特征明显区别于5月11日的前兆特征,推测认为该冲击可能为工作面周期来压的较强显现,而不是真正的冲击,所以该冲击的具体原因和电磁特征还需要以后进一步的研究。因此,本书在后面的章节中只对有着明显前兆特征的"1·12冲击"和"5·11冲击"进行研究分析。

当监测区域出现了应力突变的电磁辐射前兆特征时,需要及时对该监测区域采取卸压爆破、煤层注水来减弱和消除由应力突变即将产生的煤岩动力灾害。由图3-46可以看出,2006年5月11日237采煤工作面胶带道监测区域的电磁辐射信号出现上述的前兆危险规律,及时采取了紧急解危措施,最终使得危险发生的程度降低,仅仅产生了微型冲击,只是发生区域的巷道发生了轻度变形,没有造成人员伤亡。由图3-45可以看出,而原本1月19日可能发生的危险(简称"1·19危险"),在分析了突变的电磁辐射异常特征之后,停采2d并及时采取有效的解危措施后,使得危险没有发生,最终被消除。

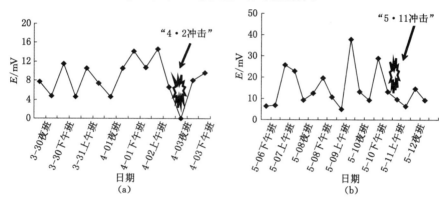

图3-46　4月2日和5月11日冲击前的电磁辐射特征
(a)4月2日冲击前的电磁辐射特征;(b)5月11日冲击前的电磁辐射特征

综合上述分析,237采煤工作面应力发生突变,导致冲击危险可能发生的电磁辐射前兆特征为:原先稳定的、远低于临界值的电磁辐射水平开始出现变化,表现为"急剧先升后降"的电磁水平波动开始出现,并持续为一段时间;电磁波动在连续的一段时间内又出现一到两个以上的周期,而且伴随着波动,其峰值在临界值之上,整体的电磁辐射水平呈现上升趋势。

3.5.2　冲击地压电磁辐射机理

3.5.2.1　煤岩裂纹的特点及发展过程

(1)煤岩裂纹的特点

煤岩材料是由许多晶粒组成的多晶体,晶粒的大小可以小到微米以下,大到厘米以上,其中存在有许多裂纹、孔隙、空位,是一种节理繁多、孔隙和裂隙发育的多裂纹介质的材料。其力学行为受到这些缺陷的影响很大,实践证明,在远低于屈服应力的条件下煤岩等脆性材料会发生断裂,即"低应力脆断"[189],这正是材料中裂纹和缺陷产生的效应。上述这些裂纹、缺陷、空位也称为Griffith缺陷。

Griffith缺陷在脆性材料中为数甚多,而且其形状、大小、方向各不相同,且是独立存在的。材料中的缺陷会产生应力集中,致使实测强度与理论强度差别很大。岩石多为晶粒的集合体,这些集合体即使用肉眼也能分辨出晶粒间的界限,可以想象这些界限对岩石的强度会产生极大的影响。即使岩石没有任何明显的缺陷,对于结晶界面,不同种类的矿物自不必说,就是相同的矿物晶粒间,由于方向不同彼此间的弹性模量也不相同,在承受载荷发生应变的情况下,在晶粒界面上也会产生某种程度的应力集中现象。所以可以认为这些晶粒界面也起着 Griffith 缺陷的作用。

(2)煤岩裂纹的发展过程

煤被认为是一种含有原生裂隙的材料,在其内部广泛分布着原始裂隙,当煤承受载荷后产生大量新的微细观裂纹,并随着载荷的增大而逐渐扩展,经过煤岩材料中微孔洞被压密、微裂纹萌生、分叉、发展、断裂、破坏、卸载等阶段。

根据能量平衡的原理和 Griffith 公式,煤裂纹的扩展是由裂纹扩展时所释放出的弹性应变能和形成新表面所吸收的表面能之间的失稳现象所引起的,在载荷作用下,当集中应力达到煤体材料强度的临界值时,裂纹就开始扩展。煤岩材料中裂纹的扩展是沿孔隙两边进行的,相当于受到拉应力作用的结果。由于压应力下拉应力集中点上的曲率半径一定大于尖端的曲率半径,一旦在拉应力集中点上开始断裂,断裂后新裂纹的曲率半径一定很小,所以在开始时的裂纹扩展速度也是很快的,但在扩展后,扩展点的拉应力集中系数逐渐变小,于是随着裂纹接近与压应力平行而趋于稳定,停止扩展。实际煤岩体中,裂纹面之间相互接触时必然会产生摩擦,尤其在压应力的情况下,除非裂纹的几何形状直到开始断裂时都保持不变,否则裂纹就可能发生闭合,闭合就会产生摩擦力。这样,在裂纹扩展前就必须克服由裂纹面的接触而产生的摩擦力。另外,由于材料的不均匀、受力情况的不均衡、裂纹端部应力集中系数不断变化,从而会引起裂纹的张开、闭合等,而且扩展路径也是曲折发展的,由此引起的裂纹扩展过程是一不均匀、间歇式、路径曲折的过程。

在裂纹的快速扩展过程中,由于裂纹体的几何形状或者外加载荷的非对称性,以及裂纹尖端附近材料微结构的影响,快速扩展的裂纹容易偏离原来的路径而弯曲。煤岩等脆性材料中快速扩展的裂纹可能常常分岔为两个或者两个以上的裂纹,而分岔后的裂纹可能因裂纹扩展速度降低而止裂,也可能进一步加速扩展而形成进一步的分岔。

煤体在水平压力作用下,水平拉应力致使与水平应力成正交或与压应力成临界角的主裂纹(轴向裂纹和沿矿物颗粒边界的裂纹都可以算作最初的主裂纹)先开始扩展,扩展时载荷只要求达到极限强度的二分之一或更小一些。主裂纹扩展到一定程度后就停止,如果应力再增加,就在主裂纹尖端的前方产生次裂纹,再继续增加应力,这些次裂纹就成了主裂纹,并在它的前方产生轴向裂纹。应力再增加,这时的主裂纹和次裂纹就联结起来。这个过程将随载荷的增加而重复直至煤体破坏。在煤岩体最终破坏前,裂纹数量大大增加,最终的宏观断裂是大量微裂隙产生、扩展、汇合、密集,并沿相对较弱方向相互贯通形成有一定宽度的断裂破坏带的结果。

综上所述,煤岩体受载变形破裂过程是内部缺陷、裂纹在应力作用下扩展分岔、汇合贯通的结果。

3.5.2.2 冲击地压发生区域的应力状态

据我国各地有冲击地压发生煤矿的不完全统计,绝大多数冲击现象发生在采煤工作面的上下两巷,其次是工作面前壁和掘进工作面。冲击地压的发生是发生区域围压应力状态改变的结果,因此有必要对其应力状态进行分析。

未开挖的原岩体包括煤体在内是处于三向应力的平衡状态。巷道开挖后,岩体应力重新分布,巷道围岩最大主应力比原岩最大主应力升高,而最小主应力却降低。围岩应力由三向应力状态转变为二向应力状态,巷道周边就是二向应力状态。应力状态的改变使岩体的力学性质发生了变化,处于二向应力状态的围岩,其弹性极限和强度都比原来有所降低。当巷道周边的应力超过岩体本身的强度极限时,围岩即发生破坏。垂直于巷道周边的径向压力从巷道周边的零值向内部逐步增大,内部各点的应力状态是不同的,因而各点的变形性质和强度也不相同。随着离巷道周边距离的加大,巷道围岩从周边向内部逐渐由二向应力状态变为三向应力状态,岩体的强度增高。因此,围岩的破坏有一定的范围,通常称之为破裂半径,即塑性区半径。巷道围岩应力状态的变化所引起的应力集中形成了塑性区和弹性区,在弹性区外才是原岩应力区。根据有关资料,矩形巷道围岩内的应力分布和圆形巷道有类似的规律,只在巷道周边附件有些差异。

在采空区周围的煤壁内,围岩应力分布如同巷道壁(图 3-47),在工作面前方形成前支承压力,在工作面两侧形成侧支承压力。在煤壁内同样也有塑性区、弹性区和原岩应力区。在工作面两端,前支承压力和侧支承压力相互叠加,形成尖峰支承压力。如果工作面旁还有采空区,则在靠近采空区侧的一端形成更高的尖峰支承压力。工作面两端巷道难于维护,就是由于尖峰支承压力作用的结果。采场周围支承压力如此分布,其力学原因就是由于煤体应力状态的改变。如图 3-48 所示,在工作面煤壁两端,煤体是处于单向应力状态,如 I 点;在工作面中部和上下平巷煤壁的 II 点,煤体是处于双向应力状态;而距煤壁一定距离的 III 点则处于三向应力状态。处于单向应力状态的 I 点处,煤体的强度低得多,破坏的范围也大,其破裂区边缘附近应力集中的程度也高,形成了尖峰支承压力,而处于双向应力状态的 II 点处,煤体强度降低较少,破坏范围也比 I 点附近小,破裂区边缘附近应力集中的程度相对要小[190]。

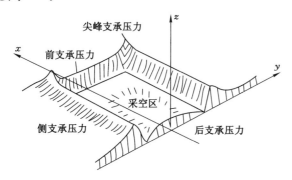

图 3-47 采场围岩支承应力的分布

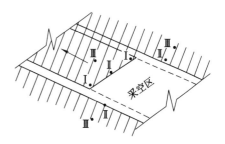

图 3-48 采场周围煤体各点的应力状态

巷道附近煤体受力及破坏巷道附近煤体受压状况如图 3-49 所示,在煤壁附近存在高应力集中区。由于断层切割和缺陷的影响,煤体中存在大量的次生裂纹,尽管其整体仅承受压力,但由于损伤的存在将在局部造成各向异性,在缺陷局部形成张应力集中,使得缺陷边缘沿最大压应力方向产生张性翼裂纹。大量的研究表明,张性翼裂纹的扩展受侧压的影响较大:① 侧向围压较高时,裂纹稳定扩展,在达到一定的裂纹长度时停止扩展,岩石呈压实状态;② 侧向围压为零或很小时,在轴向压力作用下,裂纹将沿轴压方向扩展、联合,岩石以轴向劈裂形式破坏;③ 侧向围压适中并低于脆-塑性过渡值时,位错或剪切失效成为岩石破坏的主要形式。在煤矿生产中,回采巷道和采场的围压一般远小于垂直的自重压力,围岩破坏

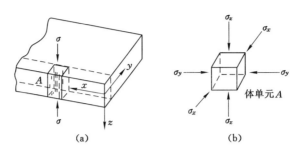

图 3-49　巷道煤壁受力及损伤示意图

(a) 巷道附近煤体受压状况及坐标;(b) 巷道附近煤岩单元受力及损伤示意图

大多呈现上述的第②和第③类方式,这种破坏方式是与裂纹扩展和贯通密切相关的[191]。

3.5.2.3　冲击地压的电磁辐射产生机理

通过对煤岩体变形破坏的电磁辐射产生机理分析,作者认为冲击地压孕育和发展过程中主要是压电效应机理、摩擦起电及摩擦热激发电子机理、煤岩裂隙扩展和摩擦效应等作用产生分离电荷的变速运动和弛豫机理等综合作用产生电磁辐射。而采掘现场采集的电磁辐射信号主要是松弛区和应力集中区中产生的电磁辐射信号的总体反映(叠加场)。

以鹤岗南山煤矿 237 采煤工作面"1·12 冲击"的电磁辐射前兆变化来说明该次冲击地压孕育中的电磁辐射产生机理。"1·12 冲击"的电磁辐射前兆曲线,按照时间段的先后,可以划分为四个阶段,见图 3-50。可以用煤岩体的变形破坏过程中裂纹发生发展的四个阶段(裂纹的压密、发生发展、密集并合成宏观裂纹和宏观裂纹发展)来解释冲击地压的孕育过程。

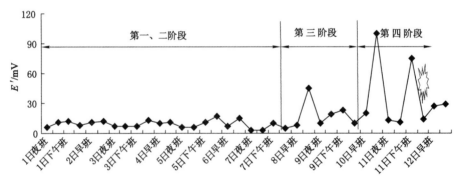

图 3-50　"1·12 冲击"电磁辐射前兆曲线的阶段划分

其中的第一、二阶段,是指电磁辐射前兆曲线的第一个异常波动之前的范围,对应于煤岩内部裂纹的压密、发生发展阶段。这段时间内,在支承压力的作用下,煤岩内部原有的微裂纹开始被压闭密实。实际煤岩体中,裂纹面之间相互接触时必然会产生摩擦,这种摩擦力是 Griffith 的脆性断裂理论没有注意的问题。尤其在压应力的情况下,在压实的过程中,除非裂纹的几何形状直到开始断裂时都保持不变,否则裂纹就可能发生闭合,闭合就会产生摩擦力。另外对于内部有许多颗粒的煤岩材料来说,颗粒本身也会产生摩擦,颗粒间隙也可以看成是裂纹。原先煤体内的微裂隙在经历了压闭密实后,在应力场的作用下,裂纹开始扩展。在裂纹扩展前就必须克服由裂纹面的接触而产生的摩擦力。当煤体上的应力集中到一定的程度,即达到裂纹扩展的临界条件时,微裂纹开始扩展。在这个阶段内,微裂纹的扩展更多表现为应力集中区域众多微裂纹的各自扩展。在这两个阶段内,煤体发射的电磁辐射信号主要来自煤体裂纹之间的摩擦以及煤体本身在压应力作用的压电效应,这个阶段是煤体裂纹稳定的阶段,因此煤体产生的电磁辐射信号比较稳定,而且幅值均比较小。随着应力的继续集中和不均化转移,煤体裂纹开始进入到密集和宏观裂纹合成阶段,即前兆曲线上的第三阶段。

第三阶段内,煤体区域内的各个小区域,在应力集中的不均化下,开始发生差异性的变化。应力集中最严重的一些局部小区域,裂纹快速扩展,形成一些较大的主裂纹,而且主裂纹的进一步发展,导致区域内的小部分煤岩发生断裂,发射出信号幅值较强的电磁辐射信号,可以认为,"1·12 冲击"前兆曲线中的 8 日下午出现第一个较大的电磁辐射波动就是该种情况的反映。小区域内部分煤岩的断裂释放了该区域由于应力集中所积累的弹性能和变性能,使得该区域的应力集中向周围其他区域转移,也使得其他区域原先比较稳定的裂纹也开始扩展。由于应力转移,使得周围区域上的应力集中没有原先煤岩破裂小区域的应力集中严重,所以这些区域的微裂纹扩展成主裂纹的过程比较温和,表现在 8 日下午以后连续的几个班次的电磁辐射数据没有出现局部的突然波动,而是整个大区域的电磁辐射信号幅值有一定程度的增加。该阶段内,煤体电磁辐射信号主要来自裂纹扩展过程中的电荷分离,另外有部分来自小部分煤岩的破裂,当然在裂纹扩展过程中,摩擦效应产生的电磁辐射信号仍然存在,叠加到电荷分离产生的电磁辐射信号上,并一起显现出来。第三阶段后,煤体内部各个区域的微裂纹均进一步发展成较大的主裂纹,煤体周围应力集中继续作用,使得煤体内部裂纹的发展进入到第四阶段。

第四阶段是煤体宏观裂纹发展和质变的阶段。在该阶段内,煤体内部一些区域的应力集中又开始明显显现,原先暂时停止发展的初始主裂纹又开始扩展,应力的不断增加,就使得主裂纹尖端的前方产生次裂纹,再继续增加应力,这些次裂纹就成了主裂纹,并在它的前方产生轴向裂纹。应力继续集中,这时的主裂纹和次裂纹就联结起来,使得该区域的部分煤岩发生断裂破坏(峰值破坏)。这个过程将应力的增加和集中而重复直至该区域内的绝大部分煤岩破坏,表现为电磁辐射信号幅值急剧增大,对应"1·12 冲击"前兆曲线中的 10 日下午出现的最大的电磁辐射波动。破坏后的煤体区域在此时并不会完全失效,由于峰值破坏后的煤体仍然存在有一定的残余强度,使得该区域的煤岩表现为塑性状态,在原先的弹性区内部形成了一个小的新塑性区。此后,该新塑性区周围的弹性煤岩体在应力场集中不均化的作用下,宏观主裂纹继续加速扩展,应变局部化发展,使得周围部分的弹性煤岩体(靠近煤体初始塑性区一侧)断裂破坏,表现为大辐射电磁辐射信号的产生,对应"1·12 冲击"前兆曲线中的 11 日下午出现的次最大的电磁辐射波动。此时煤体破坏区域的围岩强度已经不能够继续承载足够大的载荷,根据失稳理论和变形局部化理论,破坏区域内应变最大的区域发生质变,煤体失稳,围岩的强度不能承受,便发生了冲击地压。该阶段内,煤体电磁辐射信号主要来自裂纹扩展和煤岩破坏断裂过程中的电荷分离,另外裂纹之间和断裂面之间的摩擦效应也会产生电磁辐射信号。

综上所述,在冲击地压的整个孕育和发展过程中,摩擦效应产生的电磁辐射信号一直存在,压电效应在前期阶段电磁辐射信号的产生有一定的促进作用,在冲击地压孕育的中后期,更多的是裂纹扩展和煤岩断裂导致电荷分离而产生的电磁辐射信号。

3.6 冲击地压电磁辐射前兆特征

在有冲击危险性的矿井采掘现场,当煤岩体的应力集中达到一定程度之后,就有可能发生冲击地压。冲击地压发生前,电磁辐射有明显的异常反应,表现为电磁辐射监测水平突然增强、逐渐增强、或伴随明显的电磁辐射强烈波动,且大多数情况下电磁辐射监测值超过预警临界值。

3.6.1 冲击地压电磁辐射(KBD5)前兆特征

千秋煤矿 KBD5 监测开始于 2008 年 12 月 20 日,主要监测 21141 和 21201 两个掘进工作面,因此选 2008 年 12 月 20 日以后两个工作面发生的冲击地压灾害,分析其电磁辐射前兆规律;砚北煤矿 KBD5 电磁辐射监测开始于 2006 年 3 月,主要监测 250205上采煤工作面,因此只选择 2006 年 3 月以后该采煤工作面的冲击地压灾害,分析其电磁辐射前兆规律。

3.6.1.1 冲击地压电磁辐射(KBD5)前兆时间性特征分析

3.6.1.1.1 千秋煤矿冲击地压电磁辐射(KBD5)前兆时间性特征分析

(1) 21201 工作面

① "3 月 27 日"冲击电磁辐射前兆规律

2009 年 3 月 27 日 18 点 40 分在 21201 工作面响声冲击,21201 工作面上、下巷均受其影响。其中:21201 上巷 300 m 处底鼓 100 mm,电机侧翻,3 号高位钻场开口处有一棚卡环崩断,水泥地段有裂缝,50 m 处震烂两个大网兜,215~225 m 顶梁变形严重,冲击过后 28 号钻场无变化;21201 下巷 440~480 m 处底鼓量在 200~300 mm 之间,230 m、150 m、110 m 门字棚卡环上滑,310~350 m、400 m 胶带整体下移,160 m 和 180 m 下帮各有一棚卡环崩断。

3 月 27 日冲击发生前后,KBD5 监测得到电磁辐射数据有很好的前兆反映。3 月 27 日冲击前后的电磁辐射前兆曲线如图 3-51 所示。

由图可以看出,每个测点的电磁辐射强度变化趋势几乎是一致的,表现为冲击发生前 2~5 d,各个测点的电磁辐射强度均有从平稳突然升高且升高幅度较大的明显前兆,表明有冲击危险的可能。

② "5 月 7 日"冲击电磁辐射前兆规律

2009 年 5 月 7 日,14 点 30 分左右在 21 区 21201 下巷发生一次冲击,声响剧烈,部分有落煤、掉渣现象。

21201 下巷工作面支架压死居多,局部支架之间有片帮现象,最大片帮量 500 mm,支架整体压死,下巷 415 m 向外七棚加强梁上帮顶梁下沉,最大下沉量为 300 mm,此冲击发生之前有周期来压。

5 月 7 日冲击发生前后,使用便携式电磁辐射监测仪 KBD5 对 21201 工作面下巷进行监测,监测得到的数据较好地反映了在冲击前后电磁辐射的变化规律,如图 3-52 所示。

由图可以看出,每个测点的电磁辐射强度变化趋势几乎是一致的,表现为冲击发生前一周,各个测点的电磁辐射强度均逐渐增大,并伴有一个从突然升高后下降波动的明显前兆,表明有冲击危险可能。

(2) 21141 工作面

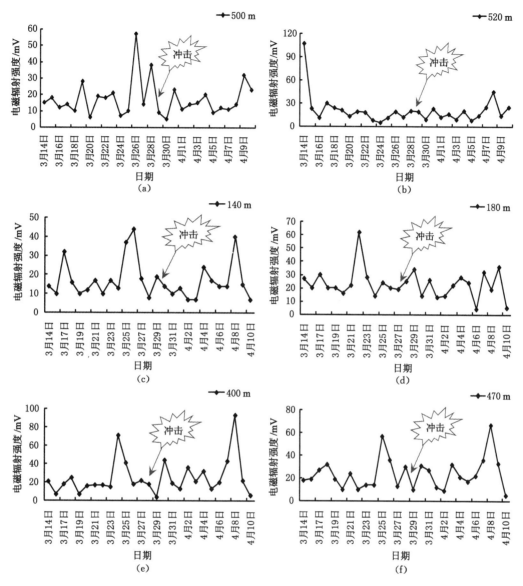

图 3-51 "3 月 27 日"冲击 21201 工作面上巷下帮各测点监测数据趋势

(a) 500 m 测点；(b) 520 m 测点；(c) 140 m 测点；(d) 180 m 测点；(e) 400 m 测点；(f) 470 m 测点

① "12 月 30 日"冲击电磁辐射前兆规律

2008 年 12 月 30 日 21 点 20 分，21141 工作面下巷窝头附近冲击地压现象显现。冲击防治措施主要有：12 号卸压硐室打钻孔释放应力；13 号卸压硐室打钻孔、注水释放应力；66 号注水钻孔注水扩散释放应力。

分析发生冲击的原因，主要有两方面：其一，大埋深、高地应力；其二，21201 工作面开采动压的影响。钻孔布置如图 3-53 所示。

12 月 30 日冲击发生前后，在 21141 工作面下巷下帮，多个测点的 KBD5 电磁辐射强度监测数据很好地反映了该次冲击灾害，其电磁前兆曲线如图 3-54 所示。每一个数据曲线图都是单个测点按测试时间（以天为单位）连接形成的，从图中可以清晰地观察出每个测点电

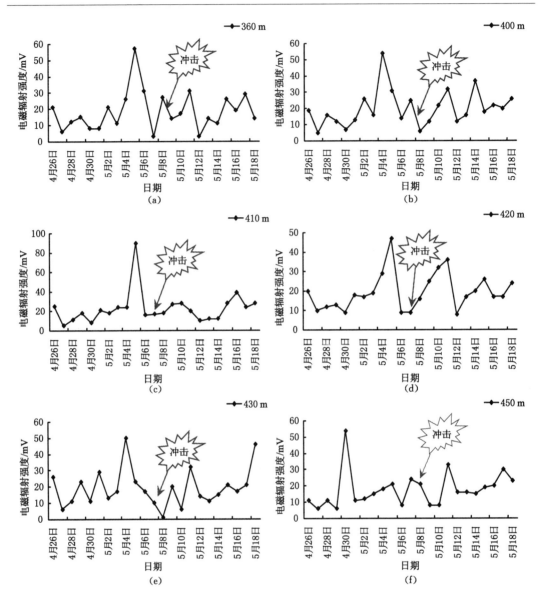

图 3-52 "5月7日"冲击 21201 工作面下巷上帮各测点监测数据趋势

(a) 360 m 测点；(b) 400 m 测点；(c) 410 m 测点；(d) 420 m 测点；(e) 430 m 测点；(f) 450 m 测点

磁辐射强度随时间的变化规律。

由图可以看出，每个测点的电磁辐射强度变化趋势几乎是一致的，表现为冲击发生前 2~4 d，各个测点的电磁辐射强度均有从平稳突然升高且升高幅度较大的明显前兆，表明有冲击危险可能。

② "6月19日"冲击电磁辐射前兆规律

2009 年 6 月 19 日 17 点 25 分在 21141 工作面下巷距巷口约 500 m 发生冲击，声响剧烈，主巷道内底板震动，并伴随有冲击波。冲击发生后煤尘浓度高，持续时间长达 20 min。

根据现场勘查，此次冲击造成 21141 工作面下巷 300~850 m 范围内不同程度受到影响。其中，190 m 顶部掉锚喷皮，640~650 m 顶部掉锚喷皮，709 m、711 m、725 m、768 m 点

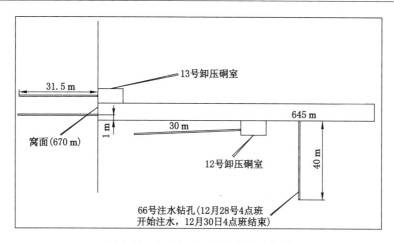

图 3-53 21141 工作面下巷钻孔布置

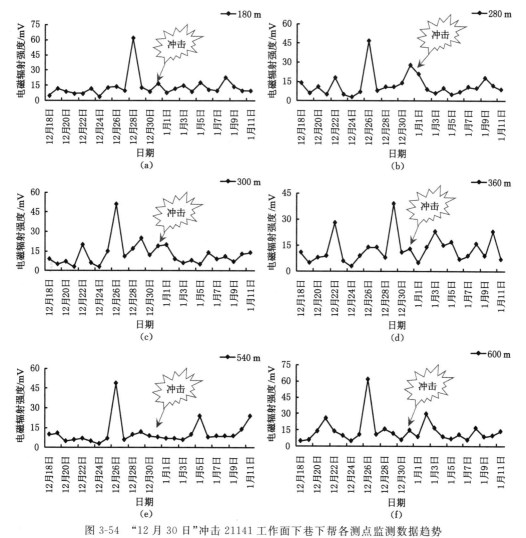

图 3-54 "12 月 30 日"冲击 21141 工作面下巷下帮各测点监测数据趋势

(a) 180 m 测点;(b) 280 m 测点;(c) 300 m 测点;(d) 360 m 测点;(e) 540 m 测点;(f) 600 m 测点

杆顶端压裂，718 m、760 m、802 m、815 m 点杆从中间压断，850 m 处卸压硐室口上方下沉 200～300 mm，下帮胶带架杆掉一根。

6 月 19 日冲击发生前后，KBD5 监测得到的电磁辐射数据反映较为明显。6 月 19 日冲击前后的电磁辐射前兆曲线如图 3-55 所示。

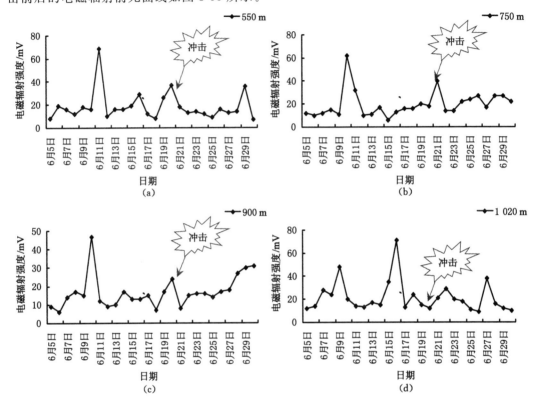

图 3-55　"6 月 19 日"冲击 21141 工作面下巷上帮各测点监测数据趋势

(a) 550 m 测点；(b) 750 m 测点；(c) 900 m 测点；(d) 1 020 m 测点

由图可以看出，每个测点的电磁辐射强度变化趋势几乎是一致的，表现为冲击发生前 8 d 左右，4 个测点的电磁辐射强度均有从平稳突然升高且升高幅度较大的明显前兆，表明有冲击危险可能。

3.6.1.1.2　砚北煤矿冲击地压电磁辐射(KBD5)前兆时间性特征分析

250205上采煤工作面自 2006 年 3 月开始回采以来，事故一直接连不断，监测时间截止到 2007 年 4 月积累了一定量的电磁辐射数据。因此选择这段时间 250205上采煤工作面发生的冲击地压灾害进行电磁辐射前兆特征分析。

(1)"10 月 6 日"冲击电磁辐射前兆规律

2006 年 10 月 6 日在 250205上采煤工作面在前溜机头道转载机头发生冲击地压灾害。造成底鼓 500～600 mm，顶板下沉 600 mm，影响井下正常运行达 8 h，影响范围达 35 m。

10 月 6 日冲击发生前后，监测得到的(运输平巷、回风平巷)KBD5 电磁辐射数据有很好的前兆反映。10 月 6 日冲击前后的电磁辐射前兆曲线如图 3-56 所示。每一个数据曲线图都是单个测点按测试时间(以天为单位)连接形成的，从图中可以清晰地观察出每个测点电磁辐射强度随时间的变化规律。

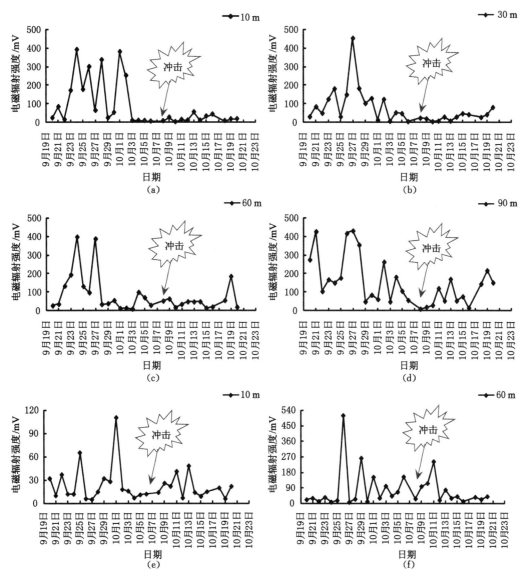

图 3-56 "10 月 6 日"冲击 250205上采煤工作面各测点监测数据趋势

（a）运输平巷 10 m 测点；（b）运输平巷 30 m 测点；（c）运输平巷 60 m 测点；（d）运输平巷 90 m 测点；

（e）回风平巷 10 m 测点；（f）回风平巷 60 m 测点

由图可以看出，每个测点的电磁辐射强度变化趋势几乎是一致的，表现为冲击发生前 8 d 左右，各个测点的电磁辐射强度均有从平稳突然升高且升高幅度较大的明显前兆，表明有冲击危险可能。

（2）"12 月 15 日"冲击电磁辐射前兆规律

2006 年 12 月 15 日在 250205上采煤工作面下口往外 10～30 m 段发生冲击地压灾害，造成底鼓 1 200 mm，顶板下沉 800 mm，超强支护破坏严重，部分单体柱损坏，影响范围达 80 m，给井下正常生产造成严重影响。

　　12月15日冲击发生前后,KBD5监测得到的(运输平巷、回风平巷)电磁辐射数据有很好的前兆反映。12月15日冲击前后的电磁辐射前兆曲线如图3-57所示。每一个数据曲线图都是单个测点按测试时间(以天为单位)连接形成的,从图中可以清晰地观察出每个测点电磁辐射强度随时间的变化规律。

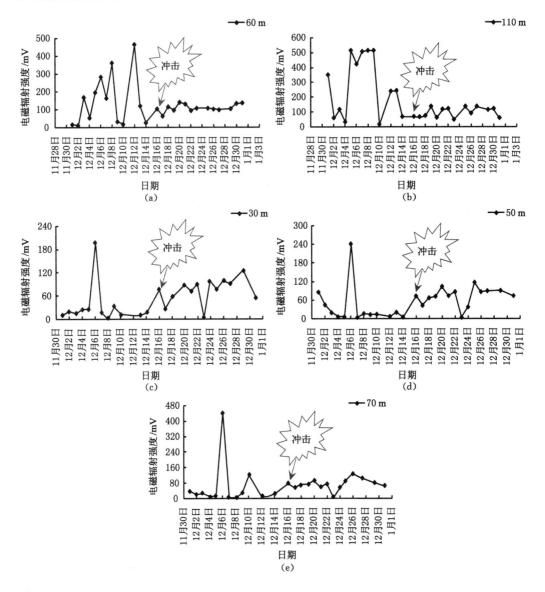

图3-57　"12月15日"冲击250205上采煤工作面各测点监测数据趋势

(a) 运输平巷60 m测点;(b) 运输平巷110 m测点;(c) 回风平巷30 m测点;

(d) 回风平巷50 m测点;(e) 回风平巷70 m测点

　　由图可以看出,每个测点的电磁辐射强度变化趋势几乎是一致的,表现为冲击发生前运输平巷5 d左右、回风平巷8 d左右;各个测点的电磁辐射强度均有从平稳突然升高且升高幅度较大的明显前兆,表明有冲击危险可能。

3.6.1.2　冲击地压电磁辐射(KBD5)前兆区域性特征分析

3.6.1.2.1　千秋煤矿冲击地压电磁辐射(KBD5)前兆区域性特征分析

（1）21201 工作面

①"3 月 27 日"冲击电磁辐射前兆规律

图 3-58 是 3 月 27 日冲击发生前,21201 工作面下巷所有测点 3 月 19 日、21 日、23 日、24 日和 26 日这五天当天的电磁辐射强度数据,数据对巷道的高、低应力区及其应力变化状况有明显响应。

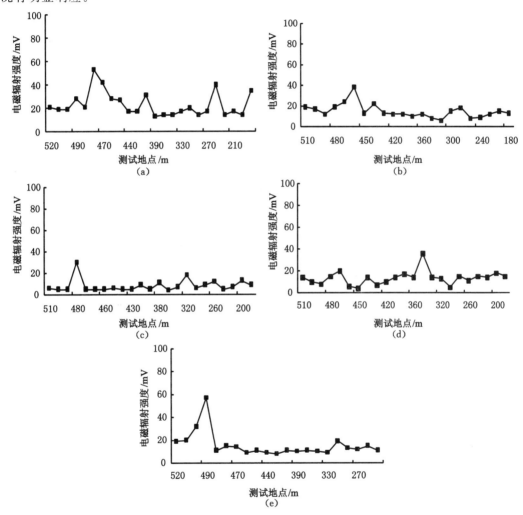

图 3-58　"3 月 27 日"冲击 21201 工作面下巷上帮前期监测电磁辐射强度

(a) 19 日监测;(b) 21 日监测;(c) 23 日监测;(d) 24 日监测;(e) 26 日监测

由图可以看出,21201 工作面下巷高应力区随着采动影响不断变化,变化范围在距巷口 400～500 m 之间,距离工作面很近。巷道其他区域相对为低应力区域(此时距巷口 470 m 左右,即距工作面 50 m 左右)。

②"5 月 7 日"冲击电磁辐射前兆规律

5 月 7 日冲击发生前,KBD5 对 21201 工作面及下巷每个测点监测得到反映巷道高、低应力区。图 3-59 是 5 月 7 日冲击发生前,21201 工作面下巷所有测点 4 月 28 日和 30 日、5 月 3 日、5 日和 6 日这五天当天的电磁辐射强度数据,数据对巷道的高、低应力区及其应力变化状况有明显的响应。

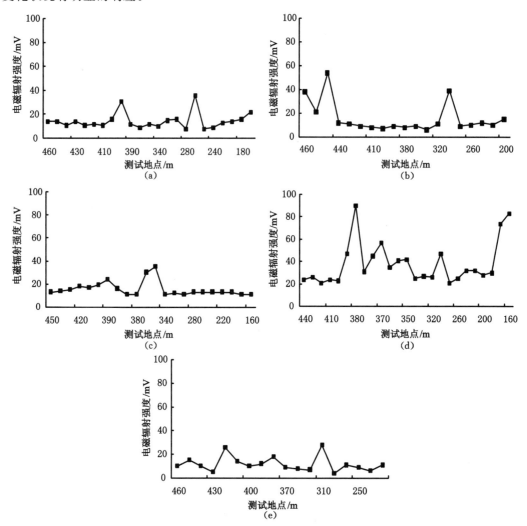

图 3-59 "5 月 7 日"冲击 21201 工作面下巷上帮前期监测电磁辐射强度
(a) 28 日监测;(b) 30 日监测;(c) 3 日监测;(d) 5 日监测;(e) 6 日监测

由图可以看出,21201 工作面下巷高应力区随着采动影响不断变化,有两个高应力区存在,在工作面附近 30 m 和距下巷巷口 300 m 左右处。巷道其他区域相对为低应力区域。

(2) 21141 工作面

① "12 月 30 日"冲击电磁辐射前兆规律

图 3-60 是 12 月 30 日冲击发生前,21141 工作面下巷各测点在 12 月 23 日、24 日、26 日、28 日和 29 日这五天当天的电磁辐射强度数据,数据对巷道的高、低应力区及其应力变化状况有明显的响应。

由图可以看出,21141 工作面下巷高应力区随着采动影响不断变化,变化范围在距巷口

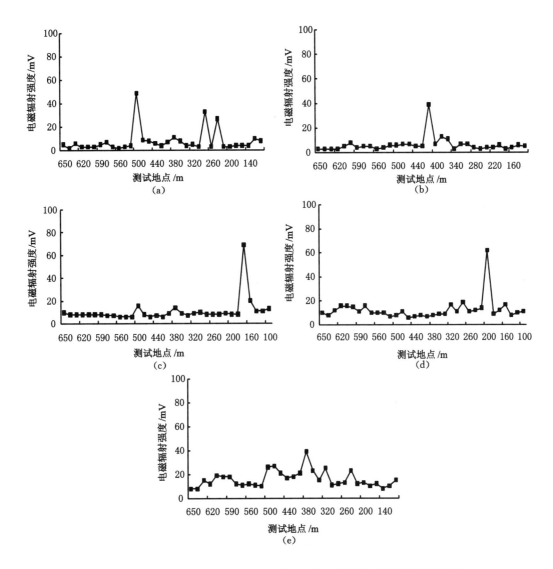

图 3-60 "12 月 30 日"冲击 21141 工作面下巷下帮前期监测电磁辐射强度

(a) 23 日监测;(b) 24 日监测;(c) 26 日监测;(d) 28 日监测;(e) 29 日监测

200～500 m 之间。巷道其他区域相对为低应力区域(此时距巷口 500 m 左右,即距工作面 100 m 左右)。

② "6 月 19 日"冲击电磁辐射前兆规律

图 3-61 是 6 月 19 日冲击发生前,21141 工作面下巷各测点在 6 月 10 日、12 日、16 日、17 日和 18 日这五天当天的电磁辐射强度数据,数据对巷道的高、低应力区及其应力变化状况有明显的响应。

由图可以看出,21141 工作面下巷高应力区随着采动影响不断变化,变化范围在距巷口 750～1 050 m 之间,距离工作面很近。巷道其他区域相对为低应力区域(此时距巷口 750 m 左右,即距工作面 250 m 左右)。

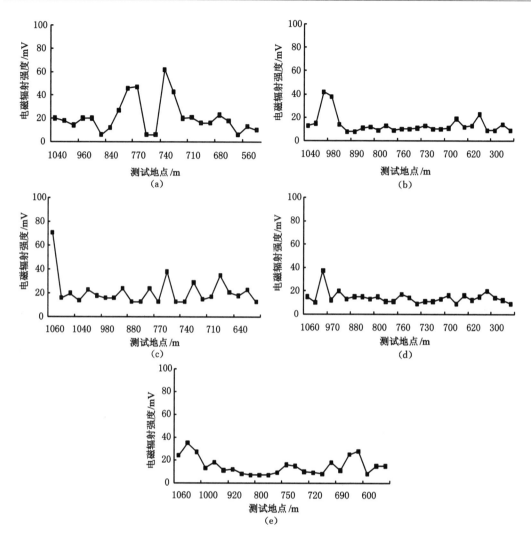

图 3-61 "6 月 19 日"冲击 21141 工作面下巷前期监测电磁辐射强度

(a) 10 日上帮监测；(b) 12 日下帮监测；(c) 16 日上帮监测；(d) 17 日上帮监测；(e) 18 日下帮监测

3.6.1.2.2 砚北煤矿冲击地压电磁辐射(KBD5)前兆区域性特征分析

(1)"10 月 6 日"冲击电磁辐射前兆规律

图 3-62 是 10 月 6 日冲击发生前,250205^上采煤工作面运输平巷所有测点在 9 月 29 日、10 月 3 日、5 日以及回风平巷所有测点在 9 月 26 日、10 月 1 日这五天当天的电磁辐射强度数据,数据对巷道的高、低应力及其应力变化状况有明显的响应。

由图可以看出,250205^上采煤工作面运输平巷和回风平巷高应力区随着采动影响不断变化,运输平巷高应力区从 20~40 m 转变到 120~200 m、回风平巷高应力区变动在 20~100 m 范围内,距工作面距离较近。巷道其他区域相对为低应力区域。

(2)"12 月 15 日"冲击电磁辐射前兆规律

图 3-63 是 12 月 15 日冲击发生前,250205^上采煤工作面运输平巷和回风平巷所有测点在 12 月 9 日、12 日、14 日这六天当天的电磁辐射强度数据,数据对巷道的高、低应力区及其

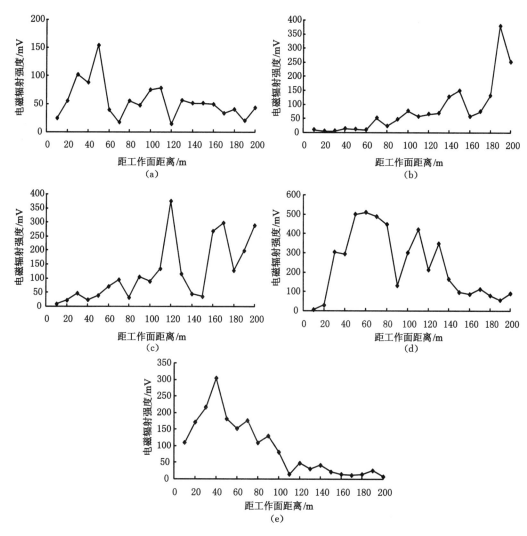

图 3-62 "10月6日"冲击 250205上采煤工作面前期监测电磁辐射强度

(a) 29 日运输平巷监测；(b) 3 日运输平巷监测；(c) 5 日运输平巷监测；

(d) 26 日回风平巷监测；(e) 1 日回风平巷监测

应力变化状况有明显的响应。

由图可以看出，250205上采煤工作面运输平巷和回风平巷高应力区随着采动影响不断变化，运输平巷高应力区从 80～140 m 转移到 140～200 m、回风平巷高应力区在 140～200 m 范围之内，距工作面较远。巷道其他区域相对为低应力区域。

3.6.2 冲击地压电磁辐射(KBD7)前兆特征

除了每天至少一个班次对各工作面进行 KBD5 监测外，结合采掘现场条件，在 21141 工作面和 21201 工作面的重点监测区域安装 KBD7 在线式电磁辐射监测仪，进行不间断的实时监测。

3.6.2.1 千秋煤矿 21201 工作面冲击地压电磁辐射(KBD7)前兆特征分析

(1) "3月27日"冲击电磁辐射前兆规律

2009 年 3 月 27 日 21201 工作面冲击发生前一段时间内，KBD7 电磁辐射实时监测数据

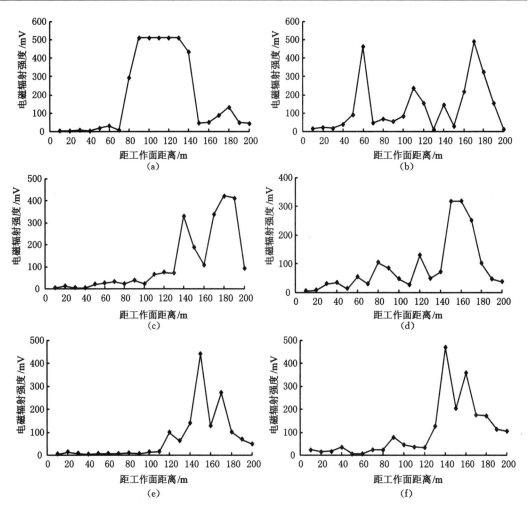

图 3-63 "12 月 15 日"冲击 250205上采煤工作面前期监测电磁辐射强度

（a）9 日运输平巷监测；（b）12 日运输平巷监测；（c）14 日运输平巷监测；
（d）9 日回风平巷监测；（e）12 日回风平巷监测；（f）14 日回风平巷监测

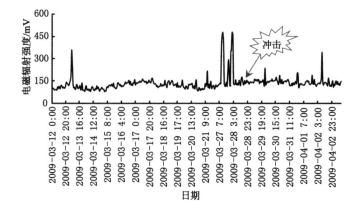

图 3-64　21201 工作面下巷 3 月部分电磁辐射强度

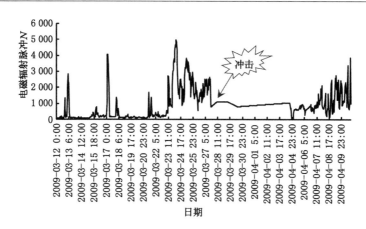

图 3-65 21201 工作面下巷 3 月部分电磁辐射脉冲

反映较为明显,其趋势如图 3-64 和图 3-65 所示。电磁辐射强度和脉冲两个指标值在冲击前均有一个明显的突然先增大后下降的变化趋势,然后在下降过程中发生冲击地压,冲击地压发生后电磁辐射强度和脉冲值趋于稳定。

与 KBD5 便携式电磁辐射仪监测结果(图 3-51)相比较,在冲击地压发生前,KBD7 在线式监测数据趋势与 KBD5 监测趋势基本是一致的,出现峰值的时间也几乎相同,且均是在电磁辐射峰值过后发生冲击地压。

(2)"5 月 7 日"冲击电磁辐射前兆规律

2009 年 5 月 7 日 21201 工作面冲击发生前一段时间内,KBD7 电磁辐射实时监测数据反映较为明显,其趋势如图 3-66 和图 3-67 所示。电磁辐射强度和脉冲两个指标值在冲击前均有明显的突然先增大后下降的变化趋势,且增大持续时间较长;电磁辐射强度指标整体持上升趋势,并伴有两个先增大后下降的波动。冲击地压发生在两个指标值下降后的时间段,冲击地压发生后电磁辐射指标值趋于稳定。

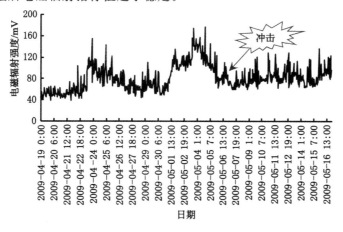

图 3-66 21201 工作面下巷 5 月部分电磁辐射强度

3.6.2.2 千秋煤矿 21141 工作面冲击地压电磁辐射(KBD7)前兆特征分析

2009 年 6 月 19 日 21141 工作面冲击发生前一段时间内,KBD7 电磁辐射实时监测数据

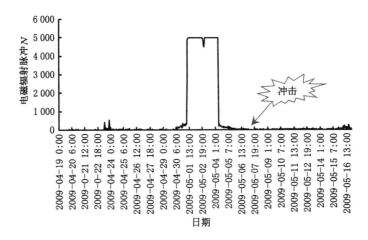

图 3-67　21201 工作面下巷 5 月部分电磁辐射脉冲

反映较为明显,其趋势如图 3-68 和图 3-69 所示。电磁辐射强度和脉冲两个指标值在冲击前均有明显的突然先增大后下降的变化趋势,而后在下降过程发生冲击地压,冲击发生后电磁辐射指标值趋于稳定。

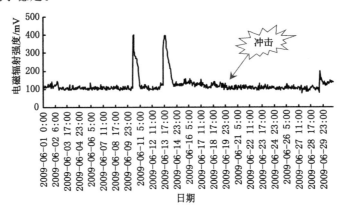

图 3-68　21141 工作面下巷 6 月部分电磁辐射强度

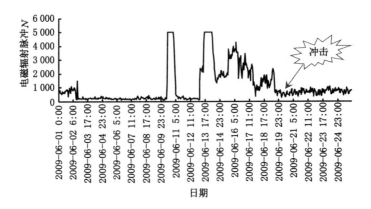

图 3-69　21141 工作面下巷 6 月部分电磁辐射脉冲

与 KBD5 便携式电磁辐射仪监测结果(图 3-61)相比较,在冲击地压发生前,KBD7 在线式监测数据趋势与 KBD5 监测趋势基本是一致的,出现峰值的时间也基本相同,且均是在电磁辐射峰值过后发生冲击地压。

3.7 小 结

(1) 煤岩全应力-应变过程中,煤岩冲击破坏的声发射(AE)和电磁辐射(EMR)信号与其加载阶段密切相关,其脉冲数和能量值基本随着加载阶段的进行而逐渐增大,具有较好的相关性。电磁辐射水平与煤岩所受的应力水平关系密切,不同煤岩在破坏峰前阶段的电磁辐射随应力的增加而起伏增强,峰前阶段的电磁辐射在应力水平为 $80\% \sim 95\%$ 时最强;峰后阶段的电磁辐射在峰值强度后随着应力的降低呈上升趋势,峰后阶段的应力水平为 60% 左右时,电磁辐射达到最大值,之后随着应力的下降,电磁辐射逐渐下降。

煤岩摩擦过程中,摩擦面间切应力增大,产生的电磁辐射信号,频率升高,强度增强。声发射信号也有相似的规律。煤岩摩擦电磁辐射脉冲和强度总体上随着加载速度的增大而增加,声发射在煤岩摩擦过程的前期受加载速度的影响较大,剪切塑性变形阶段影响较小。

(2) 煤、岩试样受载过程中声发射频域参数演化规律基本一致:主频随着应力的升高呈现出升高(波动)—保持—升高—下降的趋势,在整体上呈现出先升高后下降的倒“V”形趋势,而主频幅值呈现出小幅值平稳波动变化、升高、峰值后下降变化的趋势。

(3) 结合煤岩摩擦切应力变化趋势,将电磁辐射强度曲线划分为静摩擦、动摩擦两大阶段。运用时间序列分析法对煤岩摩擦实验过程各阶段的电磁辐射强度值进行了平稳性检验,在此基础上通过模型识别和检验,确定了煤岩摩擦各阶段电磁辐射时序的 ARMA 模型,利用模型对摩擦实验电磁辐射数据进行了拟合和预测,并将预测结果与实际数据进行了对比分析。

(4) 冲击地压(或矿震)发生前,监测区域的电磁辐射呈现出明显的异常,其前兆异常主要表现为 3 种响应形式,即突然增强式(或超临界型、高能量型)、逐渐增强式和 N 形模式。

采掘现场围岩应力集中且发生突变,导致冲击危险可能发生的电磁辐射规律为:原先稳定的、远低于临界值的电磁辐射水平开始出现变化,表现为“急剧先升后降”的电磁水平波动,并持续一段时间;电磁波动在连续的一定时间内又出现一到两个以上的周期,而且伴随着波动,波动峰值在临界值之上,整体的电磁辐射水平呈现上升趋势。

(5) 对千秋煤矿 21141 和 21201 两个掘进工作面及砚北煤矿 250205^{上}采煤工作面冲击地压的 KBD5 电磁辐射前兆规律分析结果表明:

① 随着掘进工作面的推进,工作面前方固定测点的电磁辐射强度变化趋势是相似的。无论是工作面还是下巷,固定测点的电磁辐射信号在时间上呈有规律的变化,而且随着与工作面的接近,电磁辐射强度逐渐增加,达到最大值后急剧下降,冲击地压基本上发生在电磁辐射达峰值后的下降过程中。

② 千秋煤矿、砚北煤矿冲击发生前的电磁辐射征兆表现为:冲击前一段时间内,监测区域的电磁辐射强度和脉冲逐渐增加,达到峰值后迅速下降,或者冲击前有明显的先急剧上升后迅速下降的波动出现。

③ KBD5 便携式电磁辐射监测仪对矿井工作面采动过程中冲击地压灾害做出准确和

可靠的监测及预报,能够为工作面冲击地压危险防治提供依据。

（6）对千秋煤矿21141工作面和21201工作面冲击地压灾害的KBD7电磁辐射前兆规律分析结果表明:无论电磁辐射强度还是脉冲,两个监测指标均很好地反映了冲击地压发生前工作面和巷道的应力变化及应力集中趋势;冲击前,KBD7电磁辐射强度和脉冲均有明显的异常,变化幅度达到正常水平的2～3倍。

（7）冲击地压孕育和发展过程中主要是压电效应机理、摩擦起电及摩擦热激发电子机理、煤岩裂隙扩展和摩擦效应等作用产生分离电荷的变速运动和弛豫机理等综合作用产生的电磁辐射。依据鹤岗南山煤矿冲击地压电磁辐射前兆实例,将该冲击地压孕育过程划分为四个发展阶段,确定了各个阶段内电磁辐射信号产生的主要机理,认为在冲击地压的整个孕育和发展过程中,摩擦效应产生的电磁辐射信号一直存在,压电效应对前期阶段电磁辐射信号的产生具有一定的促进作用,在冲击地压孕育的中后期,更多的是裂纹扩展和煤岩断裂导致电荷分离而产生的电磁辐射信号。

4 影响冲击的应力变化和地质构造的电磁辐射响应规律

冲击地压是一种诱发地震,其发生的主导因素是采矿活动,同时它又与地质构造、区域地应力场活动等有密切的关系,可以认为冲击地压是矿井开采区域局部附加应力场和区域地应力活动共同作用的结果。本章分析了应力、构造对冲击地压的影响作用,研究了矿井采掘区域的应力分布及变化和不同地质构造的电磁辐射规律。

4.1 冲击地压与应力变化、构造的关系

从以往对矿山诱发地震的结果看,一般有两个结论被接受。第一,几乎在全球各地普遍观测到两大类的矿山震动,直接和矿山开采有关,即开采面的破裂变形、大的地质间断面的运动;第二,矿山开采诱发的地震活动强烈地受局部地质和构造的影响,即受到介质的非均匀性和间断性的影响,并且受到开采、岩石静力状态以及在局部和区域尺度上残余构造应力相互作用的影响[192]。

影响冲击地压的因素很多,主要因素有:① 地质构造,决定围岩的初始地应力场;② 地层岩性,包括岩体结构、岩石的强度、脆弹性质、储能性,决定冲击地压的烈度;③ 工作面的开采情况,决定围岩二次应力场(次生应力)的大小与分布及应力集中情况;④ 煤层的埋藏深度,决定自重应力场。

因此,可以认为冲击地压的发生与其发生区域周围的应力场变化和构造及构造应力的存在有着密切的关系。

4.1.1 冲击地压概念的确定

(1)冲击地压区别于地震的概念提出

地下深部采矿活动、深部岩石中的流体充注和地下形成的流体运移,以及大规模地下爆破,作为这些活动的结果表现为已经观测到的在少震区产生地震活动和地震区内活动的增加。这种类型的地震活动通常称为"诱发地震",意指工程活动对地质构造区域内预应力释放过程中的触发作用[193]。

在采矿安全与生产的关系方面,与地下开采相联系的地震活动,是各种类型诱发地震中最有害的一种灾害现象。冲击地压(或岩爆)是矿区事故当中最经常、最主要的一种。随着开采深度和掘进的不断增加,冲击地压变得愈加严重。

为了表示与天然地震事件的区别,在矿区通常称这种现象为"矿山震动或矿震"(mine tremor),或记为"岩爆或冲击地压、冲击矿压"(rock burst),岩爆是岩石猛烈的破裂,造成开采巷道的破坏[194],只有那些能够引起矿区附近的地区受到破坏的地震事件才叫作"岩爆"。

(2)冲击地(矿)压、煤爆、岩爆和矿震的概念及关系

冲击地(矿)压、煤爆、岩爆和矿震可以统一概括为矿山冲击,世界各国对矿山冲击的解释没有原则上的区别,可以概括为以下三点[195]:

① 矿山冲击是发生在矿山坑道(井巷或采场)周围岩体(矿体和围岩)内的一种动力现象;

② 岩体力学平衡状态的破坏和其储存的变形能的突然释放,是产生这种动力现象的内在原因;

③ 矿(岩)体猛烈地抛射或突出、震动、冲击、围岩急剧变形或者破裂以及由此对井巷、采场工作面、人员、支架和设备所造成的危害,是这种动力现象的主要外部特征。

冲击地压,也称冲击矿压,在英文文献中称之为 rock burst 或 coal bump,也有的文献称之为 pressure bump in collieries,它通常是指在一定条件的高地应力作用下,煤矿井巷或采煤工作面周围的煤岩体由于弹性能的瞬时释放而产生破坏的矿井动力现象,常伴随有巨大的声响、煤岩体被抛向采掘空间和气浪等现象。它往往造成采掘空间中支护设备的破坏以及采掘空间的变形,严重时造成人员伤亡和井巷的毁坏,甚至引起地表塌陷而造成局部地震。

岩爆(rock burst)是高地应力条件下地下工程开挖过程中,硬脆性围岩因开挖卸荷导致储存于岩体中的弹性应变能突然释放,因而产生爆裂松脱、剥落、弹射甚至抛掷的一种动力失稳地质灾害[196-197]。

矿震(mine earthquake,mining tremor,mine seismicity,ore earthquake)是采矿活动引起的一种诱发地震。矿震是矿区内在区域应力场和采矿活动作用影响下,使采区及周围应力处于失调不稳的异常状态,在局部地区积累了一定能量后以冲击或重力等作用方式释放出来而产生的岩层震动[198]。矿震主要发生在地质构造比较复杂、地应力(构造应力)较大、断裂活动比较显著的矿区。

煤爆(coal bump)和岩爆(rock burst)的主要区别是:煤爆产生于煤体-围岩系统中,其形成和发展规律不但受煤体本身的影响,而且受围岩以及煤体-围岩交界处力学特性的制约;而岩爆,原则上只限于岩体本身。煤爆发生的频度大于岩爆,但产生岩爆的条件要比煤爆难于满足。原因有两个:一是岩体强度一般大于煤体强度;二是发生岩爆时,产生急剧破坏的能量,原则上只能由岩体自身供给,而产生煤爆时,这种能量不但来自煤体本身,而且可以从围岩系统得到大量补给。

齐庆新等[199]对冲击地压、岩爆和矿震的关系进行了研究,认为冲击地压和岩爆,往往会导致矿震的发生,而矿震则不一定会导致冲击地压或岩爆的发生,即冲击地压和岩爆往往是矿震的诱发因素,反之则不成立;冲击地压和岩爆,其最为显著的差异在于构成结构体的岩性具有明显的不同,从而导致其破坏现象和破坏形式的明显不同。

冲击地压、岩爆与矿震是具有不同表征意义的矿山岩石力学现象,在实际工程或研究中,应该结合具体情况分析确定。在我国煤炭行业中,统一称之为冲击地(矿)压,而如岩爆、煤爆、矿震等术语是禁止使用的;但在水电及金属矿山,将这类现象统一称为岩爆。

4.1.2 应力变化与冲击地压的关系

未受采矿活动扰动前,矿区内的煤岩体处于稳定的初始平衡状态(未考虑地壳运动产生的自然地震)。采矿活动的开展破坏了上述这种平衡状态,导致煤岩体内的应力重新分布。应力重新分布将产生两种结果:一种是应力重新调整后,煤岩体趋于新的平衡(也就是应力未超过煤岩体强度极限);另一种是应力变化后,某一处的应力超过了该处煤岩材料(或煤岩体构造)的强度,使煤岩体丧失了稳定性,也就是发生了破坏。煤岩体破坏可能是缓慢式破坏,也可能是突然猛烈的破坏。研究冲击地压就是研究煤岩体的后一种破坏形式——突然猛烈破坏。煤岩体突然猛烈破坏的原因很复杂:它可以是由于地下工作面的开挖使地下空间临空面煤岩体应力急剧升高,煤岩体平衡状态被打破而使这部分煤岩体在瞬间发生破坏;也可以是由于地下开挖造成应力升高,使部分开挖工作面自由暴露面附近煤岩体处于高应力(或极限平衡)状态,这时煤岩体内积聚了相当大的应变能。随后在其附近的采矿活动产生了新的应力波,传到处于高应力(或极限平衡)状态的煤岩体时,由于应力叠加值超过煤岩体(或煤岩体结构面)强度,导致大面积煤岩体在瞬间突然破坏[200]。

围岩体应力状态的变化是洞穴塌陷型、顶板垮落或开裂型、矿柱冲击型这类冲击地压的主导因素,对该类冲击地压的孕育和发生起主要作用。

约瑟夫(H. Joseph)[201]通过对深部开采煤岩层应力状态的分析,提出了能量集中存贮因素和冲击敏感因素等概念,认为高主应力 σ_1 和高差应力($\sigma_1 - \sigma_3$)不能反映煤岩体应力存贮的能力,只表示应力集中程度,而 σ_3 才是反映能量存贮的因素,是冲击敏感因素。

何思为等[202]应用 GDA 软件(Geo-tech data analysis,即地质技术信息分析处理软件)对硐室围岩应力及高应力区应力与围岩径向位移及静动态破坏之间的关系进行计算机模拟,结果表明:高应力区的应力差与最高的最小主应力或最小主应力的最大增量共同作用抑制岩石的径向位移,使这一带岩石能量得以聚积,最终导致岩爆。这一结果已为加拿大 Mc-Creedy 矿山的洞顶右角经常发生的岩爆所验证。

胡克智等[203]认为地下煤及岩体中应力的高度集中是发生冲击地压的主要条件。应力集中的程度与开采深度、开采方法、顶板管理方法、顶板岩石性质及地质构造等因素有关。可以用下列公式简单地表明应力集中情况:

$$\sigma = \sigma_E + \sigma_d = 0.1 \frac{k'\gamma H}{\beta} + \sigma_d \tag{4-1}$$

式中　　γ——煤层上覆岩石的容重;

　　　　H——开采深度;

　　　　β——采区内各种煤柱所占开采面积的比例;

　　　　k'——煤柱内的应力集中系数,$k' > 1$;

　　　　σ_d——构造地质、地震、爆破等产生的附加应力。

因此,发生冲击地压的条件是:

$$\sigma > \alpha\sigma_t \tag{4-2}$$

式中　　σ_t——煤块试件产生冲击破坏的强度;

　　　　α——煤体冲击强度与煤块冲破强度的比例。

赵本钧[204]在对抚顺龙凤矿的冲击地压发生情况进行研究后发现:地应力是煤矿发生冲击地压的重要原因。其大小特征取决于上覆岩(煤)体的自重应力和地层的构造应力。对于采煤工作面,冲击地压和支承压力有密切关系。支承压力是冲击地压发生的重要条件。统计表明,龙凤矿冲击地压 80% 以上发生在支承压力带内,其强度和破坏性主要受支承压力的峰值大小和位置控制。峰值越大,距工作面煤壁越近,冲击的强度和破坏性就越大。根据动态仪、地音仪、深部基点观测以及钻屑法检测的实测资料和有限元计算分析结果,发现工作面前方的支承压力带具有以下特征:① 支承压力影响范围 30～40 m。距工作面 3～8 m 处,顶板下沉和煤壁鼓出速度急增,地音参量增大,钻屑量出现峰值。② 开采深度 730 m 条件下,自重应力为 17.5 MPa,而由有限元计算表明,此时的支承压力峰值竟达自重应力的两倍以上。③ 支承压力显著的影响范围为 15～20 m,峰值位置距工作面煤壁仅 3～7 m,峰值带宽度 2～3 m,应力集中系数为 2～3。支承压力大小还受采掘工艺条件的影响,主要是开采顺序和工作面形态,人为形成的孤岛区或煤柱,造成应力叠加,成为冲击地压密集带。钻眼爆破是冲击地压的直接触发因素。尤其是爆破造成周边应力和约束条件的急剧变化,极易诱发冲击地压,龙凤矿一半以上冲击地压是由于爆破触发引起的。

车用太等[205]的研究结果表明,矿震是有前兆的。无论是钻孔应力计还是声波测定,都显示出孕震区有明显的应力上升型前兆。一般说来,应力集中区(孕震区)出现在开挖面前方几米至 20 m 范围内,其尺度为 20～30 m,应力上升的最大幅度为正常背景值的 2～3 倍。

朱之芳[165]在对抚顺龙凤矿的冲击地压发生情况进行研究后,得出了和赵本钧相同的结论,即冲击地压发生的地点均是在附加应力比较大的地方。由于附近斜管子道、刮板输送机道等上方的应力转嫁到发生冲击地压区域,形成支承压力区,而且该地区受采动影响,支承压力高峰在变化,在压力密集的地方,煤体内贮存的弹性能量大再加上工作面爆破震动,促使煤体内裂隙扩展、贯穿,为贮存的弹性变形能创造可释放的条件,则弹性能瞬间释放,便形成了冲击地压。龙凤矿的实测资料也表明:在工作面前方 20 m 处,煤体开始向巷道内鼓出。5 m 处鼓出量大,在煤壁附近达 70 mm,且在煤帮深部基点 1～2 m 两点鼓出速度不均衡,说明有裂隙出现。冲击地压多发生在支承压力区中压力高峰后,靠近煤壁有裂隙的地区。

朱佩武[206]对辽源西安煤矿的冲击地压统计后,发现西安煤矿 31、29、25、26、19 采区是正规高产采区,采矿活动水平强,采场分布又较集中,大面积采动支承压力不断转移和相互影响,矿震的活动性也增强,强有感矿震频频发生,几年来在这里发生强矿震(Ms>1.2 级)有 9 次。而与西安煤矿相邻的太信煤矿,因开采量小,基本没有矿震发生。另外,矿震发生在煤柱区及其附近的概率较高,因为煤柱区是采场的二面、三面或四面已采空区,而形成的"孤岛"或"半孤岛",是应力传递叠加区。应力的高度集中,支承压力向煤柱体转移,在超极限的应力状态下,煤柱体承载能力不足,而产生矿震。例如在 -200 m 水平 005 煤柱区,虽然范围不大,几年来发生 Ms>1.0 级矿震 12 次,辽源西安煤矿历史上最大矿震就发生在该区域。

4.1.3 冲击地压与构造的关系

构造的形成有自然的原因,也有人为的原因。自然原因形成的构造有断层、褶皱、盆地等,人为原因形成的构造主要是由采区布置和开采顺序后形成的孤岛煤柱等。构造主要是通过构造应力场的变化对冲击地压的发生起作用的。所谓构造应力场就是产生构造体系的地应力场。一定形式的构造体系反映着一定方式的地应力场作用。给定一个具体构造的展布特征,就可大体确定其构造应力场。

由煤矿采掘工程诱发断裂或岩体内地质构造、薄弱面变异活动而引发的冲击地压即为构造型冲击地压。构造型冲击地压的表现形式与天然构造地震相似,皆以构造应力作为主导驱动力,地质构造(断裂、褶曲、盆地等)作为孕育发震体。地质构造及构造应力对该类型冲击地压的孕育和发生起主要作用。

赵本钧[204]在对抚顺龙凤矿的冲击地压发生情况研究后,还发现在地质构造带往往残存有构造应力。龙凤矿的地应力测量表明,龙凤矿-635 m 水平最大主应力为近水平应力,约为自重应力的 2 倍,是冲击地压密集区。随机抽样 50 例冲击地压说明,与断层有关的占72%。其中,62%发生在工作面接近断层时,14%发生在断层处。

尹光志、鲜学福等[68]通过对砚石煤矿的现场实测研究,发现砚石台煤矿存在着较大的近东西方向的构造应力,而且从南向北构造应力有一个顺时针方向的偏转,认为砚石台煤矿构造应力大小及方向的这一特征,是该矿冲击地压发生的重要原因。根据对该矿 6 号煤层截止到 1995 年底所发生的 112 次冲击地压的统计分析表明:属于正常开采并与构造应力有关的冲击地压发生 91 次,其中采掘方向与构造主应力近似垂直时发生冲击地压共 82 次,占总次数的 90.11%;而与构造主应力顺向时,发生冲击地压 9 次,占总次数的 9.89%,这说明构造应力的大小和方向对冲击地压有显著的影响。

车用太等[205]的研究结果表明,矿震是有前兆的。无论是钻孔应力计还是声波测定,都显示出孕震区有明显的应力上升型前兆。一般说来,应力集中区(孕震区)出现在开挖面前方几米至 20 m 范围内,其尺度为 20~30 m,应力上升的最大幅度为正常背景值的 2~3 倍。

朱佩武[206]调查了辽源西安煤矿的冲击地压统计后,还发现西安煤矿的地质构造对该矿的冲击地压孕育和产生有着很大的影响。该矿井田区内,大致有四组断裂,断层性质一般为逆断层,走向为 NW 向。由于断层切割严重,节理和裂隙发育,这个弱面残余地应力较集中,因而造成断层附近矿震较多。据统计,在断层附近发生有 110 多次矿震,约占总矿震(Ms≥1.0 级)的 61.6%。从褶皱构造部位来看,矿震的分布又集中在向斜轴部。例如,31采区、29 采区、25 采区、26 采区多次发生强有感矿震,巷道破坏严重难以维护。这正是向斜轴部两侧采动压力影响,是应力叠加结果。

李信等[207]对砚石台煤矿冲击地压发生原因分析后,认为挤压构造带对冲击地压的产生有影响,构造应力的挤压会导致挤压构造。挤压力大,挤压构造规模也大。这时如果伴生断裂少,则积蓄的能量大,保留的残余应力也大。此外,挤压的结果常导致煤层顶底板不平整,容易引起应力局部集中,在有良好的保留构造应力的挤压构造附近,将有利于冲击地压的发生。

朱广轶等[208]对老虎台煤矿 704 采区的冲击地压发生次数进行了统计,表明该采区冲击地压发生的位置与断层有密切关系,冲击地压多发生于断层影响区,断层影响范围可定为30 m。位于影响范围 $r=30$ m 之内,冲击地压发生次数占 90%。离断层越近的位置,发生冲击地压的概率越大。统计还表明,冲击地压发生的位置在断层的上盘与下盘表现不同。如 704 采区的 2 平下、4 平下和 6 平下,断层上盘发生 28 次冲击地压,而下盘发生 14 次冲击地压。即上盘与下盘相比,上盘发生冲击地压的概率大。

4.1.4 应力变化和构造对冲击地压的综合作用

井下地应力场一般主要有两种:自重应力场和构造应力场。前者主要受埋深影响,主应力大小主要为岩体自重;后者主要受区域地质构造运动影响,分布较为复杂。

从我国煤矿冲击地压发生的情况来看,多数冲击地压的发生是应力和构造综合作用的结果。对冲击地压起作用的应力场中,由构造产生的构造应力场起了很大的作用。

在煤岩体的挖掘过程中,地应力对冲击地压发生的作用主要表现为:① 以弹性能量的形式储存在煤岩体中的局部区域内,它具有向岩体开挖空间弱势面传递的趋势潜能;② 储存在煤岩体中的弹性变形能量以损伤弱化岩体性状的方式做功,在接近空间弱势面时,使煤岩体产生像雪崩一样的突然破坏;③ 地应力场与采掘过程产生的再生应力具有可叠加性,强化地应力的破坏性及冲击地压发生的频率;④ 地应力场对煤岩体中储存能量大小的传递性及对煤岩体损伤破坏和传递路径产生直接控制作用;⑤ 煤岩体的硬度或质密性决定地应力场引起煤岩体的弹性变形程度与储能的高低,较大的弹性变形意味着煤岩体中储存的能量较高,从而促进冲击地压的发生。因此,过高的地应力是发生冲击地压的必要条件,即内在条件,也就是说,在地质构造带尤其是挤压型构造带和采动应力集中带,即使是采深不大的岩体也可能为高地应力带,储存极高弹性应变能,同样存在发生冲击地压的可能。冲击地压与自然地震不同,它的发生能量级别较小,需要外在的诱发条件,即需开挖活动促使煤岩体内应力状态产生由静转动的变化,并诱发弹性能沿着易传递路径向开挖空间弱势面积聚转移[209]。

潘一山等[210]分析了断层冲击地压的形成过程:由断层和围岩的上下盘组成的变形系统,在未开采前,断层带介质和上下盘岩体处于静平衡状态。煤层开采后形成附加剪应力,在总应力(附加剪应力和原有剪应力之和)作用下,断层带岩石发生变形。当开采面距断层较远时,附加剪应力较小,此时断层带岩石应力值仍在峰值强度之下,处于稳定状态。随着开采深入,工作面距断层距离减小,附加剪应力增大。当总应力大于峰值强度时,断层带岩石处于非稳定状态,而上下盘围岩还处于稳定状态。这样整个变形系统由断层带的非稳定态和上下盘的稳定态两部分材料组成。当开采到某一位置时,整个变形系统处于非稳定状态,将失稳而发生断层冲击地压。并认为煤层开采引起的附加剪切应力和正应力减小会诱发断层冲击地压,而断层岩石本身性质会对冲击地压的发生产生影响。

一般来讲,较深矿区的矿震活动受到诸如深度、采区的几何尺寸、地质构造及地质间断面等因素影响。由加拿大 Manitoba 地下研究实验室所收集的原地应力测量结果看,大的地质间断面能够起到应力边界的作用,而且当这些地质学特征发生突变时,应力场的大小和方向也能随之快速改变[211]。

综上分析,冲击地压是一种诱发地震,它的活动绝不是孤立的,其发生的主导因素是采矿活动,而它又与地质构造、区域地应力场活动等有密切关系,可以认为冲击地压是矿井开采区局部附加应力场和区域地应力活动共同作用的结果。

4.2　工作面应力分布和变化的电磁辐射响应规律

煤层在未采动前,岩体内应力处于平衡状态,采动后岩的平衡状态受到破坏,引起了应力重新分布,并达到新的平衡,在应力重新分布的过程中,造成了围岩变形、移动和破坏。这种情况直到岩体内部重新形成一个与原来不同的应力状态为止。矿山压力的显现则是在矿山压力的作用下,所引起的一系列自然现象,例如顶板下沉和垮落、底板隆起、煤壁片帮、支架变形和破坏、煤的压出等。因此,监测矿山压力的变化对于预测预报冲击地压的发生及顶板稳定性具有非常重要的意义。

传统方法大多通过观测支护阻力的变化来观测矿山压力,但是这样测试受影响因素多,信息量少,不能实现对冲击地压的准确预测预报。电磁辐射技术多年的预测实践已经证明了应力场的分布和变化对电磁辐射测试值有明显的影响,因此尝试采用电磁辐射技术对采煤工作面应力场的分布和变化进行定性的测试,并了解由工作面应力场应力突变引发冲击地压的规律。

4.2.1　电磁辐射监测工作面应力变化的可行性

电磁辐射技术是一种很有发展前途的非接触、连续监测煤岩动力灾害的地球物理方法。其优点是:电磁辐射水平与应力的大小有较好的对应关系;电磁辐射信息综合反映了冲击地压、煤与瓦斯突出等煤岩灾害动力现象的主要影响因素;可实现真正的非接触、定向、区域及连续预测等。

地层中的煤岩体未受采掘影响时,基本处于准平衡状态。掘进或回采空间形成后,周围煤岩体失去应力平衡,处于不稳定状态,必然要发生变形或破裂,以向新的应力平衡状态过渡。煤岩体承受应力越大,煤岩体变形破裂过程越强烈,电磁辐射信号越强。

在采掘工作面前方,依次存在着三个区域,它们是松弛区(即卸压带)、应力集中区和原始应力区。采掘空间形成后,煤体前方的这三个区域始终存在,并随着工作面的推进而前移。由松弛区到应力集中区,应力越来越高,电磁辐射信号也越来越强。在应力集中区,应力达最大值时,煤体的变形破裂过程也较强烈,电磁辐射信号最强。越过峰值区后进入原始应力区,电磁辐射强度将有所下降。

煤与瓦斯突出、冲击地压等煤岩动力灾害是地应力(包括顶底板作用力和侧向应力)突变和其他因素共同作用的结果,二者均是经过一个发展过程后产生的突变行为,发生前有明显的电磁辐射规律:工作面前方煤岩体处于高应力状态,煤岩体电磁辐射信号较强,或处于逐渐增强的变形破裂过程中,煤岩体电磁辐射信号逐渐增强。煤岩体的应力越高,发生突变的可能性就越大,造成冲击或者突出的危险性就越大。电磁辐射强度变化反映了煤体前方应力的集中程度和产生应力突变的程度,因此可用电磁辐射法进行突出和冲击地压等煤岩动力灾害危险性预测[211]。

徐州张集矿的测试情况表明[212]:电磁辐射强度值的变化与工作面支护阻力(液压支架压力)变化之间有一定的对应性,基本表现为当工作面的支护阻力增大时,其电磁辐射强度也相应增大,见图4-1。电磁辐射信号对煤岩体的受载程度、变形破裂强度及采场应力的反映较为敏感,相关性较好。因此,可以采用电磁辐射技术来定性测试采场的应力分布和应力变化规律。

4.2.2　采煤工作面应力变化的电磁辐射响应规律

由于采煤工作面周围的应力分布是不均匀的,冲击地压一般发生在工作面及前方100 m范围内。观测点的布置原则是既要监测工作面的区域,又要监测两巷。而应力集中程度高的区域则是重点防治区域,对于重点区域要多布置一些测点,测点间距可定10 m,这样可覆盖全部危险区域。例如由于在鹤岗南山煤矿237普放工作面是预测冲击地压的工作面,采用以上的布点间距即可,而在徐州张集矿7353综采机械化工作面是预测煤与瓦斯突出的工作面,需要每隔4个架液压支架布置一个测点,测点间距适当减小为6 m(相邻两个液压支架的间距为1.5 m),在7353综采工作面两巷,测点间距适当减小为5 m。

在进行工作面煤壁内部应力测试时,利用卸压爆破孔或注水孔,采取小直径棒状天线,沿孔深向内,每隔0.5 m布置一个测点,每个测点测试1 min。采煤工作面应力场的电磁辐射规律具体可以概括为三个方面[213]。

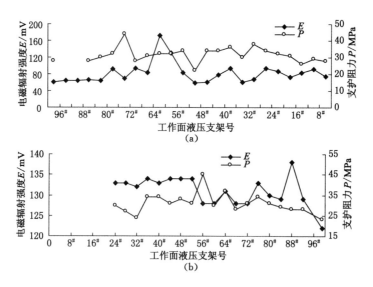

图 4-1　张集矿 7353 工作面电磁辐射测试值与支护阻力测试值的对比

(a) 7 月 12 日早班；(b) 7 月 22 日中午班

4.2.2.1　工作面整体应力分布的电磁辐射响应规律

张集矿 7357 综采工作面前方及两巷整体应力分布的电磁辐射测试结果(7 月 31 日夜班)如图 4-2 所示。结果表明：

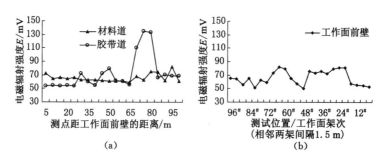

图 4-2　张集矿 7353 综采工作面整体应力分布的电磁辐射测试曲线

(a) 材料道和胶带道；(b) 工作面面壁

① 7353 综采工作面的煤柱应力从整体上看呈现较为稳定的分布状态，E 值维持在 60 mV 左右；采面前方应力在沿工作面倾向($96^\# \rightarrow 12^\#$)的分布上呈现稳定有小幅波动的趋势，其中在 $72^\# \sim 52^\#$、$44^\# \sim 20^\#$ 这两个范围内，应力相对要高一些。总的来说，采面前方没有明显的高低应力区之分，说明采面前壁的煤体受压屈服程度较轻。

② 对两巷而言，材料道(进风巷)和胶带道(回风巷)均有高应力区出现，位于巷道距工作面前壁 65～95 m 的范围内，其中胶带道高应力区的值要比材料道高出许多，此外，在胶带道距离工作面前壁 25～50 m 的范围内，有次高应力区出现，说明在冲击地压易发生的前 100 m 巷道内，中、后部区域的应力要高于前部区域，是冲击地压预防的重点观测区域。

南山煤矿 237 普放工作面前方及两巷整体应力分布的电磁辐射测试结果如图 4-3 所示。结果表明：237 普放工作面前壁沿倾向上的整体应力分布比较稳定，维持在 20 mV 左右;对237普放工作面巷道而言,则始终存在有高低应力区,高应力区一般在巷道前100 m的范围内,正好能解释回采过程中的几次冲击地压多发生在237工作面前100 m的巷道内。应力分布表现有两种形式(图4-3),即单峰型应力集中区和双峰型应力集中区。其中,单峰型应力集中区的位置离工作面较远,多位于工作面前方45~70 m的范围内,明显区别于薄及中厚煤层的情况;而双峰型的应力集中区,一个位于工作面前方15~35 m的范围内,另一个位于工作面前方60~90 m的范围内。应力集中多表现在巷道前100 m的中部和后部,因此该区域是冲击地压预防的重点观测区域。

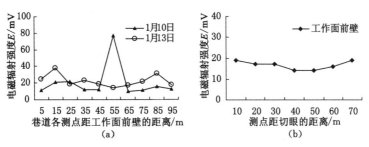

图4-3 南山煤矿237普放工作面整体应力分布的电磁辐射测试曲线

(a)1月10日和13日测试;(b)工作面前壁

4.2.2.2 工作面前壁应力随时间变化的电磁辐射响应规律

采煤工作面测点较多,选取一些代表性测点进行分析。237普放工作面跳跃性地选取了距采煤工作面入口20 m、40 m和60 m三个测点,而7353采煤工作面前方测点多达23个,因此沿着采面倾向划分为前、中、后三个区域,并在三个区域中各选取一个代表测点进行分析,分别是位于液压支架28#、60#和92#的三个测点。同时为了比较相邻两测点的应力变化,在同一区域选中两组相邻测点(76#和80#、88#和92#)进行比较分析。两个工作面前方应力分布随时间变化的电磁辐射测试结果分别如图4-4和图4-5所示。结果表明:7353综采工作面前、中、后三个区域的测点应力随时间的变化趋势是一致的,只有个别班次的测试情况例外,两组相邻测点的应力变化趋势也是如此,237普放工作面前方三个测点的应力变化趋势同7353综采工作面的变化趋势一样,采煤工作面前方煤体的电磁辐射变化随着时间呈现一定的波动起伏,且具有一定的周期性。说明无论是综采放顶煤工艺还是炮采放顶煤工艺,随回采的推进,采动对整个采煤工作面煤柱在走向方向上应力分布趋势的影响是一致的。

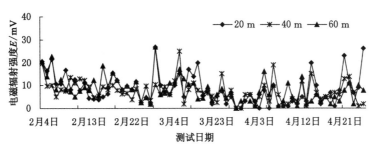

图4-4 普放237工作面前方部分测点应力随时间的电磁辐射曲线

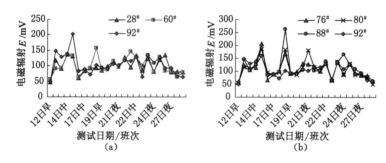

图 4-5 7353 综采工作面前方部分测点应力随时间的电磁辐射变化曲线

(a) 28#、60#和 92#；(b) 76#、80#、88#和 92#

4.2.2.3 工作面煤体内部应力分布的电磁辐射响应规律

7353 综采工作面是一个煤与瓦斯突出严重的工作面，采取工作面煤壁深孔水力超前卸压措施来消除突出危险；而 237 普放工作面是一个冲击矿压危险严重的工作面，采取两巷煤体打钻注水软化措施和深孔爆破预裂技术，来消除冲击危险。利用解危措施的深部钻孔，对工作面前方煤壁和两巷煤体内部的应力分布进行测试。7353 综采工作面选择煤壁前方的部分注水孔，237 普放工作面选取胶带道两侧距切眼 20 m、40 m 和 60 m 的钻孔。7353 综采工作面前壁及 237 普放工作面两巷煤体内部应力分布的电磁辐射测试结果如图 4-6 和图 4-7 所示。结果表明：

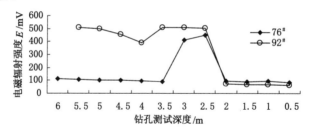

图 4-6 7353 综采工作面前方部分测点内部应力变化的电磁辐射曲线

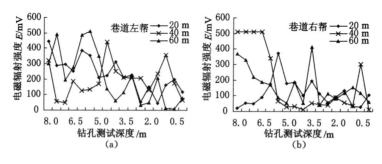

图 4-7 237 普放工作面巷道部分测点内部应力变化的电磁辐射曲线

（a）巷道左帮；(b) 巷道右帮

（1）7353 综采工作面前方煤体内部 0～2.0 m 和 4.0～6.0 m 范围内电磁辐射值较低，可初步判断为 0～2.0 m 为煤体卸压带，4.0～6.0 m 为原岩应力区，而 2.0～4.0 m 范围内电磁辐射强度值偏高，为应力集中区。237 普放工作面胶带道左右两帮各自距工作面20 m、

40 m、60 m 的三个测点应力随深度的变化趋势基本相似,0~5.0 m 范围内的电磁辐射较低,尽管有波动,但可初步判明此区为卸压带或应力松弛区,而 5.0~8.0 m 范围内的电磁辐射值偏高,为应力集中区。综上可以认为,电磁辐射强度低的区域为煤体的卸压带,电磁辐射强度高的区域为煤体的应力集中区,而电磁辐射强度增长变缓的地方即为卸压带的边界。

(2) 237 普放工作面胶带道左帮深部测点的电磁辐射强度值整体要高于右帮,是左帮邻近采空区,为已采工作面留的煤柱,与右帮的实体煤柱相比,上方的矿山压力较大,余留煤柱两侧的煤体在高应力作用下被压酥,形成裂隙,产生的电磁信号要强,说明该煤柱的集中应力程度要强些。左帮 20 m 测点的应力集中区相对其他两个测点要前移 1.0 m,使得该位置的应力集中范围有所增大,认为是深孔爆破卸压措施效果不到位,应力集中区没能充分向煤体深部转移。

(3) 237 普放工作面胶带道两帮的卸压带范围要比 7353 综采工作面前壁的大一倍多。7353 综采工作面推进速度较快,集中应力尚未完全转移到煤体深部;而 237 普放工作面推进速度慢,集中应力会逐步向煤体深部转移,加上 237 普放工作面为强冲击面,采用爆破卸压措施会使得煤体应力集中区充分向煤体深部转移,使得其卸压带的范围加大。

4.2.3 掘进工作面的电磁辐射响应规律

图 4-8 是鹤岗南山煤矿 311 掘进工作面从 2006 年 1 月 22 日到 3 月 31 日的电磁辐射测试情况。从图中可以看出,311 掘进工作面的电磁辐射数值在幅度上大致可分为以下两个阶段。

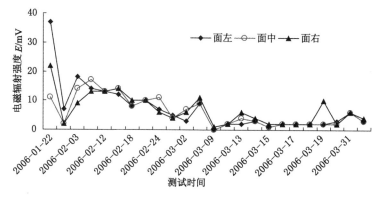

图 4-8　311 掘进工作面迎头应力变化的电磁辐射曲线

第一个阶段是在 1 月 22 日到 3 月 5 日,在这期间,电磁辐射数值较大,维持在 10 mV 左右,说明 311 掘进工作面在掘进初期,由于采掘使得原先整体煤层的应力平衡被打破,巷道前方和周围的应力分布呈现不稳定的状态,处在一个重新平衡的状态,造成了应力较高,电磁辐射数值也相应较高的表现。

第二个阶段是 3 月 5 日到 3 月 31 日,在这期间,电磁辐射数值呈现下降的趋势,值较小且趋于稳定,维持在 5 mV 左右。说明 311 掘进工作面在开拓了一段时间之后,先前造成的暂时不平衡开始有了一定的转变,新的应力平衡状态开始形成,巷道前方和周围的应力分布呈现出稳定的状态,这就使得该区域的电磁辐射数值降低且稳定。

4.3　不同构造的电磁辐射响应规律

4.3.1　断层附近的电磁辐射响应规律

在同一开采条件下,地质构造异常带往往是发生冲击地压等矿井煤岩动力灾害的重点区域,在这些危险性较大的地方,其煤岩体产生的电磁辐射往往也有异常的反映。了解地质构造带的电磁辐射响应规律,对于构造型冲击地压的电磁辐射前兆判断和预测有着比较重要的作用。

图 4-9 是沈阳红菱煤矿-610 m 北石门北 12 煤运输巷的落差为 1.3 m 的断层前 10 m、5 m、断层面附近和过断层后 3 m 的电磁辐射信号测定结果。由图可以看出,断层前一定范围内电磁辐射强度 E 和脉冲数 N 随着距断层面距离的减小而增大,过断层面后电磁辐射强度和脉冲数总体上均相对下降,呈现正常变化状态,但由于断层落差相对较小,电磁辐射信号的总体变化幅度并不很大。对于大落差的断层前后电磁辐射强度和脉冲数将有较大的变化。无论是开放型断层还是封闭型断层,其附近的煤岩体在未采动前受断层破坏带的影响均呈现出较高的应力集中,断层产状不同,断层面附近应力集中区的位置不尽相同,但一旦断层面附近煤岩体被采落,应力集中迅速释放,原有应力平衡被破坏,快速向新的应力平衡转化,集中应力的突变致使煤岩体变形破坏剧烈。因此,断层面附近电磁辐射信号强弱表现出一定的规律性[175]。

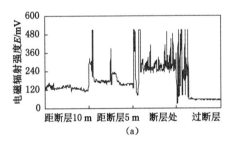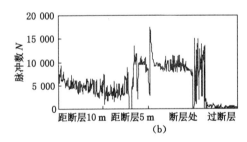

图 4-9　红菱煤矿 12 煤运输巷断层前后电磁辐射强度和脉冲数测定结果

(a) 电磁辐射强度测定;(b) 脉冲数测定

图 4-10 是徐州张集矿 9443 工作面平巷透窝断层附近不同位置的电磁辐射信号测定结果。同样可以看出,透窝断层拐角处电磁辐射强度 E 和脉冲数 N 均高于断层附近上下部的电磁辐射强度和脉冲数,特别是断层拐角处电磁辐射脉冲数变化剧烈,明显高于其他测定地点。因此,断层附近的煤层突出危险性明显高于远离断层的稳定煤层的突出危险性[175]。

图 4-11 为 8 月 10 日沈阳红菱煤矿 1200 工作面完全见煤期间遇到断层的电磁辐射强度情况,当天遇到 2 个断层,一个落差 4 m,一个落差 2 m。此期间电磁辐射强度变化较大,时间较长,一直持续到 8 月 15 日左右。图 4-12 为 10 月 6 日左右 1204 工作面回顺遇到小断层时的电磁辐射强度情况,该断层落差 0.9 m,为开放型断层。在靠近断层一定距离内电磁辐射强度随着距断层面距离的减小而增大,过断层面后电磁辐射强度相对下降,但由于断层落差相对较小,电磁辐射信号的总体变化幅度并不很大,而且持续时间较短。可以看出,断层落差越大,电磁辐射变化越大。分析原因可能是断层附近的煤岩体受断层破坏带的影响

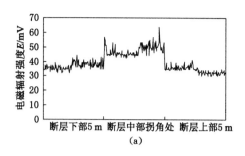
(a)

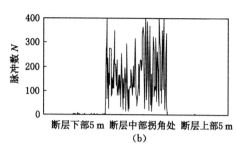
(b)

图 4-10　张集矿 9443 工作面平巷透窝断层处不同位置电磁辐射强度和脉冲数测定结果
(a) 电磁辐射强度测定;(b) 脉冲数测定

呈现出较高的应力集中,断层产状不同,断层面附近应力集中区的位置不尽相同,但一旦断层面附近煤岩体被采落,应力集中迅速释放,转变为较低应力水平的新的应力平衡,集中应力的变化致使煤岩体变形破坏剧烈,因此,断层面附近电磁辐射信号强弱表现出一定的规律性[214]。

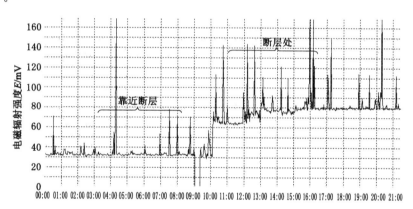

图 4-11　红菱煤矿 1200 工作面 8 月 10 日遇到断层的电磁辐射强度变化情况

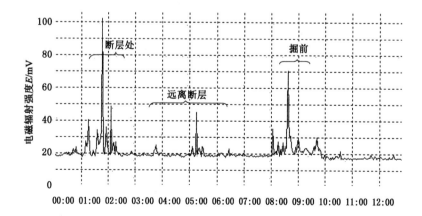

图 4-12　红菱煤矿 1200 工作面 10 月 6 日遇到断层的电磁辐射强度变化情况

4.3.2 褶曲附近的电磁辐射响应规律

图 4-13 是褶曲轴部地段和非褶曲或翼部地段电磁辐射强度和脉冲数的测定结果。由图可以看出,褶曲轴部地段的电磁辐射强度和脉冲数均较非褶曲或翼部地段的高,且变化较剧烈,这是由于褶曲轴部地段煤岩体受到强力挤压,呈现集中应力区,受采动影响后煤岩体变形破坏剧烈,导致电磁辐射信号比翼部或非褶曲地段高[214]。

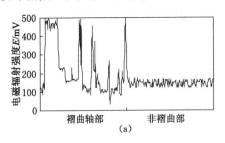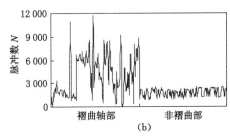

图 4-13 褶曲轴部和非褶曲部电磁辐射强度和脉冲数测定结果
(a) 电磁辐射强度测定;(b) 脉冲数测定

图 4-14 为晋城成庄煤矿 2218 掘进工作面通过二向斜时电磁辐射强度的变化情况。该掘进巷道地质构造情况比较简单,主要受 1 个背斜和 2 个向斜控制。背斜轴部距切眼 360 m;一向斜距切眼 170 m,二向斜距 2218 掘进巷道开口 520 m。从图中可看出,掘进工作面进入二向斜一翼后,朝向斜轴部推进过程中电磁辐射值较大,当掘进工作面通过该向斜轴部后沿着另一翼远离向斜轴部时电磁辐射值较小。该褶曲构造带的电磁辐射变化呈两翼不对称的特征。初步分析原因有两个:一是左翼(掘进工作面首先通过的一翼)坡度比较大,构造应力较大,煤层和岩层弯曲变形较为剧烈,煤岩层裂纹发育,完整性不好;二是褶曲轴部煤层内赋存瓦斯压力较高,轴部地应力较大,在二者的共同作用下,使得首先进入褶曲带的左翼掘进工作面附近煤岩体承受较大的瓦斯压力和地应力,而通过右翼时掘进工作面附近的煤岩体的地应力和瓦斯压力得到了不同程度的释放,煤岩体整体性也比较完整,因此左翼煤岩体向采掘空间发射的电磁辐射幅值应较大[214]。

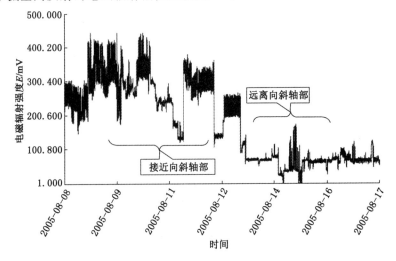

图 4-14 褶曲构造带对电磁辐射强度的影响

4.3.3 其他构造的电磁辐射响应规律

火成岩侵入会产生异常的电磁辐射变化。沈阳红菱煤矿 1200 工作面回风平巷掘进期间,出现了多次火成岩侵入,以 5 月 25 日为例(图 4-15),掘进过程中发现大量火成岩侵入,持续 2 d 后见煤,但很快又有火成岩侵入情况发生,如此反复持续数天。6 月 1 日改道,期间也有大量火成岩侵入。可以看出,大量火成岩侵入时,电磁辐射强度数值增大,变化比较明显,然后慢慢减小,变化幅度减小,并趋于平稳。这说明火成岩侵入使煤体附近形成比较高的应力区域,电磁辐射值随之增大,随着掘进过程进行,工作面通过火成岩,应力慢慢被释放,电磁辐射值也随之减小[214]。

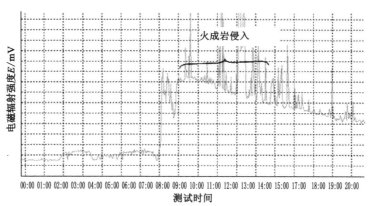

图 4-15 红菱煤矿 1200 工作面火成岩侵入的电磁辐射强度变化情况

4.4 小 结

本章研究了矿井应力场和地质构造对矿井冲击地压的孕育和发生的影响及作用,研究了采煤工作面整体应力分布、前壁和巷道应力随时间变化和煤体内部应力变化的电磁辐射响应规律,研究了掘进工作面迎头应力在掘进过程中变化的电磁辐射响应规律,研究了断层、褶曲以及其他地质构造周围的电磁辐射响应规律。主要得出以下结论:

(1) 冲击地压发生的影响因素有:冲击发生区域的应力场变化、构造及构造应力的存在。冲击地压是一种诱发地震,它的活动绝不是孤立的,其发生的主导因素是采矿活动,而它又与地质构造、区域地应力场活动等有密切关系,冲击地压是矿井开采区局部附加应力场和区域地应力活动共同作用的结果。

(2) 电磁辐射水平与应力的大小有较好的对应关系,采用电磁辐射技术对采煤工作面应力场的分布和变化进行定性的测试,效果明显,能够反映工作面各区域的应力分布及变化规律,电磁辐射技术可以作为一种新的非接触式测试工作面应力分布的手段。

(3) 采煤工作面在沿工作面倾向方向上的应力分布是相对稳定的,而在沿巷道走向方向上有一定范围的高应力区出现。采动对工作面的应力分布有一定的影响,但从长期趋势来看,其应力随时间变化趋势的影响差别不是很大。采煤工作面煤体内部应力变化反映了煤柱内部松弛区和应力集中区的分布规律。与巷道两帮相比,工作面前方的应力集中区要前移一些。煤体深孔爆破预裂措施会导致煤体卸压带的范围扩大,煤体的应力集中区向深部转移。

（4）掘进工作面在掘进初期，由于采掘使得原先煤体的应力平衡被打破，巷道前方和周围的应力分布呈现不稳定的状态，处在一个重新平衡的状态，造成了应力较高，电磁辐射数值也相应较高的表现。在掘进一段时间后，新的应力平衡状态开始形成，巷道前方和周围区域的应力分布呈现出稳定的状态，使得该区域的电磁辐射水平呈现下降且稳定的趋势。

（5）在同一开采条件下，地质构造异常带往往是发生冲击地压等矿井煤岩动力灾害的重点区域，在这些危险性较大的地方，其煤岩体产生的电磁辐射往往也有异常的反映。无论是开放型断层还是封闭型断层，其附近的煤岩体受断层破坏带的影响均呈现出较高的应力集中，使得断层及附近的电磁辐射信号高而变化剧烈。褶曲轴部地段煤岩体受到强力挤压，呈现集中应力区，受采动影响后煤岩体变形破坏剧烈，导致褶曲轴部的电磁辐射信号比翼部或非褶曲地段高。另外，火成岩侵入等其他地质构造也会产生异常的电磁辐射变化。

5　冲击地压电磁辐射时序分析及数据挖掘

矿井采掘空间中冲击地压的发生既有偶然的因素,也有必然的因素,其中蕴含了一定的规律。冲击地压的前兆规律蕴藏在大量的电磁辐射监测数据中,只有在充分了解电磁辐射监测数据特点的基础上,采用时序分析和数据挖掘技术,才能更明确地提取出电磁辐射监测数据中蕴含的冲击地压前兆信息和规律,对冲击地压进行更为准确的预测预报。

5.1　冲击地压电磁辐射时序数据的特点及参数定义

冲击地压预报研究的基础是长期观测得到的大量数据和信息,冲击地压预报的主要工作就是要有效地收集数据并从这些数据中总结出规律性的认识,进而预报未来可能发生的冲击地压。

中国矿业大学电磁辐射研究课题组在研究煤岩变形破裂电磁辐射效应的基础上,提出了电磁辐射预测煤岩动力灾害技术及方法,并成功地研制了电磁辐射预测煤岩动力灾害装备(包括 KBD5 便携式电磁辐射监测仪和 KBD7 在线式电磁辐射监测系统)。近年来,电磁辐射预测煤岩动力灾害装备在全国 40 多个煤矿进行了应用,结合电磁辐射趋势法和模糊数学临界值法,对冲击地压和煤与瓦斯突出等煤岩动力灾害进行预测,效果显著,在长期的观察和研究实践中,在冲击地压电磁辐射预报方面已经积累了大量十分宝贵的冲击地压电磁辐射数据资料。

5.1.1　冲击地压电磁辐射时序数据特点

通常所说的电磁辐射数据来源有两大类,一类是 KBD5 便携式电磁辐射监测仪的测试数据,另一类是 KBD7 在线式电磁辐射监测系统的监测数据。本书所采用的电磁辐射数据均来源于 KBD5 便携式电磁辐射监测仪的测试数据,在以下的章节中若不加以专门说明,书中的"电磁辐射数据"均指的是 KBD5 便携式电磁辐射监测仪的测试数据。

本书把冲击地压电磁辐射数据分为两类,将有专门记录的已经发生的冲击地压前后一定时间段内的电磁辐射数据称为冲击地压电磁辐射前兆数据(简称"前兆数据"),而把矿井工作面各个监测点日常观测收集的电磁辐射数据称为冲击地压电磁辐射观测数据(简称"观测数据")。冲击地压电磁辐射数据有以下显著的特点:

第一,经验性和总结性的知识比较多。因为很多次冲击地压电磁辐射预报都与预报区域密切相关,往往是煤矿技术人员根据经验总结得出的。

第二,数据量大。例如 KBD7 在线式电磁辐射监测系统的数据是从安装在井下的 KBD7 传感器(接收天线)获取的流数据,其采样频率一般为每秒采样一次,数据量巨大。

第三,时间性和空间性较强。时间性具体体现在两个方面,一方面是实时性,冲击地压电磁辐射前兆监测必须具有实时性,以便及时对异常现象做出反应;另一方面是时序性,由于冲击地压电磁辐射数据属于时间序列数据,均与时间相关,因此数据间有较强的时间约束关系。空间性则体现在不同监测区域的电磁辐射观测数据在冲击地压发生之前有着各自不同的特点和前兆规律,不同监测区域的监测结果能够反映出冲击地压孕育和发生的空间特点。

第四,监测数据中有干扰、有空缺,具有很多不确定因素。有干扰则具体体现在井下各类电气设备产生的杂波会对监测到的电磁辐射数据造成明显的干扰;有空缺这一特点更多则体现在 KBD7 在线式电磁辐射监测系统的实时监测数据上,井下信号传输的中断或信号的溢出,往往使得 KBD7 在线式电磁辐射监测系统的监测数据在一定时间段内空缺。

第五,数据中前兆信息和干扰信息有时难以区分。如果重点监测区域的真实电磁前兆信号受到相同或相近频段内的具有相似幅度的杂波干扰,这就使得对数据中的前兆信息和干扰信息的区分变得十分困难。

5.1.2 冲击地压电磁辐射参数定义

特征参数反映的是一个过程或状态同另一个过程或状态的区别。就电磁辐射信号发射过程而言,其特征参数不仅要反映电磁辐射信号的发射过程或状态,即比较对象的整体行为,而且还要充分体现电磁辐射信号发射过程或状态的个体属性。因此,特征函数的构造一方面应以电磁辐射信号的基本参数为基础,即应为基本参数的函数。另一方面,应尽可能地体现电磁辐射信号的基本属性。

由于本书所采用的冲击地压电磁辐射数据均来自 KBD5 便携式电磁辐射监测仪测试所得,因此有必要对 KBD5 便携式电磁辐射监测仪的监测指标、监测参数及参数统计进行说明。

5.1.2.1 KBD5 便携式电磁辐射监测仪的监测特点

KBD5 便携式电磁辐射监测仪适合于监测灾害危险范围大的地点,如采煤工作面及其两巷,监测方式灵活机动、监测范围大、干扰因素小、监测时间短。实际操作中,可按一定的距离间隔对可能发生灾害的区域分别进行多点短时监测,也可以在同一地点进行长时连续监测,连续监测时间可达 8 h。典型的采煤工作面或巷道短时移动电磁辐射监测布置方式如图 5-1 所示。

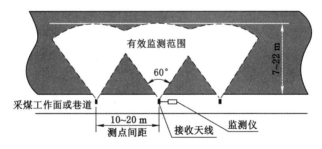

图 5-1　采煤工作面或巷道短时移动电磁辐射监测布置方式示意图

KBD5 便携式电磁辐射监测仪采用电磁辐射的强度值和脉冲数作为监测指标。电磁辐射的强度和脉冲数与煤岩体变形破裂过程有很好的相关性,电磁辐射强度主要反映了煤岩体受载程度及变形破裂程度,脉冲数主要反映了煤岩体变形及微破裂的频次,因此监测电磁辐射脉冲数和强度两项指标能够预测冲击地压等煤岩动力灾害。

5.1.2.2 KBD5便携式电磁辐射监测仪监测数据的参数

根据参数本身的内涵和对电磁辐射过程描述的方式和角度的不同,电磁辐射参数可以分为基本参数和特征参数两类。基本参数是指通过测试仪直接得到的时域或频域参数,而特征参数则是有别于基本参数的参数。与声发射特征参数[181]相类似,电磁辐射特征参数是指从电磁辐射基本参数序列中提取出来的有关过程或者状态变化的信息,是研究者根据自己的研究对象和研究目的,借助数学方法和相关理论所定义构造的"再生式"的电磁辐射参数。基本参数和特征参数又可进一步分为过程参数和状态参数。过程参数是对整个电磁辐射过程或某个子过程的描述,是过程总体行为的反映,而状态参数反映的是在电磁辐射过程中的某一个状态(瞬间)下的电磁辐射行为,是瞬时量。

KBD5便携式电磁辐射监测仪监测数据的参数也可以分为基本参数和特征参数两大类,基本参数主要是通过KBD5便携式电磁辐射监测仪直接测试获得的,而特征参数则是通过KBD5便携式电磁辐射监测仪的配套数据处理软件(全称"电磁辐射监测及数据处理系统")进行数据初步处理获得的。

(1) KBD5便携式电磁辐射监测仪监测数据的基本参数

KBD5便携式电磁辐射监测仪监测数据的基本参数主要有三个,分别为E_{max}(强度最大值)、E_{avg}(强度平均值)和N(脉冲数),其中E_{max}和E_{avg}的单位为mV。

图5-2为一电磁辐射信号波形图。设置某一阈值电压,单位时间内(KBD5便携式电磁辐射监测仪定义的单位时间为1 s)电磁辐射信号超过这一阈值电压的部分形成矩形脉冲,累加这些电磁辐射脉冲数,就是这个单位时间内电磁辐射信号的脉冲总数N。对单位时间内超过这一阈值电压的电磁辐射信号部分进行统计,选取电压最大的电磁辐射信号的幅值为该单位时间内电磁辐射信号的强度最大值,即E_{max};对这部分电磁辐射信号的电压幅值进行算术平均,得到该单位时间内电磁辐射信号的强度平均值,即E_{avg}。

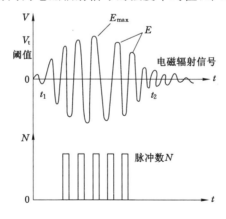

图5-2 KBD5便携式电磁辐射监测仪监测数据的基本参数定义图

值得说明的是KBD5便携式电磁辐射监测仪所需设置的监测参数有放大倍数和门限值。放大倍数可通过仪器的主放大器进行设置,不同的放大倍数直接影响到监测数据的大小和仪器的灵敏度,有些煤岩体电磁辐射信号较弱,放大倍数过小,监测的数据偏小,灵敏度差,难以检测电磁辐射的变化,而有些煤岩体电磁辐射信号较强,放大倍数过大,仪器则过于灵敏,波动性太大,经常导致仪器的监测数值溢出。因此,必须结合现场实际测试结果,选择合理的放大倍数。所谓的门限值就是图 5-2 所示的阈值，是进行脉冲数统计的门槛，直接影响到电磁辐射脉冲数的大小，门限值的设置参数过高，经常统计不到脉冲数，设置过低，则统计得到的脉冲数数值及其变化范围太大，不宜形成对比，这也需要根据实际测试结果，设置合理的门限值。

（2）KBD5 便携式电磁辐射监测仪监测数据的特征参数

由于利用 KBD5 便携式电磁辐射监测仪进行测试时，每个测点的监测时间是 120 s，因此对每个测点 120 s 内的电磁辐射基本参数进行算术处理后，便得到了该测点在 120 s 内的电磁辐射特征参数，共有 9 个，分别为 E_{max}、E_{avg} 和 N 三个基本参数各自的算术最大值、最小值和平均值，其名称具体见图 5-3。

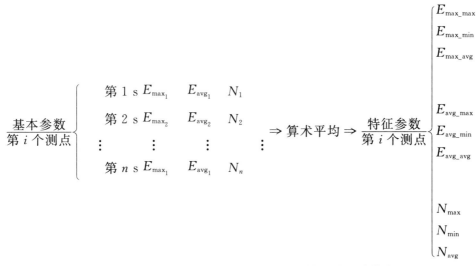

图 5-3   KBD5 便携式电磁辐射监测仪监测数据的特征参数定义图

电磁辐射技术预测冲击地压等煤岩动力灾害的实践表明：多数有煤岩动力灾害的矿井，对 9 个电磁辐射数据特征参数中的 E_{max_avg} 和 N_{avg} 这两个特征参数比较敏感。虽然一个测点的电磁辐射基本参数原始监测数据曲线可以反映当前监测点的应力水平和有无危险状态，但为了更好地分析该监测点状态随时间的变化趋势，对将来可能发生的危险做出预测，需要利用对该监测点状态比较敏感的 E_{max_avg} 和 N_{avg} 这两个电磁辐射特征参数进行进一步的统计分析和预测。

在以后使用时间序列方法对电磁辐射前兆数据进行分析和预测时，所有的数据均来自于特征参数 E_{max_avg} 的测试数据，为了便于叙述，在以后的关于现场的电磁辐射数据图表中，E_{max_avg} 均简写为 E。

5.2   现行的电磁辐射数据处理及危险预测

5.2.1   现行的电磁辐射数据处理

对于 KBD5 便携式电磁辐射监测仪在井下的日常测试数据中，有专门的配套软件（全称为"电磁辐射监测及数据处理系统"）进行数据处理和分析。该软件是由 Visual Basic 语言编制，能够对电磁辐射数据进行相关处理，具有数据管理、数据查询、数据连接、数据输出、图表绘制、报表打印等一系列功能,该软件的运行主界面见图 5-4。由于该软件只具有电磁辐射数据的一般处理功能,因此在有针对性地对电磁辐射数据进行特殊的统计和分析时,还需要借助常用的 Excel 工具。

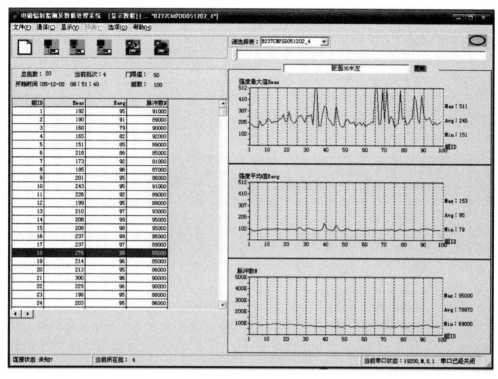

图 5-4　电磁辐射监测及数据处理系统软件主界面

现行电磁辐射数据的处理主要有以下几个方面:

① 利用"电磁辐射监测及数据处理系统"的数据连接功能,将同一时间段内不同监测点的数据或同一监测点在不同时间段的数据进行连接,作出原始曲线,观测监测数据的趋势;

② 对原始数据进行统计,得出某个监测点在某个时间段内电磁辐射数据的 9 个统计值,并选择其中常用的两个统计值绘制数据曲线图,判断监测数据的大小;

③ 根据实际情况的需要,使用 Excel 对选取的数据进行对比和分析,提取需要的信息,包括冲击地压前兆信息。

5.2.2　现行的电磁辐射危险预测

目前,冲击地压和煤与瓦斯突出等煤岩动力灾害的电磁辐射预测一般采用临界值和趋势法进行综合评判,即对某一矿区井下的电磁辐射测试数据进行统计分析,并参考常规预测方法的预测结果,来确定灾害危险性的电磁辐射临界值。当电磁辐射数据超过临界值时,认为有动力灾害危险;当电磁辐射强度或脉冲数具有明显增强趋势时,也表明有动力灾害危险;电磁辐射强度或脉冲数较高,当出现明显由大变小,一段时间后又突然增大,这种情况更加危险,应立即采取措施。这种预测预报方法,在一些现场进行煤岩动力灾害预测时得到较好的应用,但不具有普遍性,且缺少一定的理论支持。由于不同灾害的前兆特征不同,对不同地点所采取的预测方法也不尽相同,给预报工作增加了一定的难度。

另外,为了更好地利用电磁辐射数据预测冲击地压和煤与瓦斯突出等煤岩动力灾害,一些学者在电磁辐射前兆分析上进行了新的总结,在电磁辐射预测理论和方法上进行了新的尝试。

王先义[128]采用模糊数学理论建立了确定电磁辐射法预测突出指标临界值的方法和数学模型,并利用该方法和数学模型确定了预测掘进工作面突出危险性的电磁辐射脉冲数临界值。

王云海等[129]认为冲击地压电磁辐射前兆在时间上呈起伏增强的变化,与观测点的变形破坏过程及应力变化相对应;电磁辐射前兆在空间上的分布与工作面前方煤体的支承压力分布及变形破坏区域一致;工作面来压前后的应力重新分布会引起电磁辐射前兆的突变及空间分布的较大变化。

撒占友[130]以系统辨识、动态测试数据处理和数理统计等理论为基础,建立了工作面煤岩流变破坏电磁辐射异常判识模型,并与神经网络预测、常规预测进行了对比实验;该模型的核心是电磁辐射信号趋势分量、周期分量和随机分量的提取,采取对电磁辐射指标时间序列输出误差的均值函数进行分析,判定工作面煤岩流变破坏电磁辐射信号是否异常。

魏建平[131]认为冲击地压的发生前兆是冲击地压发生前的一段时间,电磁辐射数值较高,之后有一段时间相对较低,但这段时间内,其电磁辐射数值均到达、接近或超过临界值,之后发生冲击地压,即冲击地压发生前的一段时间,电磁辐射连续增长或先增长,然后降低,之后又呈增长趋势。应用电磁辐射多重分形和尖点突变特征对现场测试数据进行分析,预测评价了不同采掘地点煤与瓦斯突出和冲击地压的危险性;另外还提出了修正的煤岩电磁辐射预警临界值的确定准则,具体为:针对某一矿区或某一采掘工作面,首先测试无煤与瓦斯突出或冲击地压危险地点的电磁辐射脉冲数和强度,或在采取防治措施后经检验无危险时,测试电磁辐射脉冲数和强度,并将此数值作为基准点,然后经实验室实验确定煤岩体的均质度参数 m,选取合适的危险临界值系数,确定不同指标的预警临界值,进行煤与瓦斯突出或冲击地压危险性的预测。参数 m 难以确定时,也可根据类似煤层条件或实际电磁辐射测试结果进行估算。考虑到煤层瓦斯赋存和涌出的不均衡性及煤层地质构造的影响,在实际操作中,可将选取的临界值乘以一个合理的系数。预警临界值确定后,可以用临界值法对煤岩动力灾害进行预测预报,也可根据确定的预警临界值采用趋势法进行预测。如,煤岩层地质条件比较稳定条件下,对 $m=1$ 时,确定的弱危险和强危险的电磁辐射强度临界值系数分别为 1.35 和 1.72,实际操作中可以测试不同班次或不同日期的电磁辐射强度,若某班或某日的电磁辐射强度大于正常班次数值的 1.35 倍,认为该地点有发生灾害的危险性,应该停止作业,考察其他预测方法的预测结果,并采取相应的防治措施;若某班或某天的电磁辐射强度大于正常班次数值的 1.72 倍,说明该地点有强危险性,应立即采取防治措施。

李洪[134]通过提取现场冲击地压观测序列的关联维和最大指数来反演识别系统的混沌性态,深入研究了冲击运动孕育及变形破坏过程中的混沌特性及其变化规律,并在混沌分析的基础上构建了基于一阶局域近似、Lyapunov 指数以及神经网络的冲击地压观测序列的混沌预测模型。

王静等[133]采用相空间重构技术研究了煤岩动力灾害电磁辐射连续监测过程中电磁辐射信号时间序列的非线性特征及其变化规律,对矿井煤岩动力灾害的电磁辐射自动连续监测和预报作了进一步的研究。

邹喜正等[132]对现场采集的煤岩电磁辐射数据进行分形特征分析,认为在正常情况下电磁辐射分形维数变化小,在冲击矿压发生前分形维数变化大,并用于矿井冲击地压的预测。

综上所述,现有的电磁辐射预测冲击地压的主要方法为趋势法结合临界值法,在预测冲击地压的发生上具有一定的可行性,但临界值的确定和有危险时趋势的判断需要借助一定的经验,对利用电磁辐射技术预测冲击地压的初学者具有一定的难度和模糊性;而且在前兆异常值的判定上缺乏定量依据和判断标准,在冲击地压前兆趋势预测上也仅仅是定性的描述。其他研究者利用神经网络、混沌和分形理论对在电磁辐射预测冲击地压进行了有益的尝试,具有一定的可行性,但由于其较为复杂的操作性,使得这些在矿井现场预测冲击地压不是很适用。现场需要较为简易和易操作的冲击地压电磁辐射前兆异常值的判别标准和危险趋势预测的判断依据。

5.3   基于时序分析的电磁辐射数据处理及预测

自然界许多现象都包含着统计规律,将描述这些现象的观测值序列抽象为时间序列有充分的理论依据。因此,利用时间序列分析方法对随机过程的未来变量取值进行预测,在理论上是可行的。

5.3.1   基于时序分析的电磁辐射数据处理

时间序列典型的本质特征之一是相邻变量间的相关性体现在相邻观测值取值的依赖性,此相关性是时间序列分析的基本出发点。时间序列分析大致包括三方面的内容:① 选择模型并进行参数估计;② 模型的适用性检验;③ 预测预报。经常采用的模型有 Box-Jenkins 模型、指数平滑、一元或多元回归、生长曲线、Markov 链和灰色模型等。

时间序列是按时间次序排列的随机变量序列。时序分析是指基于一个或多个时间序列抽取其内部规律用于时间序列的数值、周期、趋势分析和预测等。任何时间序列经过合理的函数变换后都可以被认为是由三个部分叠加而成。这三个部分是趋势项部分、同期项部分和随机噪声项部分。从时间序列中把这三个部分分解出来是时间序列分析的首要任务。

时间序列数据可分为两类:一类是不带有实时约束的时间序列,另一类是带有实时约束的时间序列。不带有实时约束的时间序列可以看成是按时间排列的事件串,事件之间的时间间隔(采样速率)是常数;而对于带有实时约束的时间序列,必须考虑事件之间的时间间隔,这些时间间隔很可能是不一样的。

5.3.1.1   电磁辐射时间序列的平稳性检验

取得一个观察值序列之后,首先是判断它的平稳性。通过平稳性检验,序列可以分为平稳序列和非平稳序列两大类。如果序列平稳,情况就相对简单些,因为关于平稳序列建模的方法比较成熟;如果是非平稳序列,那么该序列不具有二阶矩平稳的性质,需要对它进行进一步的检验、变换或处理,才能确定适当的拟合模型。电磁辐射观察值序列也不例外,对其的时序分析,首先要对它进行平稳性检验。在本小节中,选取鹤岗南山煤矿 237 孤岛工作面 2006 年 1 月 12 日的冲击地压(简称"1·12 冲击")前的电磁辐射前兆数据进行示例分析,该数据的原始曲线见图 5-5。

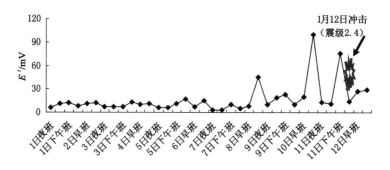

图 5-5　南山煤矿 237 孤岛工作面"1·12 冲击"的电磁辐射前兆曲线

利用 SAS 软件对"1·12 冲击"的电磁辐射前兆数据绘制时序图,考察该序列的自相关图,检验该序列的平稳性,该序列的自相关检验结果如图 5-6 所示。

```
                              Autocorrelations
 Lag    Covariance    Correlation   -1 9 8 7 6 5 4 3 2 1 0 1 2 3 4 5 6 7 8 9 1    Std Error
  0      368.095       1.00000       |                    |********************|        0
  1       10.552276    0.02867       |                    |*  .                |        0.166667
  2        5.625347    0.01528       |                 .  |*  .                |        0.166804
  3      203.386       0.55254       |                 .  |***********         |        0.166842
  4       12.861743    0.03494       |                 .  |*  .                |        0.211654
  5       14.887962    0.04045       |                 .  |*  .                |        0.211814
  6      136.415       0.37060       |                 .  |*******.            |        0.212029
  7       -4.394268   -.01194        |                 .  |  .                 |        0.229317
  8      -16.033142   -.04356        |                 .  *|  .                |        0.229334
  9       54.508671    0.14808       |                 .  |***                 |        0.229564
 10      -33.954933   -.09224        |                 . **|  .                |        0.232202
 11      -27.295249   -.07415        |                 . *|  .                 |        0.233218
 12       11.490136    0.03122       |                 .  |*  .                |        0.233872
 13      -36.000674   -.09780        |                 . **|  .                |        0.233987
 14      -13.214193   -.03590        |                 .  *|  .                |        0.235120
 15      -13.207935   -.03588        |                 .  *|  .                |        0.235272
 16      -43.781315   -.11894        |                 . **|  .                |        0.235424
 17      -25.129294   -.06827        |                 .  *|  .                |        0.237088
 18      -14.439171   -.03923        |                 .  *|  .                |        0.237633
 19      -31.674047   -.08605        |                 . **|  .                |        0.237813
 20      -26.246748   -.07130        |                 .  *|  .                |        0.238676
 21      -31.503739   -.08559        |                 . **|  .                |        0.239267
 22      -41.865815   -.11374        |                 . **|  .                |        0.240116

                         "." marks two standard errors
```

图 5-6　"1·12 冲击"电磁辐射前兆序列的自相关结果

其中:

Lag——延迟阶数;

Covariance——延迟阶数给定后的自协方差函数;

Correlation——延迟阶数给定后的自相关函数;

STD ERROR——自相关函数的标准差;

"."——2 倍标准差范围。

该序列的样本自相关图显示延迟 3 阶之后,自相关系数都落入 2 倍标准差范围以内。而且自相关系数向零衰减的速度非常快,延迟 6 阶之后自相关系数即在零值附近波动。这是一个非常典型的短期的样本自相关图,可以认为该序列平稳。

5.3.1.2　电磁辐射时间序列的随机性检验

在检验了观察值序列的平稳性之后,需要对该序列值之间的相关性进行检验,即对该平稳序列进行随机性检验。"1·12 冲击"电磁辐射前兆序列的结果见图 5-7。

其中:

To Lag——延迟阶数;

```
                    Autocorrelation Check for White Noise
        To    Chi-         Pr >
        Lag   Square   DF  ChiSq  -------------------Autocorrelations-------------------
        6     19.08    6   0.0040  0.029   0.015   0.553   0.035   0.040   0.371
        12    21.10    12  0.0489 -0.012  -0.044   0.148  -0.092  -0.074   0.031
```

图 5-7　"1·12 冲击"电磁辐射前兆序列的白噪声检验结果

Chi-Square——Q_{LB} 统计量的值,该统计量服从 χ^2 分布;

Df——Q_{LB} 统计量服从 χ^2 分布的自由度;

Pr>Chisq——该 Q_{LB} 统计量的 P 值;

Autocorrelation——计算得出的延迟各阶 Q_{LB} 统计量的样本自相关系数的具体数值。

检验结果显示,在各阶延迟下 LB 检验统计量的 P 值都很小(<0.05),所以我们可以以很大的把握(置信水平$>95\%$)断定"1·12 冲击"电磁辐射前兆序列属于非白噪声序列。

结合前面的平稳性检验结果,说明该序列不仅可以是平稳的,而且还蕴含着值得我们提取的相关信息。下一步就需要对该平稳非白噪声序列进行建模和预测。

5.3.1.3　电磁辐射时间序列的建模

一个序列经过预处理被识别为平稳非白噪声序列,那就说明该序列是一个蕴含着相关信息的平稳序列。在时间序列分析上,通常是建立一个线性模型来拟合该序列的发展,借此提取该序列中的有用信息。ARMA 模型(auto regression moving average model)是目前最常用的平稳序列拟合模型。

(1)平稳序列的建模步骤

电磁辐射平稳非白噪声序列建模的基本步骤如图 5-8 所示。

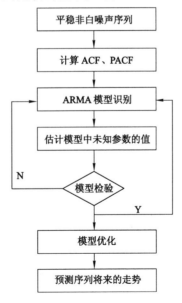

图 5-8　电磁辐射平稳非白噪声序列建模的步骤

① 求出观察值序列的样本自相关系数(ACF)和样本偏自相关系数(PACF)的值。

② 根据样本自相关系数和偏自相关系数的性质,选择阶数适当的 ARMA(p,q)模型进行拟合。

③ 估计模型中未知参数的值。

④ 检验模型的有效性。如果拟合模型通不过检验，转向步骤②，重新选择模型再拟合。

⑤ 模型优化。如果拟合模型通过检验，仍然转向步骤②，充分考虑各种可能，建立多个拟合模型，从所有通过检验的拟合模型中选择最优模型。

⑥ 利用拟合模型，预测序列的将来走势。

（2）样本自相关系数和偏自相关系数

通过考察平稳序列样本自相关系数和偏自相关系数的性质来选择适合的模型拟合观察值序列，所以模型拟合的第一步是要根据观察值序列的取值求出该序列的样本自相关系数 $\{\hat{\rho}_k, 0 < k < n\}$ 和样本偏自相关系数 $\{\hat{\phi}_{kk}, 0 < k < n\}$ 的值。

样本自相关系数可以根据以下公式求得：

$$\hat{\rho}_k = \frac{\sum_{t=1}^{n-k} (x_t - \overline{x})(x_{t+k} - \overline{x})}{\sum_{t=1}^{n} (x_t - \overline{x})^2}, \forall 0 < k < n \tag{5-1}$$

样本偏自相关系数可以利用样本自相关系数的值，根据以下公式求得：

$$\hat{\phi}_{kk} = \frac{\hat{D}_k}{\hat{D}}, \forall 0 < k < n \tag{5-2}$$

式中：

$$\hat{D} = \begin{bmatrix} 1 & \hat{\rho}_1 & \cdots & \hat{\rho}_{k-1} \\ \hat{\rho}_1 & 1 & \cdots & \hat{\rho}_{k-2} \\ \vdots & \vdots & & \vdots \\ \hat{\rho}_{k-1} & \hat{\rho}_{k-2} & \cdots & 1 \end{bmatrix}, \hat{D}_k = \begin{bmatrix} 1 & \hat{\rho}_1 & \cdots & \hat{\rho}_1 \\ \hat{\rho}_1 & 1 & \cdots & \hat{\rho}_2 \\ \vdots & \vdots & & \vdots \\ \hat{\rho}_{k-1} & \hat{\rho}_{k-2} & \cdots & \hat{\rho}_k \end{bmatrix}$$

（3）模型识别

计算出样本自相关系数和偏自相关系数的值之后，就要根据它们表现出来的性质，选择适合的 ARMA 模型拟合观察值序列。这个过程实际上就是要根据样本自相关系数和偏自相关系数的性质估计自相关阶数 $\hat{p}$ 和移动平均阶数 $\hat{q}$，因此，模型识别过程也称为模型定阶过程。ARMA 模型定阶的基本原则如表 5-1 所列。

表 5-1 ARMA 模型定阶的基本原则

$\hat{\rho}_{kk}$	$\hat{\phi}_{kk}$	模型定阶
拖尾	p 阶截尾	AR(p)模型
q 阶截尾	拖尾	MA(q)模型
拖尾	拖尾	ARMA(p,q)模型

但是在实践中，这个定阶原则在操作上具有一定的困难。意味由于样本的随机性，样本的相关系数不会呈现出理论截尾的完美情况，本应截尾的样本自相关数或偏自相关系数仍会呈现出小值震荡的情况。同时，由于平稳时间序列通常具有短期相关性，随着延迟阶数

$k \rightarrow \infty$，$\overset{\wedge}{\rho}_k$ 与 $\overset{\wedge}{\phi}_{kk}$ 都会衰减至零值附近做小值波动。

样本自相关系数或偏自相关系数截尾的判断，很大程度上依靠分析人员的主观经验。但样本相关系数和偏自相关系数的近似分布可以帮助缺乏经验的分析人员做出尽量准确的判断。

詹金斯(Jankins)和沃茨(Watts)于 1968 年证明

$$E(\overset{\wedge}{\rho}_k) = (1 - \frac{k}{n})\rho_k \tag{5-3}$$

也就是说样本自相关系数是总体自相关系数的有偏估计值。当 k 足够大时，根据平稳序列自相关系数呈负指数衰减，有 $\overset{\wedge}{\rho}_k \rightarrow 0$。

根据 Bartlett 公式计算样本自相关系数的方差近似等于：

$$\mathrm{Var}(\overset{\wedge}{\rho}_k) \cong \frac{1}{n}\sum_{m=-j}^{j}\overset{\wedge}{\rho}_m^2 = \frac{1}{n}(1 + 2\sum_{m=-j}^{j}\overset{\wedge}{\rho}_m^2), \ k > j \tag{5-4}$$

当样本容量 n 充分大时，样本自相关系数近似服从正态分布：

$$\overset{\wedge}{\rho}_k \sim N(0, \frac{1}{n})$$

克努维尔(Quenouille)证明，样本偏自相关系数也同样近似服从正态分布：

$$\overset{\wedge}{\phi}_{kk} \sim N(0, \frac{1}{n})$$

根据正态分布的性质，有

$$\mathrm{Pr}(-\frac{2}{\sqrt{n}} \leqslant \overset{\wedge}{\rho}_k \leqslant \frac{2}{\sqrt{n}}) \geqslant 0.95$$

$$\mathrm{Pr}(-\frac{2}{\sqrt{n}} \leqslant \overset{\wedge}{\phi}_{kk} \leqslant \frac{2}{\sqrt{n}}) \geqslant 0.95$$

所以可以利用 2 倍标准差范围辅助判断。

如果样本自相关系数或偏自相关系数在最初的 d 阶明显大于 2 倍标准差范围，而后几乎 95% 的自相关系数都落在 2 倍标准差的范围以内，而且由非零自相关系数衰减为小值波动的过程非常突然，这时通常视为自相关系数截尾。截尾阶数为 d。

如果有超过 5% 的样本自相关系数落入 2 倍标准差范围之外，或者是由显著非零的相关系数衰减为小值波动的过程比较缓慢或者非常连续，这通常视为相关系数不截尾。

（4）参数估计

选择好了拟合模型之后，下一步就要利用序列的观察值来确定该模型的口径，即估计模型中未知参数的值。

对于一个非中心化 ARMA(p,q) 模型，该模型（其具体形式见前面的第 2 章）共含有 $p+q+2$ 个未知参数：$\phi_1, \cdots, \phi_p, \theta_1, \cdots, \theta_q, \mu, \sigma_E^2$。

参数 μ 是序列均值，通常采用矩估计方法，用样本均值估计总体均值即可得到它的估计值：

$$\overset{\wedge}{\mu} = \overline{x} = \frac{\sum_{i=1}^{n} x_i}{n} \tag{5-5}$$

对原序列中心化后,有:

$$y_t = x_t - \bar{x} \tag{5-6}$$

原 $p+q+2$ 个待估计参数减少为 $p+q+1$ 个:$\phi_1,\cdots,\phi_p,\theta_1,\cdots,\theta_q,\sigma_E^2$。对这 $p+q+1$ 个未知参数的估计方法有三种:矩估计、极大似然估计和最小二乘估计。

矩估计方法,尤其是低阶 ARMA 模型场合下的矩估计方法具有计算量小、估计思想简单直观,且不需要假设总体分布的优点。但是在这种估计方法中只用到了 $p+q$ 个样本自相关系数,即样本二阶矩的信息,观察值序列中的其他信息都被忽略了。这导致矩估计方法是一种比较粗糙的估计方法,它的估计精度一般较差,因此它常被用作极大似然估计和最小二乘估计迭代计算的初始值。

极大似然估计充分应用了每一个观察值所提供的信息,因而它的估计精度高,同时还具有估计的一致性、渐近正态性和渐近有效性等许多优良的统计性质,是一种非常优良的参数估计方法。

同极大似然估计一样,由于 $Q(\tilde{\beta})$ 不是 $\tilde{\beta}$ 的显性函数,未知参数的最小二乘估计值通常也得借助迭代法求出。由于充分利用了序列观察值的信息,因而最小二乘估计的精度很高。

在实际运用中,最常用的是条件最小二乘估计方法。

(5)模型检验

确定了拟合模型的口径之后,还要对该拟合模型进行必要的检验。

① 模型的显著性检验

模型的显著性检验主要是检验模型的有效性。一个模型是否显著有效主要看它提取的信息是否充分。一个好的拟合模型应该能够提取观察值序列中几乎所有的样本相关信息。也就是说拟合残差项中将不再蕴含任何相关信息,即残差序列应该为白噪声序列。这样的模型称之为显著有效模型。

反之,如果残差序列为非白噪声序列,那就意味着残差序列中还残留着相关信息未被提取,这就说明拟合模型不够有效,通常需要选择其他模型,重新拟合。

所以模型的显著性检验即为残差序列的白噪声检验。原假设和备择假设分别为:

$H_0:\rho_1 = \rho_2 = \cdots = \rho_m = 0,\forall m \geqslant 1$

$H_1:$至少存在某个 $\rho_k \neq 0,\forall m \geqslant 1,k \leqslant m$

检验统计量为 LB(Ljung-Box)检验统计量:

$$LB = n(n+2)\sum_{k=1}^{m}\frac{\hat{\rho}_k^2}{n-k} \sim \chi^2(m),\forall m > 0 \tag{5-7}$$

如果拒绝原假设,就说明残差序列中还残留着相关信息,拟合模型不显著;如果不能拒绝原假设,就认为拟合模型显著有效。

② 参数的显著性检验

参数的显著性检验就是要检验每一个未知参数是否显著非零。这个检验的目的是为了使模型最精简。

如果某一参数不显著,即表示该参数所对应的那个自变量对因变量的影响不明显,该自变量就可以从拟合模型中删除。最终模型将由一系列参数显著的非零自变量表示。

检验假设:

$$H_0 : \beta_j = 0 \leftrightarrow H_1 : \beta_j \neq 0, \forall \, 1 \leqslant j \leqslant m$$

$$E(\overset{\wedge}{\beta}) = E[(X'X)^{-1}X'\widetilde{y}] = (X'X)^{-1}X'\widetilde{X}\beta = \widetilde{\beta}$$

$$\mathrm{Var}(\overset{\wedge}{\beta}) = \mathrm{Var}[(X'X)^{-1}X'\widetilde{y}] = (X'X)^{-1}X'X\,(X'X)^{-1}\sigma_E^2 = (X'X)^{-1}\sigma_E^2$$

对于线性拟合模型,记 $\overset{\wedge}{\beta}$ 为 $\widetilde{\beta}$ 的最小二乘估计值,有:

$$\Omega = (X'X)^{-1} = \begin{bmatrix} a_{11} & \cdots & a_{1m} \\ \vdots & \ddots & \vdots \\ a_{m1} & \cdots & a_{mn} \end{bmatrix} \tag{5-8}$$

在正态分布假定下,第 j 个未知参数的最小二乘估计值 $\overset{\wedge}{\beta}_j$ 服从正态分布:

$$\overset{\wedge}{\beta}_j \sim N(\beta_j, a_{jj}\sigma_E^2), i \leqslant j \leqslant m \tag{5-9}$$

由于 σ_E^2 不可观测,用最小残差平方和估计 σ_E^2:

$$\sigma_E^2 = \frac{Q(\widetilde{\beta})}{n-m} \tag{5-10}$$

根据正态分布的性质,有:

$$\frac{Q(\widetilde{\beta})}{\sigma_E^2} \sim \chi^2(n-m) \tag{5-11}$$

由式(5-9)和式(5-11)可以构造出用于检验未知参数显著性的 t 检验统计量:

$$T = \sqrt{n-m}\,\frac{\overset{\wedge}{\beta}_j - \beta_j}{\sqrt{a_{jj}Q(\widetilde{\beta})}} \sim t(n-m) \tag{5-12}$$

当该检验统计量的绝对值大于自由度为 $n-m$ 的 t 分布的 $1-\dfrac{\alpha}{2}$ 分位点,即

$$|T| \geqslant t_{1-\alpha/2}(n-m) \tag{5-13}$$

或者该检验统计量的 P 值小于 $\dfrac{\alpha}{2}$ 或大于 $1-\dfrac{\alpha}{2}$ 时,拒绝原假设,认为该参数显著;否则,认为该参数不显著。这时,应该剔出不显著参数所对应的自变量重新拟合模型,构造出新的、结构更精炼的拟合模型。

(6) 模型优化

同一个序列可以构造两个拟合模型,两个模型都显著有效,哪个模型的拟合效果更有效,需要依据一定的标准来判断,所谓的判断标准就是 AIC 和 SBC 准则。

① AIC 准则

AIC 准则是由日本统计学家赤池弘次(Akaike)于 1973 年提出的,它的全称是最小信息量准则(an information criterion)。该准则认为一个拟合模型的好坏可以从两方面去考察:一方面是衡量拟合程度的似然函数值;另一方面是模型中未知参数的个数。

通常似然函数值越大说明模型拟合的效果越好。模型中未知参数个数越多,说明模型中包含的自变量越多,自变量越多,模型变化越灵活,模型拟合的准确度就会越高。模型拟合程度高是我们所希望的,但是又不能单纯地以拟合精度来衡量模型的好坏,因为这样势必会导致未知参数的个数越多越好。

未知参数越多,说明模型中自变量越多,未知的风险越多。而且参数越多,参数估计的

难度就越大,估计的精度也越差。所以一个好的拟合模型应该是一个拟合精度和未知参数个数的综合最优配置。

AIC 准则就是在这种考虑下提出的,它是拟合精度和参数个数的加权函数:

$$\text{AIC} = -2\ln(\text{模型的极大似然函数值}) + 2(\text{模型中未知参数个数})$$

使 AIC 函数达到最小的模型被认为是最优模型。

在 ARMA(p,q)模型场合,对数似然函数为:

$$l(\tilde{\beta};x_{1,\cdots,x_n}) = -\left[\frac{n}{2}\ln(\sigma_\varepsilon^2) + \frac{1}{2}\ln|\Omega| + \frac{1}{2\sigma_\varepsilon^2}S(\tilde{\beta})\right] \tag{5-14}$$

因为 $\frac{1}{2}\ln|\Omega|$ 有界,$\frac{1}{2\sigma_\varepsilon^2}S(\tilde{\beta}) \to \frac{n}{2}$,所以

$$l(\tilde{\beta};x_{1,\cdots,x_n}) = \infty - \frac{n}{2}\ln(\sigma_\varepsilon^2) \tag{5-15}$$

中心化 ARMA(p,q)模型的未知参数个数为 $p+q+1$,非中心化 ARMA(p,q)模型的未知参数个数为 $p+q+2$。

所以,中心化 ARMA(p,q)模型的 AIC 函数为:

$$\text{AIC} = n\ln(\hat{\sigma}_\varepsilon^2) + 2(p+q+1) \tag{5-16}$$

非中心化 ARMA(p,q)模型的 AIC 函数为:

$$\text{AIC} = n\ln(\hat{\sigma}_\varepsilon^2) + 2(p+q+2) \tag{5-17}$$

② SBC 准则

AIC 准则为选择最优模型带来了很大的方便,但 AIC 准则也有不足之处。对于一个观察值序列而言,序列越长,相关信息就越分散,要想充分地提取其中的有用信息,或者说要使得拟合精度比较高的话,通常需要多自变量复杂模型。在 AIC 准则中拟合误差提供的信息要受到样本容量的放大,它等于 $n\ln(\sigma_E^2)$,但参数个数的惩罚因子却与样本容量没关系,它的权重始终是常数 2。因此,在样本容量趋于无穷大时,由 AIC 准则选择的模型不收敛于真实模型,它通常比真实模型所含的未知参数个数要多。

为了弥补 AIC 准则的不足,Akaike 于 1976 年提出了 BIC 准则。而 Schwartz 在 1978 年根据 Bayes 理论也得出同样的判别准则,称为 SBC 准则。SBC 准则定义为:

$$\text{SBC} = -2\ln(\text{模型的极大似然函数值}) + \ln(n)(\text{模型中未知参数个数}) \tag{5-18}$$

它对 AIC 的改进就是将未知参数个数的惩罚权重由常数 2 变成了样本容量的对数函数 $\ln(n)$。

中心化 ARMA(p,q)模型的 SBC 函数为:

$$\text{SBC} = n\ln(\hat{\sigma}_\varepsilon^2) + \ln(n)(p+q+1) \tag{5-19}$$

非中心化 ARMA(p,q)模型的 SBC 函数为:

$$\text{SBC} = n\ln(\hat{\sigma}_\varepsilon^2) + \ln(n)(p+q+2) \tag{5-20}$$

在所有通过检验的模型中使得 AIC 或 SBC 函数达到最小的模型为相对最优模型。之所以称为相对最优模型而不是绝对的最优模型,是因为不可能比较所有模型的 AIC 和 SBC 函数值,总是在尽可能全面的分位里考察有限多个模型的 AIC 和 SBC 函数值,再选择其中 AIC 和 SBC 函数值达到最小的那个模型为最终的拟合模型,因而这样得到的最优模型就是

一个相对最优模型。

5.3.1.4 电磁辐射前兆时间序列建模实例

根据前面对"1·12冲击"电磁辐射前兆数据的分析可知该序列为非平稳白噪声序列，可以依据平稳非白噪声序列的建模步骤对该序列进行建模，选择合适的 ARMA 模型拟合该序列。

（1）模型识别

根据"1·12冲击"电磁辐射前兆数据的样本自相关系数、偏自相关系数图和 ARMA 模型的定阶原则对该序列进行模型识别（即模型定阶）。

考察该序列的样本自相关图（图 5-6），自相关图显示 3 阶之后，自相关系数全部衰减到 2 倍标准差范围内波动，这表明序列明显短期相关，而且由非零自相关系数衰减为小值波动的过程非常突然，所以该自相关系数可视为 3 阶截尾。

图 5-9 显示除了延迟 3 阶的偏自相关系数显著大于 2 倍标准差之外，其他的偏自相关系数都在 2 倍标准差范围内做小值随机波动，而且由非零偏自相关系数衰减为小值波动的过程非常突然，所以该偏自相关系数可视为 3 阶截尾。

```
                    Partial Autocorrelations

  Lag   Correlation   -1 9 8 7 6 5 4 3 2 1 0 1 2 3 4 5 6 7 8 9 1
   1      0.02867                         .         |*      .
   2      0.01447                         .         |*      .
   3      0.55226                         .         |*************
   4      0.01143                         .         |       .
   5      0.04583                         .         |*      .
   6      0.09304                         .         |**     .
   7     -0.06172                         .        *|       .
   8     -0.11609                         .       **|       .
   9     -0.13465                         .      ***|       .
  10     -0.11961                         .       **|       .
  11     -0.04404                         .        *|       .
  12     -0.04026                         .        *|       .
  13      0.02454                         .         |       .
  14      0.09974                         .         |**     .
  15      0.01254                         .         |       .
  16     -0.01959                         .         |       .
```

图 5-9 "1·12冲击"电磁辐射前兆序列偏自相关图

为了尽量避免因个人经验不足导致模型识别有误的问题，SAS 系统还提供了对最优模型识别。在"1·12冲击"电磁辐射前兆序列的识别中，我们采用 SAS 系统的"最优模型识别"命令，在 $p=6$ 和 $q=6$ 的范围内，获取该序列的最优模型定阶。该命令是指定 SAS 系统输出所有自相关延迟阶数小于等于 6，移动平均延迟阶数也小于等于 6 的 ARMA(p,q) 的 BIC 信息量，并指出其中 BIC 信息量达到最小的模型的阶数，这实际上是模型优化的结果。SAS 系统对"1·12冲击"电磁辐射前兆序列的最优模型识别结果如图 5-10 所示。图中的最后一条信息显示，在自相关延迟阶数小于等于 6，移动平均延迟阶数也小于等于 6 的所有 ARMA(p,q) 模型中，BIC 信息量相对最小的是 ARMA(3,0) 模型，即 AR(3) 模型。

（2）参数估计

确定了拟合模型的阶数后，下一步需要估计模型中未知参数的值，以确定模型的口径，并对模型进行显著性诊断。SAS 系统支持三种参数估计方法：最小二乘估计、条件最小二乘估计和极大似然估计，系统默认的估计方法是条件最小二乘估计方法。

```
                    Minimum Information Criterion

Lags    MA 0      MA 1      MA 2      MA 3      MA 4      MA 5      MA 6
AR 0  5.885844  5.977852  6.068983  5.937341  6.034992  6.121635  6.041724
AR 1  5.977752  6.076353  6.168051   6.03641  6.131723  6.215983  6.118836
AR 2  6.069952  6.168864  6.265074  6.128351  6.218214   6.31332  6.208924
AR 3  5.799054  5.898512  5.991999  6.074615  6.080013  6.170855  6.237685
AR 4  5.898067  5.997563  6.088878  6.092044  6.175441  6.258544  6.061533
AR 5   5.98799  6.085347  6.158374  6.183761  6.242297   6.20997  6.065236
AR 6  6.065127   6.09653  6.193751  6.261065  5.926723  6.016193  6.076641

              Error series model:  AR(6)
              Minimum Table Value: BIC(3,0) = 5.799054
```

图 5-10 "1·12 冲击"电磁辐射前兆序列拟合模型的最小信息量结果

AR(3)的参数估计输出结果如图 5-11 所示,从左到右分别为:

```
           Conditional Least Squares Estimation

                           Standard            Approx
Parameter    Estimate       Error    t Value   Pr > |t|    Lag
MU           16.02578      5.80708      2.76    0.0095       0
AR1,1         0.02017      0.14751      0.14    0.8921       1
AR1,2       0.0046685      0.14820      0.03    0.9751       2
AR1,3         0.56564      0.14821      3.82    0.0006       3
```

图 5-11 "1·12 冲击"电磁辐射前兆序列拟合模型的未知参数估计结果

① 参数名称,其中 MU 为常数项,AR1,1,…,AR1,3 分别为 $\theta_1,\cdots,\theta_3$;
② 各参数的估计值;
③ 各参数估计量的标准差;
④ 各参数 t 检验统计量的值;
⑤ t 统计量的 P 值;
⑥ 各参数对应的延迟阶数。

AR(3)的参数估计输出结果显示 AR1,1 和 AR1,2 两项参数不显著,其他参数均显著(t 检验统计量的 P 值小于 $\frac{\alpha}{2}$, $\alpha = 0.05$),所以选择除去 AR1,1 和 AR1,2,再次估计未知参数。第二次对未知参数的估计结果如图 5-12 所示,显然两个未知参数均显著。

```
           Conditional Least Squares Estimation

                           Standard            Approx
Parameter    Estimate       Error    t Value   Pr > |t|    Lag
MU           16.11951      5.39073      2.99    0.0052       0
AR1,1         0.56576      0.14378      3.93    0.0004       3
```

图 5-12 "1·12 冲击"电磁辐射前兆序列拟合模型的未知参数第二次估计结果

(3) 模型显著性检验

模型的显著性检验主要看模型提取的信息是否充分,即模型的残差序列应该为白噪声序列,这样的模型称之为显著有效模型。由图 5-13 可以看出,延迟各阶的 LB 统计量的 P 值均显著大于 $\alpha(\alpha = 0.05)$,所以"1·12 冲击"电磁辐射前兆序列的拟合模型显著成立。

(4) 拟合模型的具体形式

"1·12 冲击"电磁辐射前兆序列拟合模型的具体形式如图 5-14 所示。

```
                      Autocorrelation Check of Residuals
        To      Chi-          Pr >
        Lag     Square   DF   ChiSq  --------------------Autocorrelations--------------------
         6       1.90     5  0.8624   0.014   -0.040   -0.073    0.063    0.111    0.140
        12       2.80    11  0.9931   0.005   -0.007    0.018   -0.086   -0.087   -0.036
        18       3.82    17  0.9996  -0.014    0.068   -0.037   -0.080   -0.049    0.017
        24       5.15    23  1.0000   0.011   -0.002   -0.075   -0.071   -0.050   -0.022
```

图 5-13　"1·12 冲击"电磁辐射前兆序列拟合模型的残差自相关检验结果

```
                        Model for variable x

                      Estimated Mean    16.11951

                      Autoregressive Factors

                    Factor 1:  1 - 0.56576 B**(3)
```

图 5-14　"1·12 冲击"电磁辐射前兆序列的拟合模型形式

该输出形式等价于

$$x_t = 16.119\ 51 + \frac{\varepsilon_t}{1 - 0.565\ 76 B^3}$$

5.3.2　无危险状态电磁辐射序列的时序特征

在前面的分析中,我们将从 2006 年 1 月 1 日夜班开始到 1 月 12 日下午班这段时间内的电磁辐射数据定义为"1·12 冲击"的电磁辐射前兆数据,并用时序分析的方法对其进行了分析。由图 5-15 可知,"1·12 冲击"的前兆数据又可以被划分为无危险状态数据(1 月 1 日夜班至 1 月 8 日早班)和有危险状态数据(1 月 8 日上午班至 1 月 12 日下午班)。

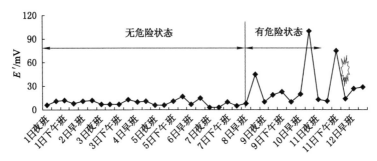

图 5-15　"1·12 冲击"电磁辐射前兆序列的状态划分

为了更好地分析电磁辐射前兆特征,需要对无危险状态的电磁辐射数据进行时序分析,分析的步骤和方法同前。首先要对无危险状态的电磁辐射数据进行平稳性和随机性检验,检验结果如图 5-16 和图 5-17 所示。

无危险状态的电磁辐射时序自相关图显示该序列的自相关系数一直都比较小,始终控制在 2 倍的标准差范围以内,可以认为该序列自始至终都在零轴附近波动,这是随机性非常强的平稳时间序列通常所具有的自相关图性质。

根据该序列的白噪声检验结果,可以看出各阶的 P 值明显大于显著性水平 α($\alpha =$ 0.05),不能拒绝序列纯随机的原假设,因此可以认为无危险状态的电磁辐射变动属于纯随机波动。

另外,通过对无危险状态的电磁辐射序列的最优模型定阶、参数估计和拟合模型的残差

```
                                    Autocorrelations

  Lag    Covariance    Correlation   -1 9 8 7 6 5 4 3 2 1 0 1 2 3 4 5 6 7 8 9 1    Std Error
   0     12.480000      1.00000                       |********************          0
   1     -0.983913      -.07884              .        **|       .                    0.208514
   2     -0.950000      -.07612              .        **|       .                    0.209806
   3     -1.081304      -.08664              .        **|       .                    0.211004
   4     -3.433478      -.27512              .    ******|       .                    0.212545
   5      0.208261      0.01669              .         |       .                     0.227502
   6      3.017391      0.24178              .         |*****   .                    0.227555
   7     -0.983913      -.07884              .        **|       .                    0.238463
   8      0.096522      0.00773              .         |       .                     0.239594
   9     -1.633043      -.13085              .       ***|       .                    0.239604
  10     -0.127826      -.01024              .         |       .                     0.242691
  11     -0.411739      -.03299              .         *|       .                    0.242710
  12      1.148696      0.09204              .         |**      .                    0.242905
  13      2.092609      0.16768              .         |***     .                    0.244417
  14     -0.920435      -.07375              .         *|       .                    0.249368
  15     -0.112609      -.00902              .         |       .                     0.250315
  16     -0.263478      -.02111              .         *|       .                    0.250329
  17     -2.591304      -.20764              .      ****|       .                    0.250406
  18      0.401739      0.03219              .         |*       .                    0.257783
  19      0.342174      0.02742              .         |*       .                    0.257958
  20     -0.587391      -.04707              .         *|       .                    0.258053
  21      0.452174      0.03623              .         |*       .                    0.258458
  22      0.080870      0.00648              .         |       .                     0.258678

                          "." marks two standard errors
```

图 5-16　无危险状态电磁辐射时序的自相关系数图

```
                    Autocorrelation Check for White Noise

  To      Chi-          Pr >
  Lag    Square   DF    ChiSq    -------------------Autocorrelations-------------------
   6      4.81     6   0.5679   -0.079   -0.076   -0.087   -0.275    0.017    0.242
  12      6.24    12   0.9034   -0.079    0.008   -0.131   -0.010   -0.033    0.092
  18     12.50    18   0.8204    0.168   -0.074   -0.009   -0.021   -0.208    0.032
```

图 5-17　无危险状态电磁辐射数据的白噪声检验结果

自相关这三项的检验结果(图 5-18～图 5-20),也可以看出该序列完全符合白噪声序列的模型特点。

```
                    Minimum Information Criterion

       Lags      MA 0      MA 1      MA 2      MA 3      MA 4
       AR 0    2.375674  2.486184  2.605156  2.691307  2.394213
       AR 1    2.488301  2.621642  2.740454  2.827434  2.458292
       AR 2    2.604265  2.740555  2.850184  2.883035  2.48324
       AR 3    2.694749  2.831068  2.893181  3.001026  2.429016
       AR 4    2.525341  2.624207  2.605324  2.438687  2.56357

       Error series model:   AR(6)
       Minimum Table Value: BIC(0,0) = 2.375674
```

图 5-18　无危险状态电磁辐射序列拟合模型的最小信息量结果

```
              Conditional Least Squares Estimation

                              Standard           Approx
  Parameter    Estimate        Error    t Value  Pr > |t|    Lag
     MU         9.10000       0.75318    12.08    <.0001      0
```

图 5-19　无危险状态电磁辐射序列拟合模型的未知参数估计结果

SAS 系统对无危险状态电磁辐射序列的最优模型识别结果认为,在自相关延迟阶数小于等于 6,移动平均延迟阶数也小于等于 6 的所有 ARMA(p,q)模型中,BIC 信息量相对最小的是 ARMA(0,0)模型。对该拟合模型的参数估计结果认为模型参数显著,而且对拟合模型的残差自相关结果也认为拟合模型对序列中的信息提取充分,显著成立。因此,无危险状态电磁辐射序列的拟合模型就是一个均值为 9.1 的线性模型(图 5-21),而且序列各项之

```
                     Autocorrelation Check of Residuals

     To    Chi-          Pr >
    Lag    Square  DF    ChiSq    --------------------Autocorrelations--------------------
      6     4.81    6   0.5679   -0.079   -0.076   -0.087   -0.275    0.017    0.242
     12     6.24   12   0.9034   -0.079    0.008   -0.131   -0.010   -0.033    0.092
     18    12.50   18   0.8204    0.168   -0.074   -0.009   -0.021   -0.208    0.032
```

图 5-20 无危险状态电磁辐射序列拟合模型的残差自相关检验结果

```
                  Model for variable Eavg

                  Estimated Mean       9.1
```

图 5-21 无危险状态电磁辐射序列的拟合模型形式

间没有任何相关关系。

结合表 5-2 中的"1·12 冲击"前无危险状态刮板输送机道各测点电磁辐射序列的时序分析结果,综合可以认为无危险状态的电磁辐射数据是一个随机性非常强的平稳时间序列。整个电磁辐射前兆数据是一个非白噪声的平稳序列。危险状态的电磁辐射数据的出现,使得原先的纯随机波动电磁辐射时间序列的性质发生了改变,变成了一个有信息提取价值的非白噪声平稳序列。

表 5-2　"1·12 冲击"前无危险状态刮板输送机道各测点电磁数据的时序模型

237 刮板输送机道各测点位置	"1·12 冲击"前无危险状态电磁数据的 SAS 时序分析结果 (1月1日夜班至1月8日上午班)		
	时序数据性质	时序数据的 ARMA 模型形式	
10 m	白噪声序列	ARMA(0,0)	均值为 9.0
20 m	白噪声序列	ARMA(0,0)	均值为 8.347 8
30 m	白噪声序列	ARMA(0,0)	均值为 10.0
40 m	白噪声序列	ARMA(0,0)	均值为 8.565 2
50 m	白噪声序列	ARMA(0,0)	均值为 9.087
60 m	白噪声序列	ARMA(0,0)	均值为 8.782 6
70 m	白噪声序列	ARMA(0,0)	均值为 8.869 6
80 m	白噪声序列	ARMA(0,0)	均值为 8.826 1
90 m	白噪声序列	ARMA(0,0)	均值为 8.782 6

5.3.3 基于时序分析的电磁辐射冲击预测

5.3.3.1 时间序列模型的预测

对观察值的平稳性判别、白噪声判别、模型选择、参数估计及模型检验的最终目的就是要利用拟合模型对序列的未来发展进行预测。

所谓预测就是要利用序列已观测到的样本值对序列在未来某个时刻的取值进行估计。目前对平稳序列最常用的预测方法是线性最小方差预测。线性是指预测值为观察值序列的线性函数,最小方差是指预测方差达到最小。

（1）线性预测函数

根据 ARMA(p,q)模型的平稳性和可逆性,可以用传递形式和逆转形式等价描述该序列:

$$x_t = \sum_{i=0}^{\infty} G_i \varepsilon_{t-i} \tag{5-21}$$

$$\varepsilon_t = \sum_{j=0}^{\infty} I_j x_{t-j} \tag{5-22}$$

式中,$\{G_i\}$ 为 Green 函数值;$\{I_j\}$ 为逆转函数值。

把式(5-22)代入式(5-21),有

$$x_t = \sum_{i=0}^{\infty} G_i \left(\sum_{j=0}^{\infty} I_j x_{t-i-j} \right) = \sum_{i=0}^{\infty} \sum_{j=0}^{\infty} G_i I_j x_{t-i-j} \tag{5-23}$$

显然 x_t 是历史数据 $x_{t-1}, x_{t-2}, \cdots$ 的线性函数,可简记为:

$$x_t = \sum_{i=0}^{\infty} G_i x_{t-1-i} \tag{5-24}$$

对任意一个未来时刻 $t+l, \forall l \geqslant 1$ 而言,该时刻的序列值 x_{t+1} 也可以表示成它的历史数据 $x_{t+l-1}, \cdots, x_{t+1}, x_t, x_{t-1}, \cdots$ 的线性函数:$x_{t+l} = \sum_{i=0}^{\infty} G_i x_{t+l-1-i}$,其中只有部分历史信息 $x_t, x_{t-1}, \cdots$ 是已知的,还有部分历史信息是未知的 $x_{t+l-1}, \cdots, x_{t+1}$。

根据线性函数的可加性,所有的未知历史信息 $x_{t+l-1}, \cdots, x_{t+1}$ 都可以用已知历史信息 $x_t, x_{t-1}, \cdots$ 的线性函数表示出来。以 x_{t+2} 为例,已知

$$x_{t+2} = \sum_{i=0}^{\infty} G_i x_{t+1-i} = C_0 x_{t+1} + \sum_{i=0}^{\infty} C_{i+1} x_{t-i} \tag{5-25}$$

式中,x_{t+1} 是未知信息。

把 $x_{t+1} = \sum_{i=0}^{\infty} G_i x_{t-i}$ 代入式(5-25),得

$$x_{t+2} = C_0 \sum_{i=0}^{\infty} C_i x_{t-i} + \sum_{i=0}^{\infty} C_{i+1} x_{t-i} = \sum_{i=0}^{\infty} (C_0 C_i + C_{i+1}) x_{t-i} \tag{5-26}$$

由此 x_{t+2} 最终表示成为已知历史信息 $x_t, x_{t-1}, \cdots$ 的线性函数。

同理,对于未来任意 l 时刻的序列值 $x_{t+l}, \forall l \geqslant 1$ 最终都可以表示成已知历史信息 $x_t, x_{t-1}, \cdots$ 的线性函数,并用该函数形式估计 x_{t+l} 的值:

$$\hat{x}_t(l) = \sum_{i=0}^{\infty} \hat{D}_i x_{t-i} \tag{5-27}$$

$\hat{x}_t(l)$ 也称为序列 $\{x_t\}$ 的第 l 步预测值。

（2）预测方差最小原则

用 $e_t(l)$ 衡量预测误差:

$$e_t(l) = x_{t+l} - \hat{x}_{t(l)}$$

显然,预测误差越小,预测精度就越高。因此,目前最常用的预测原则是预测方差最小原则,即

$$\mathrm{Var}\hat{x}_t(l)[e_t(l)] = \min\{\mathrm{Var}[e_t(l)]\}$$

因为 $\hat{x}_{t(l)}$ 为 $x_t, x_{t-1}, \cdots$ 的线性函数,所以该原则也称为线性预测方差最小原则。

(3)线性最小方差预测的性质

① 条件无偏最小方差估计值

在预测方差最小原则下得到的估计值 $\hat{x}_{t(l)}$ 是序列值 x_{t+l} 在 $x_t, x_{t-1}, \cdots$ 已知的情况下得到的条件无偏最小方差估计值。预测方差只与预测步长 l 有关,而与预测起始点 t 无关,但预测步长 l 越大,预测值的方差也越大,因而为了保证预测的精度,时间序列数据通常只适合做短期预测。

② AR(p)序列预测

在 AR(p)序列场合:

$$\hat{x}(l) = E(x_{t+l} | x_t, x_{t-1}, \cdots) = E(\phi_1 x_{t+l-1} + \cdots + \phi_p x_{t+l-p} + \varepsilon_{t+l} | x_t, x_{t-1}, \cdots)$$
$$= \phi_1 \hat{x}_t(l-1) + \cdots + \phi_p \hat{x}_t(l-p) \tag{5-28}$$

式中:

$$\hat{x}_t(k) = \begin{cases} \hat{x}_t(k), k \geqslant 1 \\ x_{t+k}, k \leqslant 0 \end{cases}$$

预测方差为:

$$\text{Var}[e_t(l)] = (1 + G_1^2 + \cdots + G_{l-1}^2)\sigma_E^2$$

(4)修正预测

对平稳时间序列的预测,实质是根据所有的已知历史信息 $x_t, x_{t-1}, \cdots$ 对序列未来某个时期的发展水平 $x_{t+l}(l = 1, 2, \cdots)$ 做出估计。需要估计的时间越长,我们的未知信息就越多。而未知信息越多,估计的精度就越差。

随着时间的推移,在原有观察值 $x_t, x_{t-1}, \cdots$ 的基础上,我们会不断获得新的观察值 $x_{t+1}, x_{t+2}, \cdots$ 每获得一个新的观察值就意味着减少了一个未知信息,显然,如果能把新的信息加进来,就能够提高对 x_{t+l} 的估计精度。所谓的修正预测就是研究如何利用新的信息去获得精度更高的预测值。

一个最简单的想法就是把新的信息加入到旧的信息中,重新拟合模型,再利用拟合后的模型预测 x_{t+l} 的序列值。在新的信息量比较大且使用统计软件很便利时,这不失为一种可行的修正方法。

但是在新的数据量不大或使用统计软件不是很方便时,这种重新拟合将是非常麻烦的一种修正方法。我们可以根据平稳时序预测的性质,寻找更为简便的修正预测方法。

已知在旧信息 $x_t, x_{t-1}, \cdots$ 的基础上,x_{t+l} 的预测值为:

$$\hat{x}_t(l) = G_l \varepsilon_t + G_1 \varepsilon_{t-1} + \cdots$$

假如获得新的信息 x_{t+1},则在 $x_{t+1}, x_t, x_{t-1}, \cdots$ 的基础上,重新预测 x_{t+l} 为:

$$\hat{x}_{t+1}(l-1) = G_{l-1} \varepsilon_{t+1} + G_l \varepsilon_t + G_{l+1} \varepsilon_{t-1} + \cdots = G_{l-1} \varepsilon_{t+1} + \hat{x}_t(l) \tag{5-29}$$

式中,$\varepsilon_{t+1} = x_{t+1} - \hat{x}(l)$,是 x_{t+1} 的一步预测误差。它的可测来源于 x_{t+1} 提供的新信息。

此时,修正预测误差为:

$$e_{t+1}(l-1) = G_0 \varepsilon_{t+l} + \cdots + G_{l-2} \varepsilon_{t+2}$$

因而,预测方差为:

$$\text{Var}[e_{t+1}(l-1)] = (G_0^2 + \cdots + G_{l-2}^2)\sigma_E^2 = \text{Var}[e_t(l-1)]$$

一期修正后第 l 步预测方差就等于修正前第 $l-1$ 步预测方差。它比修正前的同期预测方差减少了 $G_{l-1}^2\sigma_E^2$，提高了预测精度。

5.3.3.2 电磁辐射时序建模的预测实例

利用前面构建好的"1·12 冲击"电磁辐射前兆序列拟合模型对 1 月 12 日下午班以后连续 12 个班次的电磁辐射变化进行短期预测，预测结果如图 5-22 所示，输出预测图像如图 5-23 所示。其中图 5-22 的输出结果从左到右分别为序列值的序号、预测值、预测值的标准差、95% 的置信下限、95% 的置信上限。

```
                   Forecasts for variable x

 Obs       Forecast       Std Error      95% Confidence Limits
 37         15.1467        16.3760        -16.9496        47.2430
 38         22.2752        16.3760         -9.8211        54.3715
 39         23.6330        16.3760         -8.4633        55.7294
 40         15.5691        18.8151        -21.3079        52.4461
 41         19.6021        18.8151        -17.2749        56.4791
 42         20.3703        18.8151        -16.5067        57.2473
 43         15.8081        19.5316        -22.4731        54.0894
 44         18.0898        19.5316        -20.1914        56.3711
 45         18.5244        19.5316        -19.7568        56.8057
 46         15.9433        19.7555        -22.7766        54.6633
 47         17.2342        19.7555        -21.4858        55.9542
 48         17.4801        19.7555        -21.2399        56.2001
```

图 5-22 "1·12 冲击"电磁辐射前兆序列拟合模型的预测结果

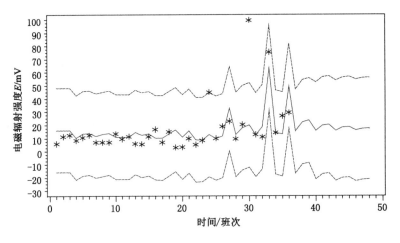

图 5-23 "1·12 冲击"电磁辐射前兆序列拟合模型的预测效果图

通过拟合模型的预测值和真实值的对比（图 5-24），可以看出：预测值的整体水平要低于真实值，但真实值没有超出预测值的置信区间；前 4 期预测值的变化趋势和真实值恰恰相反；后 8 期预测值的变化趋势和真实值完全相似；预测值与真实值的相似性在 2/3 左右。

冲击地压的发生是一个将积聚能量向外释放的过程，在冲击地压发生后的 1~2 d 内，是冲击地压发生区域围岩应力重新平衡的过程。应力重新平衡过程所发射出的电磁辐射信号，同该过程中的应力状态一样是波动起伏的，被准确预测的可能性是很低的，因此通过拟

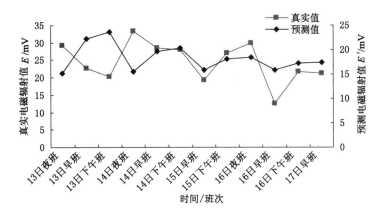

图 5-24 拟合模型的预测值和真实值的比较

合模型预测时,发现 13 日夜班至 14 日早班连续四个班次的电磁辐射预测值的变化与真实值的变化是恰恰相反的。

另外,如何利用根据以往历史数据拟合好的 ARMA 时间序列模型来预测未来的数据,是一项很有难度的研究工作。在本书中的这方面研究只是这项工作的初步尝试,在以后的时间里,会侧重对时间序列模型预测这一方面进行更深入的研究。

5.4 采掘现场冲击地压电磁前兆时间序列分析及应用

5.4.1 千秋煤矿冲击地压电磁前兆时序分析

5.4.1.1 21201 工作面"5·7 冲击"电磁辐射数据时域分析

通过监测 21201 工作面"5·7 冲击"前电磁辐射信号变化规律,将 4 月 16 日八点班开始至 5 月 7 日八点班这段时间内的电磁辐射原始数据取作"5·7 冲击"的电磁辐射前兆数据,并对其进行时序分析。"5·7 冲击"电磁辐射前兆数据变化趋势如图 5-25 所示。

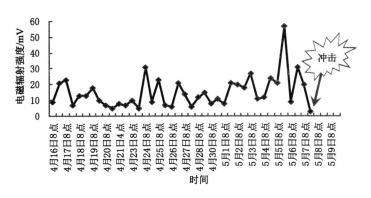

图 5-25 "5·7 冲击"电磁辐射数据趋势图

(1)"5·7 冲击"电磁辐射前兆序列平稳性检验

对"5·7 冲击"电磁辐射前兆数据进行平稳性检验,结果如下:

在表5-3中自相关系数的白噪声检验（White Noise Prob）$Pr > ChiSq$ 的 p 值为 0.365 9，远大于置信水平0.05，表明白噪声检验二阶差分后时间序列是不显著的。

表5-3   "5·7冲击"电磁辐射前兆数据差分自相关系数白噪声检验表

白噪声自相关检验									
To Lag	Chi-Square	DF	$Pr > ChiSq$	Autocorrelations					
6	6.54	6	0.365 9	−0.095	−0.199	−0.017	−0.230	0.167	−0.132

在置信水平为0.05的条件下，通过对其序列自相关系数、偏自相关系数、反自相关系数及其白噪声检验二阶差分后的电磁辐射时间序列是平稳的（图5-26）。

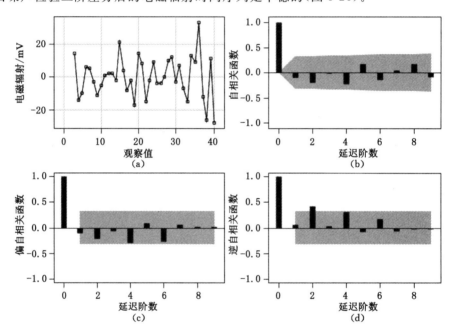

图5-26 "5·7冲击"电磁辐射前兆数据平稳性检验

（2）"5·7冲击"电磁辐射前兆时序模型识别、检验

表5-4中该模型的各滞后期的残差项不存在自相关性，即 $Pr > ChiSq$ 均远远大于0.05。

表5-4   "5·7冲击"电磁辐射前兆序列模型残差项白噪声检验表

残差项自相关检验									
To Lag	Chi-Square	DF	$Pr > ChiSq$	Autocorrelations					
6	3.65	4	0.455 1	0.041	−0.089	−0.003	−0.192	0.175	−0.062
12	6.45	10	0.776 4	0.086	0.166	−0.067	−0.055	−0.104	−0.019
18	9.91	16	0.871 3	0.088	0.084	0.124	0.019	−0.133	0.054
24	15.95	22	0.818 2	−0.004	−0.050	0.242	−0.054	−0.044	−0.032

图5-27中残差项的分布（虚线）与正态分布（实线）拟合效果理想，而且残差项基本上落

在一条直线上,也即近似为一条直线。

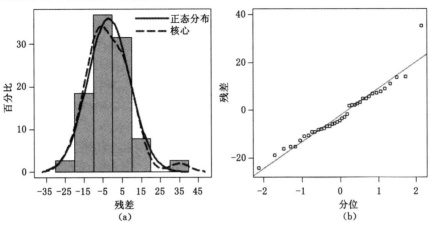

图 5-27 "5·7 冲击"电磁辐射前兆序列模型残差项正态分布图

(a) 残差分布图;(b) 分位数图

通过上述检验,时序模型确定为 ARIMA(1,2,1)是适合的。由式(5-6)确定模型 ARI-MA(1,2,1)的具体形式为:

$$X_t = 0.629\ 07X_{t-1} - a_{t-1} + 15.179\ 48$$

(3) "5·7 冲击"电磁辐射前兆时序模型拟合及预测

经过识别和检验之后的模型便可以进行拟合及预测。采掘现场长期的电磁辐射监测表明:冲击地压在电磁辐射峰值下降过程中发生的可能性最大,千秋煤矿 21201 工作面此次冲击过程符合电磁辐射前兆预测规律。

图 5-28 中,时间序列分析预测电磁辐射数据其真实值绝大部分落在模型预测区域(95%置信区间)之内,且越是近期的数据离预测曲线越接近。因此时间序列分析是拟合预测有效方法之一。

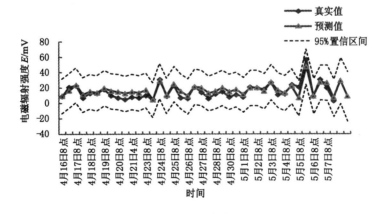

图 5-28 "5·7 冲击"时序模型预测对比图

观察图 5-28 中电磁辐射数据趋势可知:4 月 16 日八点班到 4 月 23 日八点班之间的电磁辐射数据基本是平稳的,没有明显的上升或下降波动;4 月 24 日八点班到 5 月 3 日八点班电磁辐射数据有上升的趋势,但较为平缓;5 月 4 日八点班到 5 月 5 日八点班一天的电磁辐射数据急剧上升并达到峰值,6日开始下降。观察时间序列预测曲线看可知:预测值趋势及波动在方向和幅度上与电磁辐射数据基本一致,尤其在峰值附近效果更加明显。

通过对电磁辐射数据短期预测可以看出,预测值随着时间推移,数值逐渐降低且回到正常水平,而冲击发生应力也遵循着由集中到释放的变化规律。因此整个预测过程与冲击发生的应力变化规律是相符的。

5.4.1.2 21141 工作面"6·19 冲击"电磁辐射数据时域分析

通过监测 21141 工作面"6·19 冲击"前电磁辐射信号变化规律,将 6 月 2 日四点班开始到 6 月 19 日四点班这段时间内的电磁辐射原始数据取作"6·19 冲击"冲击的电磁辐射前兆数据,并对其进行时序分析。"6·19 冲击"冲击电磁辐射前兆数据变化趋势如图 5-29 所示。

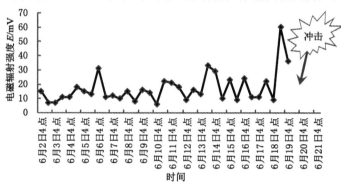

图 5-29 "6·19 冲击"电磁辐射数据趋势图

(1)"6·19 冲击"电磁辐射前兆序列平稳性检验

图 5-30 中各图依次为二阶差分变换后的前兆数据、自相关系数、偏自相关系数、反自相

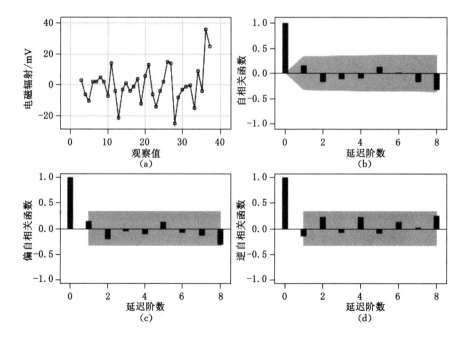

图 5-30 "6·19 冲击"电磁辐射数据平稳性检验

关系数。各系数均落入置信区间内(两水平线内)。

表 5-5 中二阶差分变换后的前兆数据,经自相关系数白噪声检验 Pr>ChiSq 远大于0.05。

表 5-5　　　　"6·19 冲击"电磁辐射前兆数据差分自相关系数白噪声检验表

白噪声自相关检验									
To Lag	Chi-Square	DF	Pr>ChiSq	Autocorrelations					
6	3.43	6	0.753 7	0.150	−0.165	−0.106	−0.095	0.122	0.021

所以,经二阶差分后的前兆数据具有平稳性特征,也即为平稳时间序列。

(2)"6·19 冲击"电磁辐射前兆时序模型识别、检验

模型的识别、检验,重点要考察模型检验确定的模型合适与否。

表 5-6 中该模型的各滞后期的残差项不存在自相关性,即 Pr>ChiSq 均远远大于0.05。

表 5-6　　　　"6·19 冲击"电磁辐射序列模型残差项白噪声检验表

残差项自相关检验									
To Lag	Chi-Square	DF	Pr>ChiSq	Autocorrelations					
6	1.89	3	0.595 3	−0.094	−0.098	0.002	−0.146	0.081	0.001
12	8.71	9	0.464 1	−0.029	−0.301	0.120	0.179	0.029	0.011
18	15.08	15	0.445 7	−0.103	−0.115	0.116	0.151	−0.180	0.049
24	18.15	21	0.639 3	−0.005	−0.016	−0.069	−0.067	0.008	−0.135

图 5-31 中残差项的分布(虚线)与正态分布(实线)拟合效果理想,而且残差项基本上落在一条直线上,也即近似为一条直线。

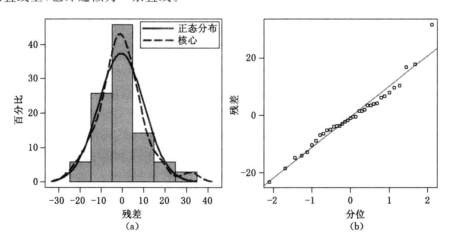

图 5-31　"6·19 冲击"电磁辐射序列模型残差项正态分布图
(a) 残差分布图;(b) 分位数图

通过上述检验,时序模型确定为 ARIMA(2,2,1)是适合的。由式(5-6)确定模型 ARI-MA(2,2,1)的具体形式为:

$$X_t = 1.069\,02X_{t-1} - 0.432\,94X_{t-2} - a_{t-1} + 17.028\,5$$

(3)"6·19 冲击"电磁辐射前兆时序模型拟合及预测

图 5-32 中所有电磁辐射真实值大部分均落入时间序列模型预测区域(95%置信区间)之内。

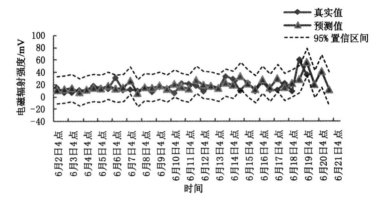

图 5-32 "6·19 冲击"时序模型预测对比图

分析图 5-32 中时间序列预测曲线可知:6 月 2 日四点班到 6 月 19 日四点班时间序列预测曲线整体具有上升趋势,但不同时间段又有所差别;6 月 2 日四点班到 6 月 10 日四点班时间序列预测曲线上升趋势较为平缓;6 月 10 日四点班到 6 月 18 日四点班时间序列预测曲线有较强的上升趋势;6 月 18 日四点班以后时间序列曲线开始下降。与电磁辐射数据趋势对比,时间序列预测曲线的波动方向和幅值大小基本一致,两曲线的峰值相差甚小。

虽然从趋势看时间序列预测曲线和电磁辐射曲线是保持一致的,但是在达到幅值时时间略有差别。不过值得注意的是时间序列预测曲线也是在 19 日开始下降,即在冲击发生之前两曲线都达幅值且已有明显下降。因此,时间序列预测效果较为明显。

另外,从电磁辐射数据趋势得到:监测数据长时间一直保持上升趋势,且达到幅值开始下降。此种趋势出现一定要给予足够的重视。

时序短期预测值在冲击发生以后明显有所下降,与冲击发生过程应力变化特征是相吻合的。

5.4.2 砚北煤矿冲击地压电磁前兆时序分析

通过监测 250205上工作面"12·15 冲击"前电磁辐射信号变化规律,将 11 月 5 日四点班开始到 12 月 15 日四点班这段时间内的电磁辐射原始数据取作"12·15 冲击"的电磁辐射前兆数据,并对其进行时序分析。"12·15 冲击"电磁辐射前兆数据变化趋势如图 5-33 所示。

(1)"12·15 冲击"电磁辐射前兆序列平稳性检验

图 5-34 中各图依次为二阶差分变换后的前兆数据、自相关系数、偏自相关系数、反自相关系数。各系数都落入置信区间内(两水平线内)。

表 5-7 中二阶差分变换后的前兆数据,经自相关系数白噪声检验 Pr>ChiSq 远大于 0.05。

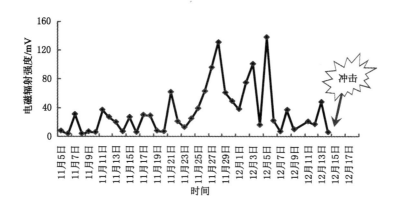

图 5-33 "12·15 冲击"电磁辐射数据趋势图

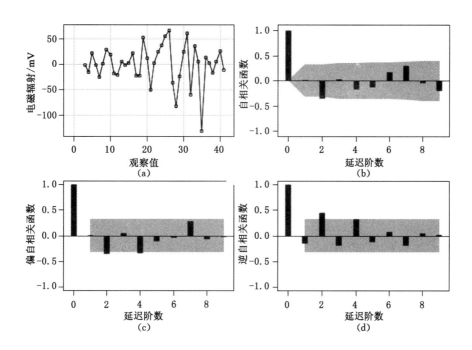

图 5-34 "12·15 冲击"电磁辐射前兆数据平稳性检验

表 5-7　　　"12·15 冲击"电磁辐射前兆序列差分自相关系数白噪声检验表

白噪声自相关检验									
To Lag	Chi-Square	DF	Pr>ChiSq	Autocorrelations					
6	8.71	6	0.190 8	0.013	−0.347	0.036	−0.173	−0.127	0.165

所以,经二阶差分变换后的前兆数据具有平稳性特征,也即为平稳时间序列。

(2)"12·15 冲击"电磁辐射前兆时序模型识别、检验

表 5-8 中该模型的各滞后期的残差项不存在自相关性,即 Pr>ChiSq 均远远大于 0.05。

表 5-8				"12·15 冲击"电磁辐射序列模型残差项白噪声检验表					
残差项自相关检验									
To Lag	Chi-Square	DF	Pr>ChiSq	Autocorrelations					
6	4.69	4	0.320 9	−0.145	−0.212	0.017	−0.132	−0.098	0.111
12	11.85	10	0.295 1	0.302	−0.084	−0.150	0.007	0.004	−0.133
18	18.78	16	0.280 4	−0.150	0.252	−0.027	−0.083	0.115	0.000
24	24.21	22	0.336 3	−0.197	0.067	0.103	−0.066	−0.016	0.075

图 5-35 中残差项的分布(虚线)与正态分布(实线)拟合效果理想,而且残差项基本上落在一条直线上,也即近似为一条直线。

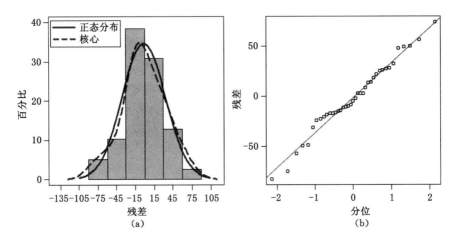

图 5-35　"12·15 冲击"电磁辐射序列模型残差项正态分布图

(a) 残差分布图;(b) 分位数图

通过上述检验,时序模型确定为 ARIMA(1,2,1)是适合的。由式(5-6)确定模型 ARIMA(1,2,1)的具体形式为:

$$X_t = 0.991\ 13a_{t-1} - 0.573\ 71X_{t-1} + 33.682\ 9$$

(3)"12·15 冲击"电磁辐射前兆时序模型拟合及预测

图 5-36 中所有电磁辐射真实值均落入时间序列模型预测区域(95%置信区间)之内,且拟合效果显著。

图 5-36 中观察时间序列预测曲线可知:11 月 3 日至 12 月 1 日是电磁辐射强度值达到第一个峰值且下降过程,时间序列预测曲线在这段时间拟合效果明显,且数值的整体趋势与电磁辐射强度值完全一致;12 月 2 日至 12 月 7 日时间序列预测曲线在峰值前拟合精度相对较差,且达到峰值的数值相差相对较大,但在电磁辐射强度值从峰值下降过程开始,时间序列预测曲线拟合精度非常高。此次冲击发生在 12 月 15 日,电磁辐射强度值在 12 月 7 日下降,电磁辐射预警提前一周时间对冲击有响应,时间序列预测曲线在 12 月 7 日也开始下降且趋于平稳。因此,用时间序列分析方法预测冲击地压效果是明显的。

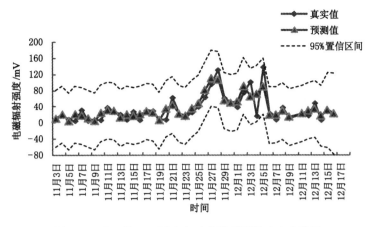

图 5-36 "12 月 15 日"冲击时序模型预测对比曲线图

5.5 冲击电磁辐射时序数据挖掘

相似性度量在冲击地压电磁辐射时间序列数据挖掘中有着重要的作用。通过相似性度量,可以将不同类型的冲击地压电磁辐射时间序列特征明确分类,为以后冲击地压发生类型的预测提供数据库查找,也可以在利用电磁辐射时间序列数据预测某次冲击地压的发生区域上提供最可能发生概率的确定。本书中对冲击地压电磁辐射时间序列的相似性度量的研究重点放在对单个冲击地压的不同监测地点的电磁辐射前兆时序数据的相似性度量上。通过这方面的研究,可以为井下某个采掘区域冲击地压发生前的多个监测地点前兆群体异常提供定量的判别标准。而度量各次冲击地压的电磁辐射前兆时序数据的相似特征,对冲击地压电磁辐射前兆不同类型的划分和数据库的建立,将会是作者以后的进一步研究内容。

5.5.1 时间序列相似性的度量

时间序列相似性的度量研究是时间序列数据挖掘的基础问题。两条完全相同的时间序列几乎不存在,因此需要采用相似性度量来衡量时间序列之间的相似性。时间序列的相似性度量不一定支持距离三角不等式,但必须能够应用到时间序列的数据挖掘中,例如时间序列的相似性查询、聚类和分类等。由于时间序列数据的复杂性,经常发生振幅平移和伸缩、线性漂移和时间轴伸缩等形变,因此相似性度量应最大限度地支持时间序列的上述形变[215]。

对于时间序列的相似性测量,不同的数据表达形式相似性测量的方法也不尽相同,主要有以下三种常用的测量方法。

(1) 欧几里得距离测量方法

对于时间序列数据的相似性分析中,经常采用欧几里得距离作为相似计算的工具。

假设 $\{x_i\}$ 是目标时间序列,$\{y_i\}$ 是两个需要进行相似测量的数据库中的一个时间序列,n 是 $\{x_i\}$ 的长度,N 是 $\{y_i\}$ 的长度,假设 $n \leqslant N$。则进行相似性测量时仅仅考虑 $\{y_i\}$ 的长度为 n 的子序列。时间序列 $\{y_i\}$ 的 $J(J = N - n + 1)$ 个子序列记为 $\{z_i^j\}$,则测量 $\{x_i\}$ 和 $\{y_i\}$ 的相似性的距离矩阵定义为

$$\min_J \sum_{i=1}^n (x_i - K_J z_i^J)^2 \tag{5-30}$$

其中 K_J 是比例因子。若在进行查询前原始时间序列中的长度为 n 的子序列已经产生,则查询时,每个时间序列需要计算 $N-n+1$ 次。

欧几里得距离是时间序列相似性研究中最广泛采用的相似性度量。欧几里得距离的优点是计算简单,容易理解,在交变换下保持不变,满足距离三角不等式,支持多维空间索引,也可以应用到时间序列的聚类和分类等研究领域。它的缺点也是不容忽视的,它不允许时间序列有不同的基准线,例如,在一个月内,分别用华氏和摄氏两种标准记录每天的气温,得到的两条气温序列尽管波形一致,但是在欧几里得距离下不会认为是相似的。欧几里得距离的一些改进可以支持时间序列的振幅平移和伸缩,但是仍然不支持线性漂移和时间弯曲。两条时间序列的波形基本相似,但是波峰和波谷的位置并没有完全对齐,而是略有偏差,在欧几里得距离下这两条时间序列也不会被认为是相似的[216]。

(2) 相关性测量

另一个相似性测量是在文献[217]中考虑的相关性测量方法,这种方法不但能够将相似性作为位置的函数而且不必对原始数据库的时间序列产生所有的长度为 n 的子序列。一个目标时间序列 $\{x_i\}$ 和时间序列数据库中的序列 $\{y_i\}$ 之间的线性相关定义如下:

$$c_i = \frac{\sum_{j=1}^n x_j y_{i+j}}{\sqrt{\sum_{j=1}^n x_j^2}\sqrt{\sum_{j=1}^N y_j^2}} \tag{5-31}$$

其中 $i=1,\cdots,N+n-1$。对于 $\{x_i\}$ 比较长的时间序列,这种相关性的计算花费是很大的。在这种情况下,傅里叶变换的卷积定理提供了一个很好的解决办法。首先在 $\{x_i\}$ 和 $\{y_i\}$ 的末尾补充 0 使得两个时间序列变为长度都为 $l=N+n-1$ 的新序列 $\{x'_i\}$ 和 $\{y'_i\}$,然后对 $\{x'_i\}$ 和 $\{y'_i\}$ 进行离散傅里叶变换生成 $\{X_i\}$ 和 $\{Y_i\}$,最后通过逐点相乘 $\{X_i\}$ 和 $\{Y_i\}$ 会得到相关系数,结果转化为如下形式:

$$c_i = \frac{F^{-1}\{X_j \cdot Y_j\}}{\sqrt{\sum_{j=1}^n X_j^2}\sqrt{\sum_{j=1}^N Y_j^2}} \tag{5-32}$$

如果对 $\{x_i\}$ 和 $\{y_i\}$ 进行合适的规范化处理,则作为相似性测量参数的相关性因子 c_i 的值将在[-1,1]的范围内,如果为 1 则说明两个时间序列完全匹配。当有干扰信号的情况下,相关因子的值一般小于 1,而且序列值 $\{c_i\}$ 的峰值位置 $\{y_i\}$ 就是其中与 $\{x_i\}$ 匹配的可能位置。

(3) 动态时间弯曲距离法

由于时间轴的微小变形将会引起欧氏距离很大的变化,因此对于时间轴有轻微变形的时间序列相似性的测量,欧氏距离将不再适用,虽然两个时间序列的形状相似,但是它们在时间轴上并不是完全对齐的,因此用欧氏距离计算相似性结果将会是距离很大,可能会导致产生不相似的结果。

为了支持时间序列的时间轴伸缩,使得时间序列的相似波形能够在时间轴上对齐匹配,伯恩特(D. Berndt)和克利福德(J. Clifford)[218]将在语音识别中广泛使用的动态时间弯曲距离(dynamic time warping,DTW)引入到时间序列的相似性研究中。关于动态时间弯曲距离的定义在本书的第 2 章作了描述。动态时间弯曲距离根据最小代价的时间弯曲路径进行对齐匹配,能够支持时间序列的时间轴伸缩,但是动态时间弯曲距离不满足距离三角不等式,时间复杂度为 $O(n^2)$,其中 n 表示时间序列的长度。而且该算法的计算复杂度很大,当处理很大的数据库时将会受到限制。这些缺点虽然限制了动态时间弯曲距离的广泛使用,但是该方法仍然被较多地应用于各个领域,如生物信息、化学工程以及医药研究等。

5.5.2　聚类分析的相似性度量

聚类分析的主要目的是研究事物的分类,而不同于判别分析。在判别分析中必须事先知道各种判别的类型和数目,并且要有一批来自给判别类型的样本,才能建立判别函数并对未知属性的样本进行判别和归类。若对一批样品划分的类型和分类的数目事先并不知道,这时对数据的分类就需借助聚类分析方法解决。

聚类根据实际的需要有两个方向,一是对样品的聚类,二是对变量的聚类。相应的聚类统计量有两种:一种统计指标是类与类之间的距离,它是把每一个样品看成高维空间中的一个点,类与类之间用某种原则规定它们的距离,将距离近的点聚合成一类,距离远的点聚合成另一类,距离一般用于对样品分类。另一种是相似系数,根据这个统计指标将比较相似的变量归为一类,而把不太相似的变量归为另一类,用它可以把变量的亲疏关系直观地表示出来。在运用聚类分析方法对样品进行分析之前,先要知道事物之间的相似性测度。

5.5.2.1　事物之间的相似性测度

（1）样本点间的相似性测度

要用数量化的方法对事物进行分类,就必须用数量化的方法描述事物之间的相似程度。一个事物常常需要用多个变量来刻画。如果对于一群有待分类的样本点需用 p 个变量描述,则每个样本点可以看成是 R^p 空间中的一个点。因此,很自然地想到可以用距离来测度样本点间的相似程度[188]。

记 Ω 是样本点集合。距离的定义是:设 $d(\cdot,\cdot)$ 是 $\Omega \times \Omega \rightarrow R^+$ 的一个函数,它满足以下条件:

① $d(x,y) \geqslant 0, \forall x,y \in \Omega$;

② $d(x,y) = 0$,当且仅当 $x = y$;

③ $d(x,y) = d(y,x) \forall x,y \in \Omega$;

④ $d(x,y) \leqslant d(x,z) + d(z,y), \forall x,y,z \in \Omega$。

这一距离的定义是我们所熟知的,它满足正定性、对称性和三角不等式。在聚类分析中,对于定量变量,最常用的是明考夫斯基(Minkowski)距离,即

$$d_q(x,y) = \Big[\sum_{k=1}^{p} |x_k - y_k|^q \Big]^{1/q}, q > 0 \tag{5-33}$$

当 $q = 1, 2, \infty$ 时,则分别得到:

① 绝对值距离

$$d_1(x,y) = \sum_{k=1}^{p} |x_k - y_k| \tag{5-34}$$

② 欧氏(Euclid)距离

$$d_2(x,y) = \Big[\sum_{k=1}^{p} (x_k - y_k)^2 \Big]^{1/2} \tag{5-35}$$

③ 切比雪夫(Chebyshev)距离

$$d_\infty(x,y) = \max_{1 \leqslant k \leqslant p} |x_k - y_k| \tag{5-36}$$

值得注意的是在采用明考夫斯基距离时，一定要采用相同量纲的变量。如果变量的量纲不同，测量值变异范围相差悬殊时，建议首先进行数据的标准化处理，然后再计算距离。

在明考夫斯基距离中，最常用的是欧氏距离。它的主要优点是当坐标轴进行正交旋转时，欧氏距离是保持不变的。因此，如果对原坐标系进行平移和旋转变换，则变换后样本点间的相似情况（即它们间的距离）完全同于变换前的情形。此外，在采用明考夫斯基距离时，还应尽可能地避免变量的多重相关性，多重相关性所造成的信息重叠，会片面强调某些变量的重要性。

（2）类与类之间的相似性测度

如果有两类样本点 G_1 和 G_2，怎样测量它们之间的距离呢？假设 $D(\bullet, \bullet)$ 是从 $G_1 \times G_2 \to R^+$ 的一个函数，我们称其为聚合指数，它有多种定义的方法。

① 最短距离法

$$D(G_1, G_2) = \min_{\substack{x_i \in G_1 \\ x_j \in G_2}} \{d(x_i, x_j)\} \tag{5-37}$$

其直观意义为两个类中最近两点间的距离。

② 最长距离法

$$D(G_1, G_2) = \max_{\substack{x_i \in G_1 \\ x_j \in G_2}} \{d(x_i, x_j)\} \tag{5-38}$$

其直观意义为两个类中最远两点间的距离。

③ 重心法

$$D(G_1, G_2) = d(\overline{x}, \overline{y}) \tag{5-39}$$

其中，$\overline{x}, \overline{y}$ 分别为 G_1 和 G_2 的重心。

④ 类平均法

$$D(G_1, G_2) = \frac{1}{n_1 n_2} \sum_{x_i \in G_1} \sum_{x_j \in G_2} d(x_i, x_j) \tag{5-40}$$

它等于 G_1 和 G_2 中两样本点距离的平均，式中 n_1 和 n_2 分别为 G_1 和 G_2 中的样本点个数。

⑤ 离差平方和法

若记

$$D_1 = \sum_{x_i \in G_1} (x_i - \overline{x}_1)'(x_i - \overline{x}_1)$$

$$D_2 = \sum_{x_j \in G_2} (x_j - \overline{x}_2)'(x_j - \overline{x}_2)$$

$$D_{1+2} = \sum_{x_k \in G_1 \cup G_2} (x_k - \overline{x})'(x_k - \overline{x})$$

$$\overline{x}_1 = \frac{1}{n_1} \sum_{i \in G_1} x_i \; ; \overline{x}_2 = \frac{1}{n_2} \sum_{j \in G_2} x_j \; ; \overline{x} = \frac{1}{n_1 + n_2} \sum_{k \in G_1 \cup G_2} x_k$$

则定义

$$D(G_1, G_2) = D_{1+2} - D_1 - D_2 \tag{5-41}$$

事实上，若 G_1 与 G_2 内部点点间距离很小，即它们依相似性能很好地各自聚为一类，并且这两类又能够充分分离(即 D_{1+2} 很大),这时必然有 $D = D_{1+2} - D_1 - D_2$ 很大。因此,按定义可以认为,两类 G_1 与 G_2 之间的距离很大。

5.5.2.2 聚类分析方法

聚类分析是按照一批样本的亲疏(即距离远近)程度进行分类分析。聚类的途径是确定样本(或变量)间的距离或相似系数。聚类最常用的方法有两种:谱系聚类法(hierarchical cluster)和分离聚类法(disjoint cluster)。

(1) 谱系聚类法

此法是按样本之间的距离来定义聚类间的距离。首先它从 n 个个案(case)中合并两个距离最近的个案,聚成一类,合并后重新计算聚类之间的距离,然后再决定哪一个个案与哪一个个案(或聚类)相聚;如此反复进行,一直到所有的个案合并为一大类。之后可把结果绘制成一张树形图,直观地反映整个聚类过程。

(2) 分离(动态)聚类法

此法是基于"上限—中心点—重心"的原理,即首先将 n 个个案初步分为 U 类,作为聚类个数的"上限",从中确定其"中心点",形成"聚类",并算出每一类的"重心",再考察一个观察点,把该点移到另一类。若能减少个案对于各自中心的离差之和,则把此两类的中心同时移到新的重心,并且以重新计算的重心取代原来的重心,如此反复迭代,直到再也无法降低个案与重心离差之和为止,则终止移动并形成各个聚类。

(3) 变量聚类法

第 1、2 类方法是关于样本点聚类的方法。在实际工作中,变量聚类法的应用也是十分重要的。在系统分析或评估过程中,为避免遗漏某些重要因素,人们往往在一开始选取指标时,尽可能多地考虑所有的相关因素。而这样做的结果,则是变量过多,变量间的相关度高,给系统分析与建模带来很大的不便。因此,人们常常希望能研究变量间的相似关系,按照变量的相关关系把它们聚合成若干类,从而观察和解释影响系统特性的主要特征。

在对变量进行聚类分析时,首先要确定变量的相似性测度方式,称为相似系数。对于定量变量、名义变量或顺序变量,它们的相似系数有不同的定义方式。常用的定量变量相似系数有相关系数和夹角余弦两种,而名义变量的关系可以利用列联表来表示。变量聚类法采用了与系统聚类法相同的思路和工作过程。在变量聚类问题中,常用的有最大系数法、最小系数法等。

5.5.2.3 SAS 软件的聚类分析功能

SAS 统计软件主要设计了以下 4 个聚类过程(即 4 种聚类方法,但尚不将被聚类对话框)[145]。

① CLUSTER:谱系聚类过程。它有 3 种不同的算法:重心法、Ward 法和欧几里得平均距离连接法

② FASTCLUS:动态(分离)聚类法。它使用 K-Means 算法,适宜大样本数据分析,观察值可多达 10 万个。

③ VARCLUS:对变量作谱系聚类或分离聚类。

④ TREE:将 CLUSTER 或 VARCLUS 过程获得的聚类结果,画出树形结构图及谱系图。

5.5.3 电磁辐射时间序列的相似性度量实例

对于同一次冲击地压,各个电磁辐射监测点的反映往往有一致的体现,也有不同的体现。如何将有一致体现的电磁辐射监测点迅速查找出来,及时发出冲击地压的短临预报,可以借助对电磁辐射数据曲线的直观观察和经验判断的方法。该方法是定性的经验方法,有着主观性判断的优点及其同样具有的缺点。因此,我们可以尝试使用聚类判别的相似性度量来寻找这些有着一致体现的电磁辐射监测点,为冲击地压的电磁辐射群体短临预报提供定量的依据。

借助 SAS 统计分析软件里的聚类分析功能,选择在"1·12 冲击"前,237 工作面刮板输送机道 9 个电磁辐射监测点的时序测试数据来分析电磁辐射时间序列的相似性度量。图 5-37 和图 5-38 分别是"1·12 冲击"前,237 工作面刮板输送机道 9 个电磁辐射监测点无危险和有危险状态的时序测试数据曲线。

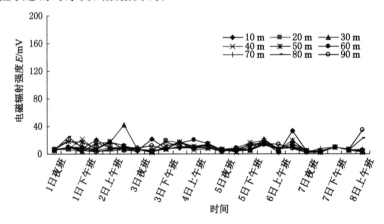

图 5-37　"1·12 冲击"前无危险状态时 237 巷道各监测点的电磁辐射时间序列

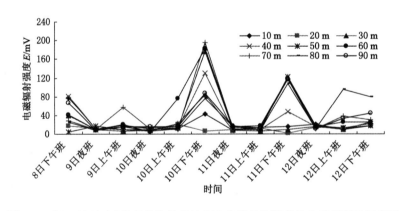

图 5-38　"1·12 冲击"前有危险状态时 237 巷道各监测点的电磁辐射时间序列

根据前面图 5-15 中的"1·12 冲击"前兆数据划分情况,有危险状态数据 1 月 8 日上午班至 1 月 12 日下午班这个时间段的测试数据被认为是有危险状态的数据,其中 10 日上午班至 12 日上午班期间,连续 7 个班次的测试数据的短临前兆最为明显。因此需要将 9 个监测点看作 9 个变量,分别命名为 $v1 \sim v9$,对应巷道各监测点"10~90 m(测点与工作面出口的距离)",并对这 9 个监测点连续 7 个班次的测试数据作聚类分析,具体的方法采用"对变量的 R 聚类",即采用 VARCLUS 聚类过程。

相关矩阵是产生 VARCLUS 聚类必不可缺少的第一步。图 5-39 是数据主成分分析之前的相关矩阵。相关矩阵是由各变量之间的相关系数构成,系数的正负表示变量间的正负相关,数值越大,相关性越好,相似程度越高。

Correlation Matrix

		v_1	v_2	v_3	v_4	v_5	v_6	v_7	v_8	v_9
v_1	巷10m	1.0000	-.3269	0.9301	0.9371	0.8203	0.7692	0.8305	0.2582	0.4943
v_2	巷20m	-.3269	1.0000	-.1648	-.5049	-.6822	-.4461	-.6636	-.6451	-.7958
v_3	巷30m	0.9301	-.1648	1.0000	0.9246	0.7614	0.8060	0.7964	0.2244	0.4113
v_4	巷40m	0.9371	-.5049	0.9246	1.0000	0.9454	0.9114	0.9612	0.4809	0.7068
v_5	巷50m	0.8203	-.6822	0.7614	0.9454	1.0000	0.9399	0.9858	0.6314	0.8911
v_6	巷60m	0.7692	-.4461	0.8060	0.9114	0.9399	1.0000	0.9266	0.5479	0.8139
v_7	巷70m	0.8305	-.6636	0.7964	0.9612	0.9858	0.9266	1.0000	0.6821	0.8658
v_8	巷80m	0.2582	-.6451	0.2244	0.4809	0.6314	0.5479	0.6821	1.0000	0.8319
v_9	巷90m	0.4943	-.7958	0.4113	0.7068	0.8911	0.8139	0.8658	0.8319	1.0000

图 5-39 "1·12 冲击"有危险前兆数据主成分分析之前的相关矩阵

在主成分分析的基础上,对该数据的变量进行 R 聚类,具体的聚类分析输出的步骤具体如下:

第一步:所有变量自成一类,每一类的平台高度为 1。通过计算各变量间的相似系数,把相似系数最大的变量聚为一类,得到初步的聚类结果,见图 5-40。初步的聚类结果是将变量分为 5 个聚类,第一聚类有 4 个变量,分别是 $v4$、$v5$、$v6$ 和 $v7$,第三聚类有 2 个变量,分别是 $v1$ 和 $v3$,而第二、四、五聚类各只有一个变量,分别是 $v9$、$v2$ 和 $v8$。图中的"Own Cluster"系列数值表示的是各个变量对自身所属聚类的影响,而"Next Closest"系列数值则表示的是各个变量对相邻聚类的影响。以第一聚类中为例,$v4$、$v5$、$v6$ 和 $v7$ 各个变量均是组成第一聚类的核心变量,它们的因子载荷量很大,都在 0.92 以上,而且第一聚类中的各个变量还对相邻聚类构成影响,因此需要继续进行聚类分析。

Cluster Summary for 5 Clusters

Cluster	Members	Cluster Variation	Variation Explained	Proportion Explained	Second Eigenvalue
1	4	4	3.835541	0.9589	0.0966
2	1	1	1	1.0000	
3	2	2	1.930101	0.9651	0.0699
4	1	1	1	1.0000	
5	1	1	1	1.0000	

Total variation explained = 8.765642 Proportion = 0.9740

5 Clusters Cluster	Variable	R-squared with		1-R**2 Ratio	Variable Label
		Own Cluster	Next Closest		
Cluster 1	v_4	0.9502	0.8979	0.4876	巷40m
	v_5	0.9772	0.7940	0.1109	巷50m
	v_6	0.9297	0.6625	0.2083	巷60m
	v_7	0.9785	0.7496	0.0860	巷70m
Cluster 2	v_9	1.0000	0.7009	0.0000	巷90m
Cluster 3	v_1	0.9651	0.7347	0.1317	巷10m
	v_3	0.9651	0.7043	0.1182	巷30m
Cluster 4	v_2	1.0000	0.6333	0.0000	巷20m
Cluster 5	v_8	1.0000	0.6921	0.0000	巷80m

图 5-40 第一步的聚类结果

第二步:计算新类之间的相似系数,对新类进行聚合,结果见图 5-41。在第一步聚类的基础上,将变量二次聚成 4 个聚类,即将原先第二和第五聚类进行合并,其余的三个聚类组成不变。

```
              Cluster Summary for 4 Clusters

                         Cluster    Variation   Proportion     Second
Cluster    Members      Variation   Explained   Explained   Eigenvalue
----------------------------------------------------------------------
    1          4            4        3.835541     0.9589       0.0966
    2          2            2        1.831937     0.9160       0.1681
    3          2            2        1.930101     0.9651       0.0699
    4          1            1        1            1.0000

      Total variation explained = 8.597579 Proportion = 0.9553
```

```
                                 R-squared with
                              ------------------
4 Clusters                      Own      Next      1-R**2    Variable
Cluster       Variable        Cluster  Closest     Ratio      Label
----------------------------------------------------------------------
Cluster 1       v4            0.9502   0.8979      0.4876     巷40m
                v5            0.9772   0.6481      0.0649     巷50m
                v6            0.9297   0.6428      0.1968     巷60m
                v7            0.9785   0.6857      0.0685     巷70m
----------------------------------------------------------------------
Cluster 2       v8            0.9160   0.4162      0.1439     巷80m
                v9            0.9160   0.7009      0.2809     巷90m
----------------------------------------------------------------------
Cluster 3       v1            0.9651   0.7347      0.1317     巷10m
                v3            0.9651   0.7043      0.1182     巷30m
----------------------------------------------------------------------
Cluster 4       v2            1.0000   0.5667      0.0000     巷20m
```

图 5-41　第二步的聚类结果

第三步:计算第二步生成的 4 个聚类之间的相似系数,再进行聚合,结果见图 5-42。继续在第二步的基础上,将第二步的 4 个聚类进行合并,并成 3 个聚类,即把原先的第四聚类并入第二聚类中,新的第二聚类由 $v2$、$v8$ 和 $v9$ 三个变量组成。

```
              Cluster Summary for 3 Clusters

                         Cluster    Variation   Proportion     Second
Cluster    Members      Variation   Explained   Explained   Eigenvalue
----------------------------------------------------------------------
    1          4            4        3.835541     0.9589       0.0966
    2          3            3        2.517985     0.8393       0.3566
    3          2            2        1.930101     0.9651       0.0699

      Total variation explained = 8.283627 Proportion = 0.9204
```

```
                                 R-squared with
                              ------------------
3 Clusters                      Own      Next      1-R**2    Variable
Cluster       Variable        Cluster  Closest     Ratio      Label
----------------------------------------------------------------------
Cluster 1       v4            0.9502   0.8979      0.4876     巷40m
                v5            0.9772   0.6489      0.0651     巷50m
                v6            0.9297   0.6428      0.1968     巷60m
```

图 5-42　第三步的聚类结果

第四步:对第三步并成的 3 个聚类继续聚合。从图 5-43 的结果可以看出,原先的第三聚类并入第一聚类,形成新的第一聚类,原先的第二聚类保持不变。图 5-42 的统计量表明,当聚类为两大聚类时,第一大聚类有 6 个变量,分别是 $v1$、$v3$、$v4$、$v5$、$v6$ 和 $v7$,可以概括为巷道距工作面出口前 70 m 范围区域；第二大聚类有 3 个变量，分别是 $v2$、$v8$ 和 $v9$，可以概括为巷道距工作面出口 80～90 m 之间的区域。其中 $v4$ 是组成第一大聚类的核心变量，它的因子载荷量接近于 1.0，而 $v9$ 则是组成第二大聚类的核心变量，但是 $v9$ 对第一大聚类的影响要比 $v4$ 对第二大聚类的影响大。

```
                    Cluster Summary for 2 Clusters

                        Cluster    Variation   Proportion     Second
   Cluster   Members   Variation   Explained   Explained    Eigenvalue
   -------------------------------------------------------------------
      1         6          6        5.419641     0.9033       0.4077
      2         3          3        2.517985     0.8393       0.3566

        Total variation explained = 7.937626 Proportion = 0.8820
```

2 Clusters		R-squared with			
Cluster	Variable	Own Cluster	Next Closest	1-R**2 Ratio	Variable Label
Cluster 1	v_1	0.8583	0.1566	0.1681	巷10m
	v_3	0.8351	0.0870	0.1806	巷30m
	v_4	0.9927	0.3832	0.0118	巷40m
	v_5	0.9174	0.6489	0.2353	巷50m
	v_6	0.8828	0.4398	0.2092	巷60m
	v_7	0.9333	0.6521	0.1917	巷70m
Cluster 2	v_2	0.7850	0.2427	0.2839	巷20m
	v_8	0.8136	0.2486	0.2480	巷80m
	v_9	0.9194	0.5427	0.1764	巷90m

图 5-43　第四步的聚类结果

另外，从图 5-44 的统计量来看，两大聚类对各自的影响较大，两大聚类的相关系数在 0.632 49，说明聚合效果不是很理想，需要对两大聚类再进行聚合。

```
              Inter-Cluster Correlations
        Cluster         1           2

           1         1.00000     0.63249
           2         0.63249     1.00000
```

图 5-44　第四步生成的两大聚类之间的关系

第五步：将第四步的两大聚类合并成一个聚类，具体的统计量见图 5-45。另外，利用 SAS 软件中的 PROC TREE 语句将这 5 步的聚合过程用树形结构图表示出来，见图 5-46。聚类分析树形结构图的好处在于能够直观明了地将变量聚类过程和聚类结果描述出来。

```
              Cluster Summary for 1 Cluster

                        Cluster    Variation   Proportion     Second
   Cluster   Members   Variation   Explained   Explained    Eigenvalue
   -------------------------------------------------------------------
      1         9          9        6.754484     0.7505       1.5671

        Total variation explained = 6.754484 Proportion = 0.7505
```

图 5-45　最终的聚类结果

综上所述，虽然单从聚类分析的角度来看，"1·12 冲击"有危险前兆数据聚类分析的效果不是很理想，即各个变量之间都存在一定的影响。但这与"1·12 冲击"危险孕育过程中的实际情况是相似的，因为 237 工作面刮板输送机道距工作面出口前 100 m 范围内的这

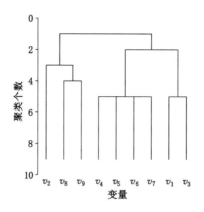

图 5-46　"1·12 冲击"有危险前兆数据聚类分析的树形结构图

9 个监测点的应力分布和变化在冲击地压孕育和发展的过程中是互相影响的。我们对这 9 个监测点的前兆数据进行聚类分析，目的在于找到前兆变化规律相似（时间和波动幅度等参数相似）的几个监测点，找出冲击危险最有可能发生的区域。事实上，在聚类分析到第四步（即倒数第二步）时，已经得到了我们需要的结果。电磁辐射测点数据变化大致分为两个大的区域：巷道距工作面出口 40～70 m 的区域段和巷道距工作面出口 80～90 m 的区域段，而 237 工作面刮板输送机道在"1·12 冲击"发生时，巷道变形和破坏最为严重的区域巷道距工作面出口 50 m 左右的范围，因此根据"1·12 冲击"的前兆曲线和数据挖掘结果，我们将选择巷道距工作面出口 40～70 m 的区域段进行重点防治，消除冲击地压的发生或降低冲击地压不可避免发生带来的破坏作用。

5.6　小　　结

（1）在了解了电磁辐射参数及其时序数据特点的基础上，对目前采用的电磁辐射数据处理方法及其他研究者对电磁辐射数据处理的新尝试成果加以分析，明确这些方法的优点和缺点。通过对各种时间序列分析方法优缺点的比较，采用目前理论和实践应用均比较成熟的传统时间序列方法，对冲击地压电磁辐射测试数据进行了处理和分析，为煤矿现场提供较为简易和易操作的冲击地压电磁辐射前兆异常值的和危险趋势预测的判断依据。

（2）时间序列分析方法能够有效地区分有危险状态和无危险状态的冲击地压电磁辐射数据。时间序列分析的结果表明，无危险状态的电磁辐射数据是一个随机性非常强的平稳时间序列，而整个电磁辐射前兆数据则是一个非白噪声的平稳序列，有危险状态的电磁辐射数据的出现，使得原先的纯随机波动电磁辐射时间序列的性质发生了改变，变成了一个有信息提取价值（前兆信息）的非白噪声平稳序列。

（3）利用时间序列方法，对"1·12 冲击"电磁辐射前兆数据进行了平稳性和随机性检验，并在检验通过的基础上，采用 ARMA 模型对前兆数据进行建模。通过模型参数的选择和检验，为冲击地压电磁辐射前兆数据选择了合适的模型 AR(3)，并利用模型预测了未来 12 期的电磁辐射数据。

（4）整理了千秋煤矿、砚北煤矿采掘现场的煤岩电磁监测信号资料，运用时间序列分析方法对采掘现场冲击地压的电磁辐射前兆数据进行了分析,建立了冲击地压电磁辐射前兆时间序列的 ARMA 模型,通过建立的模型预测了未来的电磁辐射强度值,并与现场真实的电磁辐射强度值进行了比较。所有真实值大部分都落入了模型的预测区域之内,预测效果明显。

（5）电磁辐射群体异常识别研究中,有一方面是关于电磁辐射异常区域性相似的研究。时间序列相似性度量的结果,能够为电磁辐射群体异常的区域性相似的确定,提供定量依据。根据时间序列数据挖掘技术中相似性度量的理论,在聚类分析的基础上,运用 SAS 统计软件对"1·12 冲击"前 237 工作面刮板输送机道 9 个监测点的冲击地压电磁辐射前兆数据进行变量的 R 聚类分析,并根据相似性分析结果,将 9 个监测点划分为两大聚类,为冲击地压电磁辐射前兆的群体预报和重点区域防治提供了依据。

6　冲击地压电磁辐射前兆信息的群体识别

不同类型的冲击地压有着不同的电磁辐射前兆规律,如何有效提取和识别冲击地压电磁辐射短临前兆信息,对冲击地压进行准确预报是个难题。本章在重点研究鹤岗南山煤矿237 工作面"1·12冲击"的电磁辐射前兆特征的基础上,建立了冲击地压电磁辐射短前兆信息群体识别体系,包括个体电磁辐射短临前兆信息的识别和群体电磁辐射短临前兆信息的识别。该识别体系对电磁异常特征的识别在南山矿的另外几次冲击地压中得以验证,说明该体系可以对冲击地压电磁辐射前兆信息进行有效的提取和识别。

6.1　冲击地压的发生概况

6.1.1　鹤岗矿区的地质构造及矿震统计

（1）鹤岗矿区的地质构造

鹤岗矿区属鹤岗市管辖,南起峻德,北到梧桐河畔,西至含煤层露头,东至深部预测区边界。南北长约 42 km,东西宽 2.5 km,面积约 210 km²。区内地势北部较高于南部,水系流向由北向南,梧桐河流煤田东北边缘;石头河从北大岭和新一煤矿流过,鹤立河由大、小鹤立河汇流而成,流经煤田东南边缘。鹤岗矿区共含煤 40 余层,其中可采与局部可采 36 层,一般以中厚或厚煤层为主、个别为特厚煤层;以新一煤矿为中心,煤层向南,向北有层数减少,厚度变薄的趋势。矿区内存在一个单斜构造,走向近南北,向东倾斜,地层走向北北东,倾向南东,倾角25°~45°;新一村至义地岗一带,走向北东,倾角17°,由于断层的切割,使地层呈阶梯状或地堑地垒形式;富力矿以南,地层走向北北东,倾向东,倾角20°,并伴有平缓褶皱。矿区内断距在 50~300 m 以上的断层有 20 余条。主要有北北西和北西西向两组,前者较为发育,多属正断层,倾角一般为40°~60°,较大断层仅有两条[219]。

鹤岗矿区本身盆地式的地质构造和区内单斜、断层的存在,为矿区各矿的煤炭开采增加了一定的难度和危险性,当开采深度逐渐加大时,开采因素和地质构造因素共同作用,使得鹤岗矿区各矿冲击地压显现开始明显。近年来,鹤岗矿业集团下属的富力、峻德、兴安、大陆和南山各矿陆续出现了比较严重的冲击地压现象。

（2）鹤岗矿区的矿震统计

张凤鸣等在对鹤岗矿区的矿震情况研究后,认为鹤岗矿区矿震(冲击地压)是煤矿井下生产活动诱发的地震,是一种特定的构造物理条件和地球动力学环境控制的活动。鹤岗矿区矿震的发生既有内在的动力环境,又有外在的动力因素和诱发因素[220]。

规模宏大的活动性断裂郯—庐断裂北延带的分支依—舒断裂在鹤岗煤田东侧通过,断裂系的多条北西向断层穿过煤田;加上鹤岗附近是天然构造地震活跃的地区,矿区内也有天然地震活动;煤炭开采因使得井下应力分布随开采深度加大变化加剧;这些是矿震发生的内在动力环境。煤炭大量采掘形成了采空区,打破深部围压的均衡应力状态,使采空区周围块体发生位错和应力集中,随之导致水平应力加强,地壳内部不连续面的地层层面或断裂面之间出现脱离的岩层运动和断裂活动;地表径流渗透矿区的地下水和开采大量抽排水,也造成岩体应力的大幅度增减,使得井下断裂所受附加应力发生突变,造成开采层压力的急剧变化,是矿震活动的外动力和诱发因素。

另外,鹤岗煤田地层从下到上为脆硬—软煤—脆硬介质力学性质的地层结构。这种结构地层的抗剪、抗压、抗冲击及其抗溶蚀性差,比单纯的岩浆岩、变质岩、碳酸盐岩和碎屑岩对外力的抵抗性弱,在强大的水平应力作用下,易形成层间失稳脱离。向斜褶皱是在水平挤压应力作用下形成的构造,在具有旋扭力学性质的褶皱区,当地壳内某一方向的应力减弱,可能造成介质的弹性能恢复运动,发生反方向的回弹扭运动。这些是矿震孕育的介质和构造环境。

根据黑龙江地震局和鹤岗地震台的矿震记录和统计分析[220],认为鹤岗矿区的矿震具有一定的时空特征。1990 年前后鹤岗矿区仅有少量微小矿震发生,1998 年 6 月起矿震开始增多,多次发生强有感矿震。1998 年 6 月至 2003 年年底,共记录到矿震 3 029 次(表 6-1),其中 Ms≥1.0 级的矿震 1 035 次。记录到的最大震级为 2001 年 2 月 1 日鹤岗南山煤矿的 Ms＝3.7 级矿震。所有矿震记录中 Ms≥1.0 级约占总数的 34％,Ms≥2.0 级矿震占 Ms≥1.0 级以上矿震总数的 5.9％,Ms≥3.0 级的矿震占 Ms≥1.0 级以上矿震总数的 0.9％,矿震强度和频次呈逐年上升趋势。较为强烈的矿震始于靠近矿区南部的鹤岗富力煤矿,逐渐向北延矿区北北东向成带状分布。黑龙江地震局和鹤岗地震台的研究工作认为鹤岗冲击型矿震震源的起始深度在地下 347 m。随着开采的深度增加和规模扩大,发生矿震的强度增大,频度增高。另外,井下勘察的结果表明,1998 年以来发生的冲击型矿震多发生在 410 m以下,陷落型矿震震源深度小于冲击型矿震。

表 6-1   **鹤岗矿区矿震次数统计表(1998～2003 年)**

年度＼震级	0～0.9 级	1.0～1.9 级	2.0～2.9 级	3.0～3.0 级	合计
1998	174	20	4	0	198
1999	247	55	13	1	316
2000	500	108	19	4	631
2001	386	49	10	3	448
2002	349	147	6	1	503
2003	368	536	25	4	933

6.1.2 工作面的地质及开采情况

6.1.2.1 工作面的地质资料

237 工作面所在的北五区 15 层七分段位于南山煤矿井田北部,地表是丘陵地带,无河流湖泊,地面垮落范围内有少数民房、季节性水沟、农田,地表标高在 300～350 m 之间。邻区上部北五区 7 层六分段下块煤已采,区段煤柱 10 m,采后进行灌浆,此块煤掘进回风道过程中已对六分段下块进行探放水,右部为南 17 断层、左部未采、下部为盆底区 15 层一分段一分层,已于 2004 年回采完毕,区段煤柱 10 m。237 工作面区域上部有 6 层煤未采,6 层煤与 7 层煤层间距为 50 m 左右;五层煤已回采完毕,5 层煤与 7 层煤层间距 70 m 左右;工作面区域下部有 8 层煤未采,8 层与 7 层层间距在 15～30 m 之间。

工作面标高为－210 m,开采深度为 560 m,已经属于深部开采。工作面采用炮采放顶煤工艺,走向长 365 m,倾斜长 71 m,采高 1.8 m,煤层厚 12～15 m,倾角 10°～11°。直接顶为 12 m 厚的 15 层煤,其上为基本顶,厚 50～60 m,灰白色中砂岩,底板为 2.5～3.0 m 灰色中、细砂岩(表 6-2)。根据该面邻区开采观测,依据局顶板直观形象分类方案,确定本煤层的岩石顶板为坚硬顶板,由于该面煤厚平均厚度 14 m,两巷及切眼,沿煤层底板掘送,因此工作面顶板为煤顶,因煤层受构造影响及矿压作用,煤层裂隙较发育,易垮落,故依据局顶板直观形象分类,该工作面顶板为破碎顶板。从本区实见点观测结果看,煤层厚度变化不大,煤层中上部夹矸较多,下部煤质较好,煤层顶板有一层 1 m 左右比较破碎松软的矸石,顶板岩性为灰白色中砂岩,底板为灰色细砂岩,灰白色中砂岩,煤层厚度 14 m 左右。

表 6-2   237 工作面顶底板岩性表

顶底板	类别	厚度/m	岩性
基本顶	岩	50～60	灰白色中砂岩
直接顶	煤	12	15-2 号层煤
底板	岩	2.5～3.0	灰色细砂岩、灰白色中砂岩

237 工作面地质构造复杂,区内有 F_1 断层斜穿过该区域,断层落差 2.0～3.5 m。该工作面左部未采,右部为 F_2 和南 17 断层,上下段均已回采完毕,区段煤柱 10 m,较小,造成上下巷应力集中,为典型的孤岛工作面。

6.1.2.2 工作面的复杂开采情况

237 工作面自 2005 年 10 月 16 日开始回采,同时进行后期回风道的掘进。后期回风道贯通时,工作面推进至距原切眼 109 m,距离贯通点 16 m。工作面回采和掘进同时相向进行,使得工作面的应力分布更加集中和变化趋势更加复杂,压力显现明显,发生冲击危险的程度显著增加。在开采过程中,工作面周围采空区的一氧化碳大量涌入采掘空间,加上该工作面的煤层为易自燃厚煤层,容易引发煤炭自燃,造成矿井火灾。因此在无法阻止一氧化碳涌入工作面的情况下,于 2006 年 3 月 9 日将正在回采的工作面进行了停采和封闭。而后跳过封闭的煤层易燃区域,在工作面未采掘区域选择新切眼,于 3 月 21 日重新开始回采,直到停采线位置。237 工作面的开采模型见图 6-1。

6.1.3 工作面冲击地压统计

6.1.3.1 工作面历次冲击统计

237 工作面从正式回采开始,一共有 4 次比较明显的冲击地压和矿压显现,分别如下:

(1) 2005 年 11 月 25 日,回风道距切眼往外 29 m,发生工作面回采以来的初次来压,开关被冲倒。

(2) 2005 年 12 月 12 日凌晨 3 点 41 分,工作面发生冲击地压,震级为 3.0 级。冲击对上、下两巷及工作面破坏程度比较大,造成上巷 70 m 明显变形,下巷出口往外 140 m 的巷道支护部分变形,上、下两巷的断面局部明显变小,码放的设备材料和防水袋被冲翻,工作面

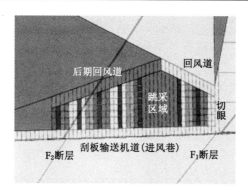

图 6-1 237 工作面开采模型图

的支护全部变形,高度由原来的 1.8～2.0 m 降到 1.2～1.5 m;根据回风道自动断电报警仪显示,回风道瞬间瓦斯浓度最大达到 5.2%。

(3) 2006 年 1 月 12 日 11 点 45 分,工作面发生冲击地压,震级为 2.4 级。工作面溜子头往上,第 7 架棚到 45 架棚之间的顶子往软帮偏移 0.1～0.2 m,软帮顶子下扎 0.1 m 左右,此处顶子穿木鞋,木鞋被压坏,下巷超前维护木梁压折 4 根。在回风道有风机且处在正常供风的情况下,工作面瞬间瓦斯浓度达到 1%,软、硬帮瓦斯浓度达到 0.8%,上山角瓦斯浓度达到 0.5%。

(4) 2006 年 5 月 11 日凌晨 2 点 20 分,溜子头往上 15～32 m 之间来压,硬帮切开,软帮单体下扎 0.1～0.2 m,局部支护变形。

另外,在 2006 年 3 月下旬,有几次小的矿压显现,分别为:3 月 23 日上午班 11 点,工作面来压,从溜子尾往下 18 架～30 架,顶子下扎 0.1～0.2 m;3 月 25 日下午班 17 点 50 分,工作面中部来劲从溜子尾往下 42 架～57 架,顶子下扎 0.1～0.2 m;3 月 29 日夜班早 4 点40 分、3 月 31 日下午班早 18 点 50 分,工作面来压,但工作面没有多大变化。

6.1.3.2 "12·12 冲击"资料分析

(1) 工作面及巷道的破坏情况

"12·12 冲击"的发生时间是 2005 年 12 月 12 日 3 点 41 分(该夜班为放煤班),发生地点为北五外区 15 层七分段 237 工作面、回风道、刮板输送机道,冲击地压发生时工作面的推进度为 52 m。

冲击地压发生后工作面现场的破坏情况:

回风道:部分 U 型棚卡子螺丝断裂,顶板下沉量 0.2～0.5 m,底板上升量 0.2 m。回风道隔爆水袋大部分被掀翻及冲掉,各种材料(原木、道木、木鞋、Ⅱ 型钢梁等)呈杂乱状态。

刮板输送机道:刮板输送机道受冲击地压影响比较严重,距下出口往外 47 m 处有 12 m胶带架子被折断开,部分直辊、三连辊掉落。数架 U 型棚子变形非常严重,有的 U 型棚梁变成近似直形,有多架 U 型棚卡子螺丝被崩掉,锚网支护处部分锚杆脱落,隔爆水棚的整体框架下降 1.2 m,同时三块顶板悬挂的宣传标语被严重击破变形。顶板下沉量在 0.2～0.8 m之间,底板上升量在 0.1～0.7 m 之间。

工作面:受冲击地压影响非常严重,工作面共计有 91 对架子,从溜子头往上 70 架受冲击影响已全部向软帮倾斜,倾斜角度在 30°～40°,单体平均下扎 0.2～0.5 m 之间,工作面高度为 0.5～0.8 m 之间,勉强能行人及通风。上部 21 个架子变形不太严重,稍稍向软帮倾斜,工作面高度为 1.4~1.6 m。有 6 根 Ⅱ 型钢梁折断,发生冲击地压后瓦斯浓度上升,上隅角瓦斯浓度在 1.2%~2.0%,硬帮风流的瓦斯浓度在 2.0% 左右,回风流的瓦斯浓度在 1.2%~2.0% 之间。

(2)巷道破坏变形量统计

表 6-3 是"12·12 冲击"后 237 工作面巷道的变形量数据统计结果。根据统计结果,对变形量数据统计结果作曲线图 6-2。综合分析,可以看出 237 工作面巷道在冲击地压发生前后具有如下几个特点:

表 6-3   "12·12 冲击"后 237 工作面巷道的变形情况统计

测试位置	巷道高度 H/m		巷道宽度 W/m		变形量/m		变形比
	初始 H_1	压缩后 H_2	初始 W_1	压缩后 W_2	ΔH	ΔW	$\varepsilon = \Delta H / \Delta W$
下出口外 25 m	2.66	2.50	3.81	3.50	0.16	0.31	0.52
下出口外 50 m	2.19	1.60	3.87	3.30	0.59	0.57	1.04
下出口外 80 m	2.50	2.20	3.50	3.20	0.30	0.30	1.00
上出口外 23 m	1.81	1.70	2.15	2.10	0.11	0.05	2.20
上出口外 49 m	2.55	2.30	2.45	2.30	0.25	0.15	1.67
上出口外 67 m	2.24	2.20	2.54	2.45	0.04	0.09	0.44

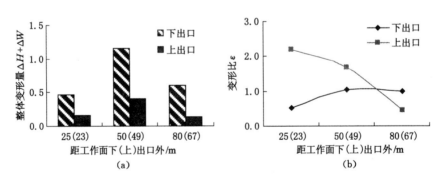

图 6-2   "12·12 冲击"后 237 工作面巷道的变形量和变形比

(a)冲击后巷道整体变形量;(b)冲击后巷道变形比

① 无论是工作面上出口向外还是下出口向外的巷道,其垂直变形量和水平变形量与距离工作面出口的位置有着一定的关系。随着距离工作面出口距离的增加,巷道的变形量呈现出先增后降的"倒 V"形。其中在距离工作面出口约 50 m 处的位置,巷道的变形量最大。

② 工作面下出口巷道的整体变形量是工作面上出口巷道的 2~3 倍。对于工作面下出口巷道而言,其垂直变形量要略大于其水平变形量;而工作面上出口巷道,则其垂直变形量要略小于其水平变形量。

③ 工作面上出口巷道前 50 m 范围内,垂直变形显著,而后 67 m 处,水平变形明显;下出口巷道则是 25 m 处的水平变形明显,50 m 以后范围内的垂直变形和水平变形差别不大,即变形比恒定在 1.0。

6.2 冲击地压的电磁辐射前兆异常特征曲线

根据以往冲击地压发生现场的实际情况,煤柱(压力)型冲击地压的震源距离冲击地压的发生区域比较近,其电磁辐射前兆信息比较明显,规律比较明确,易于预测;而构造型的冲击地压,其震源和发生区域的距离很远,其震级一般大于冲击地压的震级,构造型冲击发生区域的破坏往往是由于其震源的强烈震动产生,该类型的电磁辐射前兆信息不是很明显。因此对于冲击地压电磁辐射前兆的群体群落异常特征的研究选择前兆信息明显的煤柱(压力)型冲击地压。而鹤岗南山矿 237 工作面是属于因开采因素形成的孤岛工作面,该工作面的冲击地压是典型的煤柱(压力)型冲击地压。

通过对前面"12·12 冲击"、"1·12 冲击"、"1·19 危险"和"5·11 冲击"四次冲击(或者有冲击危险)的电磁辐射时间序列曲线的分析,发现 237 工作面各个监测区域(刮板输送机道、工作面前壁和回风道)的各个测点在冲击前有明显的电磁辐射前兆异常特征,而且有些测点的电磁辐射前兆异常特征在一定程度上具有相似性,可以说还具有电磁辐射群体异常的特征。

(1)"12·12 冲击"的电磁辐射前兆异常特征曲线如图 6-3 至图 6-5 所示。

(2)"1·12 冲击"的电磁辐射前兆异常特征曲线如图 6-6 和图 6-7 所示。

(3)"1·19 有危险状态"的电磁辐射前兆异常特征曲线如图 6-8 和图 6-9 所示。

(4)"5·11 冲击"的电磁辐射前兆异常特征曲线如图 6-10 至图 6-12 所示。

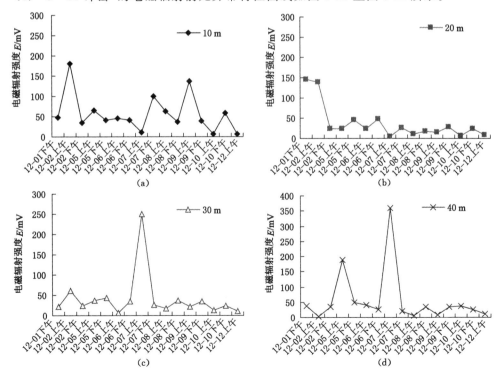

图 6-3 "12·12 冲击"前 237 工作面刮板输送机道左帮各测点的电磁辐射前兆异常特征曲线

(a) 10 m;(b) 20 m;(c) 30 m;(d) 40 m

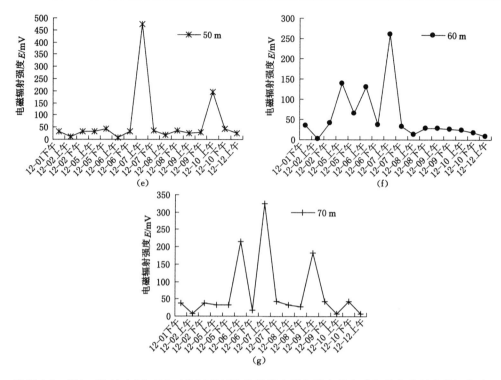

续图 6-3 "12·12 冲击"前 237 工作面刮板输送机道左帮各测点的电磁辐射前兆异常特征曲线

(e) 50 m；(f) 60 m；(g) 70 m

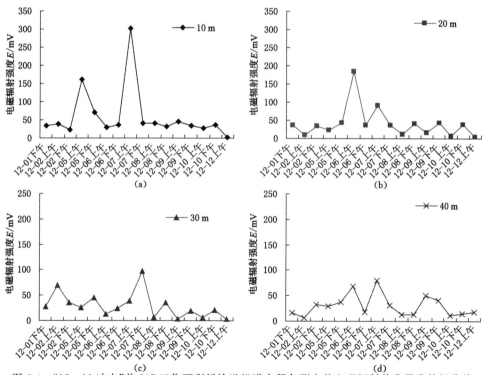

图 6-4 "12·12 冲击"前 237 工作面刮板输送机道右帮各测点的电磁辐射前兆异常特征曲线

(a) 10 m；(b) 20 m；(c) 30 m；(d) 40 m

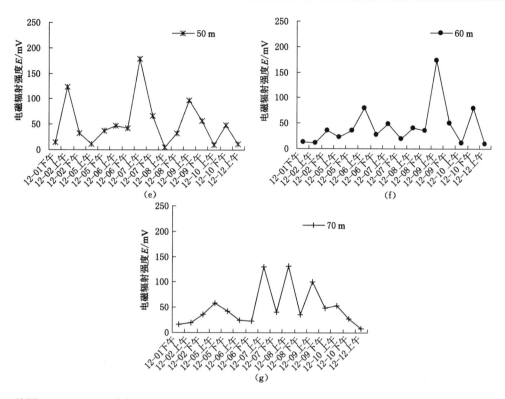

续图 6-4 "12·12 冲击"前 237 工作面刮板输送机道右帮各测点的电磁辐射前兆异常特征曲线

(e) 50 m；(f) 60 m；(g) 70 m

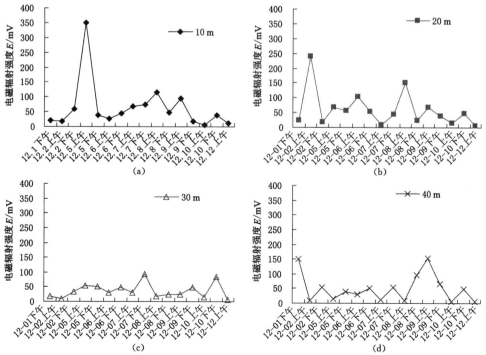

图 6-5 "12·12 冲击"前 237 工作面前壁各测点的电磁辐射前兆异常特征曲线

(a) 10 m；(b) 20 m；(c) 30 m；(d) 40 m

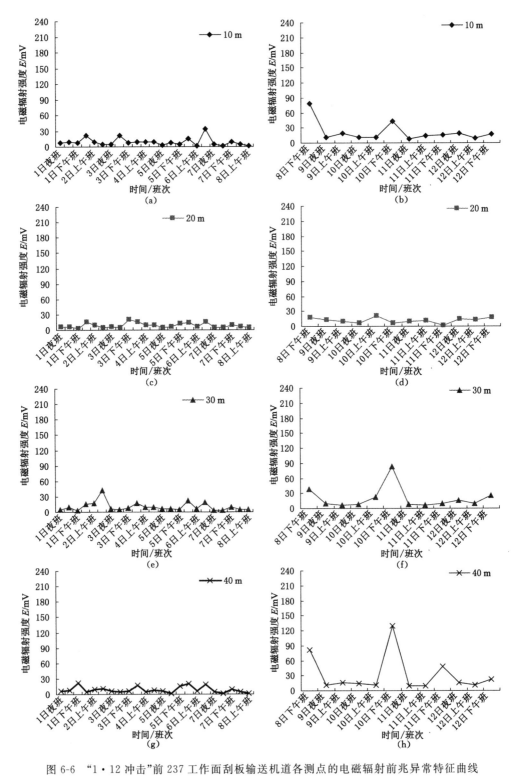

图 6-6 "1·12 冲击"前 237 工作面刮板输送机道各测点的电磁辐射前兆异常特征曲线

(a),(c),(e),(g) 无危险状态时特征曲线；

(b),(d),(f),(h) 有危险状态时特征曲线

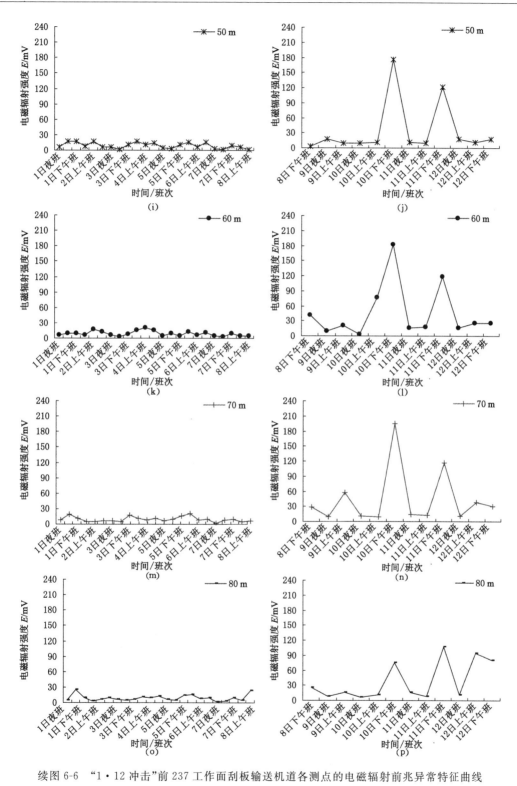

续图 6-6　"1·12 冲击"前 237 工作面刮板输送机道各测点的电磁辐射前兆异常特征曲线
(i),(k),(m),(o) 无危险状态时特征曲线；
(j),(l),(n),(p) 有危险状态时特征曲线

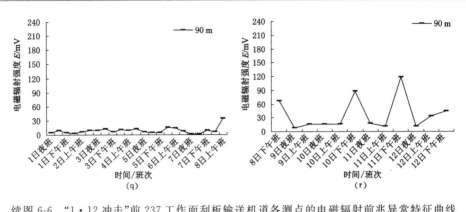

续图 6-6 "1·12 冲击"前 237 工作面刮板输送机道各测点的电磁辐射前兆异常特征曲线

（q）无危险状态时特征曲线；（r）有危险状态时特征曲线

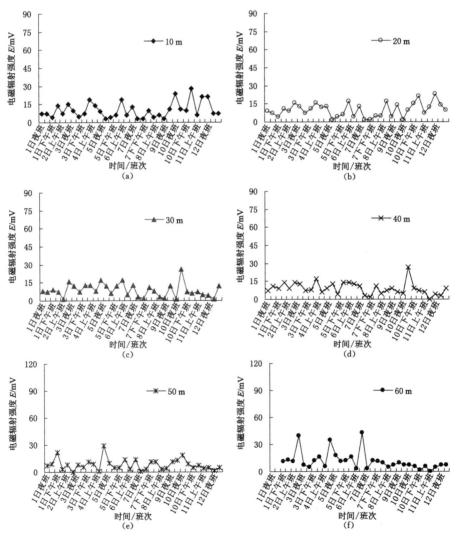

图 6-7 "1·12 冲击"前 237 工作面各测点的电磁辐射前兆异常特征曲线

（a）10 m；（b）20 m；（c）30 m；（d）40 m；（e）50 m；（f）60 m

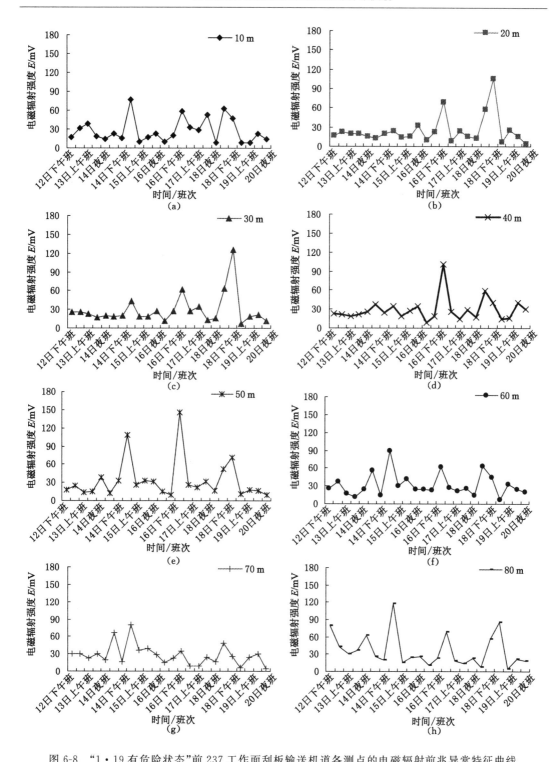

图 6-8 "1·19 有危险状态"前 237 工作面刮板输送机道各测点的电磁辐射前兆异常特征曲线

(a) 10 m；(b) 20 m；(c) 30 m；(d) 40 m；(e) 50 m；(f) 60 m；(g) 70 m；(h) 80 m

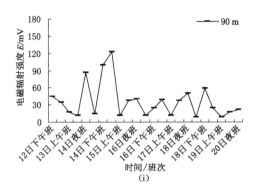

续图 6-8 "1·19 有危险状态"前 237 工作面刮板输送机道各测点的电磁辐射前兆异常特征曲线

(i) 90 m

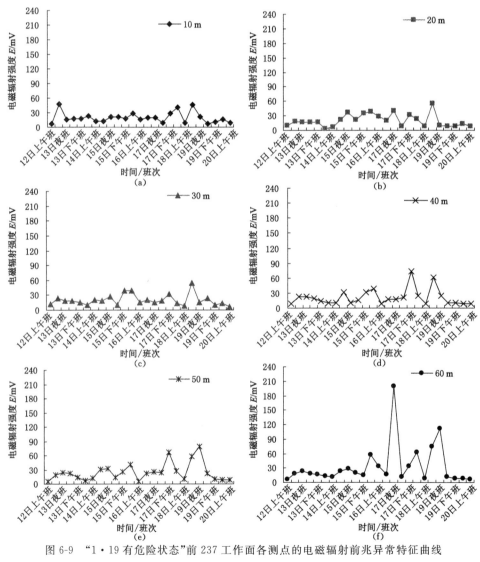

图 6-9 "1·19 有危险状态"前 237 工作面各测点的电磁辐射前兆异常特征曲线

(a) 10 m;(b) 20 m;(c) 30 m;(d) 40 m;(e) 50 m;(f) 60 m

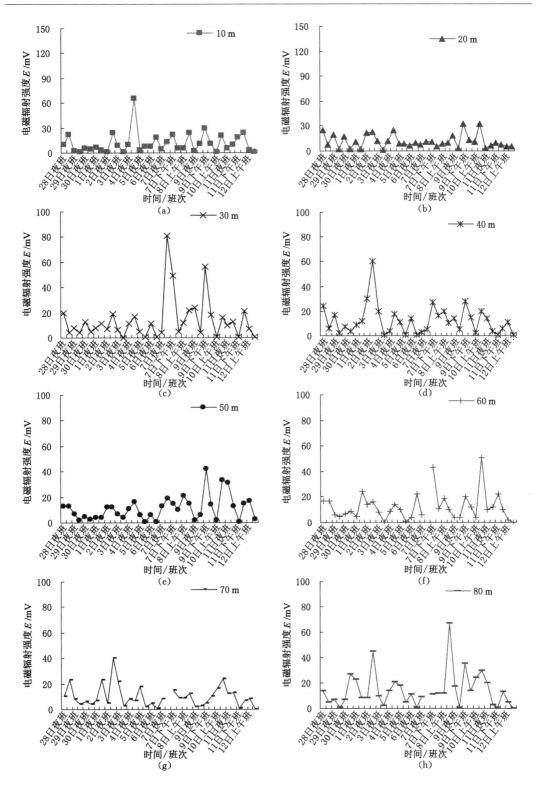

图 6-10 "5·11 冲击"前 237 工作面刮板输送机道各测点的电磁辐射前兆异常特征曲线

(a) 10 m; (b) 20 m; (c) 30 m; (d) 40 m; (e) 50 m; (f) 60 m; (g) 70 m; (h) 80 m

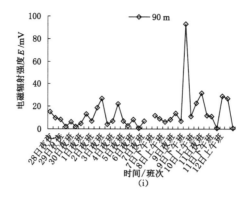

续图 6-10 "5·11 冲击"前 237 工作面刮板输送机道各测点的电磁辐射前兆异常特征曲线

(i) 90 m

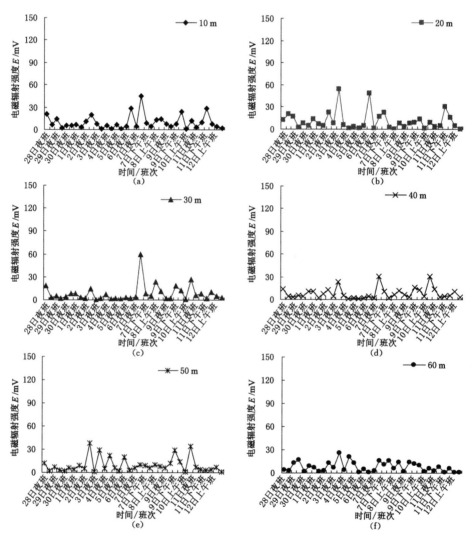

图 6-11 "5·11 冲击"前 237 工作面前壁各测点的电磁辐射前兆异常特征曲线

(a) 10 m；(b) 20 m；(c) 30 m；(d) 40 m；(e) 50 m；(f) 60 m

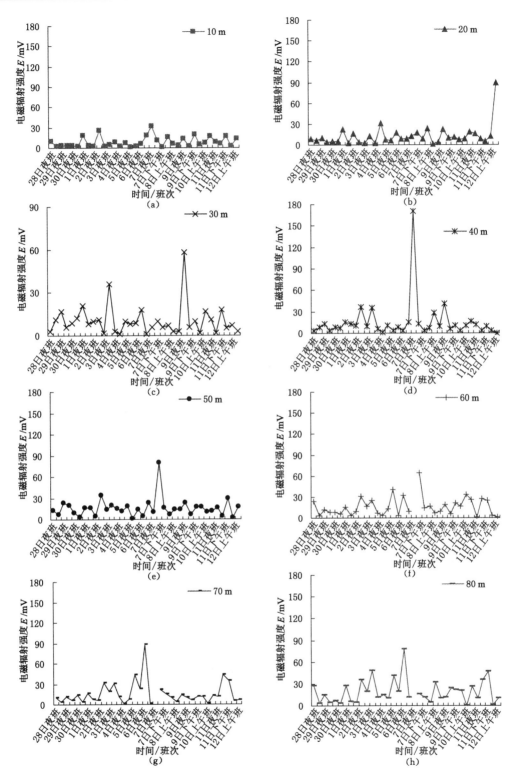

图 6-12 "5·11 冲击"前 237 回风道各测点的电磁辐射前兆异常特征曲线

(a) 10 m；(b) 20 m；(c) 30 m；(d) 40 m；(e) 50 m；(f) 60 m；(g) 70 m；(h) 80 m

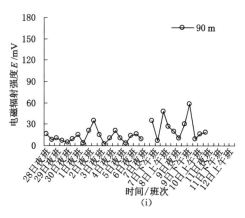

续图 6-12 "5·11 冲击"前 237 回风道各测点的电磁辐射前兆异常特征曲线

(i) 90 m

6.3 冲击地压电磁辐射前兆的群体信息识别

同地震的观测和预测一样,冲击地压(矿震)的观测和预测本质上是一种信息系统,即从日常观测中获取灾害可能发生的各种有用信息,经过整理、分析和判断,输出关于灾害可能发生时间、地点和破坏程度的预测信息。地震界的观测事实已经表明:地震(特别是大震)前,尤其是进入了短期和临震阶段,多种异常现象可能出现,异常区的范围一般超过震源区,异常不仅出现在发震区域附近,还可能不均匀地出现在监测区域的其他某些"灵敏点"上,也就是说地震在临震前具有群体异常的特征。作者在煤矿现场采用电磁辐射方法预测冲击地压时,发现井下冲击地压发生前也具有电磁辐射异常群体化的特征,监测区域的某些监测点是冲击地压电磁辐射异常前兆的"敏感反应点"。国家地震局的周硕愚等[221-222]对强震短临前兆的动态群体标志进行了探索和研究,分析了大震前的群体、群落异常特征,建立关于大震前兆信息识别树。他们对强地震短临前兆群体信息的识别研究为作者研究冲击地压电磁辐射异常信息的群体识别提供了思路。

由于 237 工作面几次冲击的电磁辐射前兆信息量较大,限于篇幅,对冲击地压电磁辐射前兆的群体信息识别研究,只选取一个例子即可。由于"12·12 冲击"前 237 工作面电磁辐射监测数据不连续,其中缺少 12 月 3 日、12 月 4 日、12 月 11 日和 12 月 12 日共 4 d 的数据,使得"12·12 冲击"前的电磁辐射前兆数据太少,不宜作为冲击地压电磁辐射前兆异常识别的示例。因此,选择数据完整的"1·12 冲击"电磁辐射前兆数据作为异常特征识别的示例。

一个具体的冲击地压电磁辐射前兆的异常识别包括:个体的电磁辐射异常特征分析、个体电磁辐射异常的识别和群体电磁辐射异常识别。

6.3.1 个体电磁异常的判别准则及时空迁移

(1)"1·12 冲击"前兆数据的数值分布统计

对 237 工作面 6 个测点和巷道 9 个测点在"1·12 冲击"之前(1 月 1 日夜班至 1 月 12 日下午班)的前兆数据进行了初步统计[图 6-13(a)],可以看出:总共 523 个数据,其中≤30 mV(该数值是按照现行的电磁辐射指标临界值确定方法得到)的数据有 489 个,占总数据的 93.5％，而＞30 mV 数据只有 34 个，仅占总数据的 6.5％。大于 30 mV 的数据被我们认为是有危险的前兆数据，是需要重点分析的，因此对这 34 个数据进行了数值分布统计，见图6-13(b)。

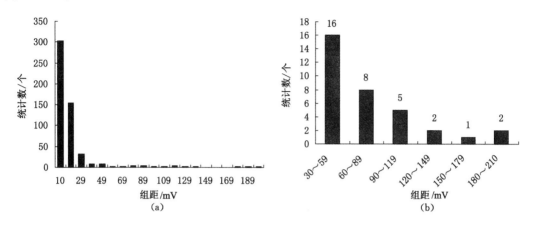

图 6-13　"1·12 冲击"前兆数据的数值分布统计情况

(a) 所有数据的数值分布；(b) 大于临界值数据的数值分布

(2) 异常判别和预警准则的建立

正态分布又称高斯分布，是以总体平均值 μ 为中心，以"中间高、两侧低、左右对称"为特点的表示事件概率密度的钟形曲线，如图 6-14 所示。大量实践证明[223]，混凝土施工中强度的波动符合正态分布的规律，例如以某工程 15 级(150 号)混凝土的 533 组抽检试件的抗压强度(组中值)为横坐标，以频数为纵坐标绘成强度直方图，如图 6-15 所示。如果将强度值的分组间距缩小，组数做到无限大，就可得到与图 6-14 很近似的平滑曲线，此曲线称为正态分布曲线。

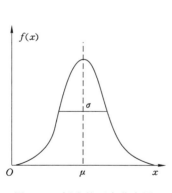

图 6-14　标准的正态分布图

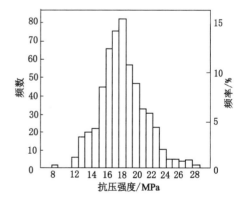

图 6-15　混凝土试件抗压强度直方图

如果数据是来自正态分布的总体，则可以用如下的经验规则对数据进行概括：

① 68％的观察值是落在离均值 1 个标准偏差(1σ)的范围内；

② 95％的观察值是落在离均值 2 个标准偏差(2σ)的范围内；

③ 99％的观察值是落在离均值 3 个标准偏差(3σ)的范围内。

　　混凝土和煤岩试样的单轴压缩试验结果表明：在峰前阶段，随着混凝土和煤岩样品强度的增加，电磁辐射水平也是逐渐增大的，两者呈现正比关系。图 6-13 的统计结果也表明井下现场电磁辐射监测数据的数值分布也呈现近似右半正态分布的特点，但并不是一个完整的正态分布，所以正态分布的经验规则不一定适用于电磁辐射监测数据是否异常的判别，需要做进一步的改进。

　　均值用来描述数据（变量值）分布的中心位置，标准差反映了测量值偏离均值的程度，而方差则表示了数据内部的变异性。因此，我们可以引入均值和方差这两个统计参数，改良正态分布的经验规则，建立了综合考虑均值和方差的电磁辐射强度异常判别和预警准则。该准则具体由名称、颜色图标、判别标准组成，详见表 6-4。表中的安全状态和威胁状态分别用浅绿和深绿色表示，同时以中英文标识状态名称；而预警状态则分为四级，按危险的严重程度，分别以蓝色、黄色、橙色和红色表示，也同时以中英文标识预警的危险名称（冲击地压、煤与瓦斯突出或者冒顶等）。

表 6-4　　　　　　　　　　　　　电磁辐射强度异常判别及预警准则

状态	名称	颜色图标	判别标准
安全状态	安全	安全状态 浅绿 Safety	$E \leqslant \mu + 0.5\sigma^2$
威胁状态	威胁	威胁状态 深绿 Critical	$\mu + 0.5\sigma^2 < E \leqslant \mu + \sigma^2$
预警状态	Ⅳ级（一般）预警	冲击地压 蓝 Rock Burst	$\mu + \sigma^2 < E \leqslant \mu + 2\sigma^2$
	Ⅲ级（较重）预警	冲击地压 黄 Rock Burst	$\mu + 2\sigma^2 < E \leqslant \mu + 3\sigma^2$
	Ⅱ级（严重）预警	冲击地压 橙 Rock Burst	$\mu + 3\sigma^2 < E \leqslant \mu + 4\sigma^2$
	Ⅰ级（特别严重）预警	冲击地压 红 Rock Burst	$E > \mu + 4\sigma^2$

　　注：E——某测点在特定测试时间内（一般为 120 s）的电磁辐射强度均值；
　　　　μ——无危险状态下某个样本 N 的样本均值，反映数据分布的中心位置；
　　　　σ^2——无危险状态下某个样本 N 的样本方差，反映数据内部的变异性。

　　（3）监测区域电磁异常的时空迁移

　　根据第 5 章的分析，237 工作面无冲击危险状态的电磁辐射数据是一个稳定的时间序列，因此对"1·12 冲击"电磁辐射前兆时间序列中 1 月 1 日夜班至 1 月 8 日上午班这个时间段内的数据进行统计处理,计算其均值、标准差、方差,结果见表 6-5。

表 6-5   "1·12 冲击"前无危险状态电磁辐射数据的统计结果

序列均值 μ	序列标准差 S	序列方差 σ^2
9.422 740 5	6.355 76	40.395 6

根据前面的电磁辐射强度异常判别和预警准则,结合表 6-5 中的统计数据,那么"1·12 冲击"各种状态下的具体判别标准就可以计算出来,详见表 6-6。

表 6-6   "1·12 冲击"前电磁强度异常判别及预警准则的具体参数值

状态	名称	具体判别标准
安全状态	安全	$E \leqslant 30 \text{ mV}$
威胁状态	威胁	$30 \text{ mV} < E \leqslant 50 \text{ mV}$
预警状态	Ⅳ级(一般)预警	$50 \text{ mV} < E \leqslant 90 \text{ mV}$
	Ⅲ级(较重)预警	$90 \text{ mV} < E \leqslant 130 \text{ mV}$
	Ⅱ级(严重)预警	$130 \text{ mV} < E \leqslant 170 \text{ mV}$
	Ⅰ级(特别严重)预警	$E > 170 \text{ mV}$

根据表 6-6 的具体数值标准,用不同的颜色在测点图上,将各测点监测的前兆异常信息形象地表示出来,可以看出冲击危险孕育过程中电磁异常的时空迁移情况,见图 6-16。

① "1·12 冲击"前的电磁异常前兆主要出现在 237 工作面的刮板输送机道距采煤工作面前壁前 100 m 的范围之内;

② "1·12 冲击"前的主要有三明显的电磁异常波动,分别出现在距冲击发生前 90、43 和 20 h 左右,电磁强度异常波动幅值以第二次波动最为剧烈和集中;

③ 第一次异常波动,范围遍及前 100 m 范围,但异常点零散,仅在 10 m、50 m 和 90 m 三个测点,各异常点之间的间隔为 40 m,说明"1·12 冲击"孕育最初开始于刮板输送机道前、中、后三段的某个小地点;第二次异常波动,范围从 30 m 测点开始,一直到 90 m 测点,电磁强度异常波动幅值最剧烈集中在 50 m、60 m 和 70 m 三个连续测点,说明"1·12 冲击"孕育在刮板输送机道的中段发展迅速,该区域的应力变化剧烈,煤岩体破裂显著;第三次异常波动,范围比第二次波动有所减小,在 50～90 m 这一连续区段,而且电磁强度异常波动幅值也比第二次波动有所下降,变化分布也比较平稳,说明"1·12 冲击"的孕育和煤岩体破裂范围已经稳步地发展到了刮板输送机道的整个中后段;"1·12 冲击"前 2～3 h 内刮板输送机道所有监测点,80 m 测点周围除外,其余大部分测点的电磁强度均在 30 mV 以下,说明整个刮板输送机道围岩煤岩体已经破坏,正处于失稳状态,此时工作面回采的扰动,会加剧刮板输送机道围岩的失稳,使得冲击地压发生。

6.3.2　个体的电磁辐射异常特征

个体的电磁辐射异常特征指的是针对单个测点的电磁辐射异常情况进行定量分析。关于个体电磁辐射异常特征的定量分析主要采用:异常波动提前时间、电磁强度波动幅度、电磁能量波动幅度。对于个体电磁辐射异常的初步定性判别,我们可以通过该个体的电磁辐

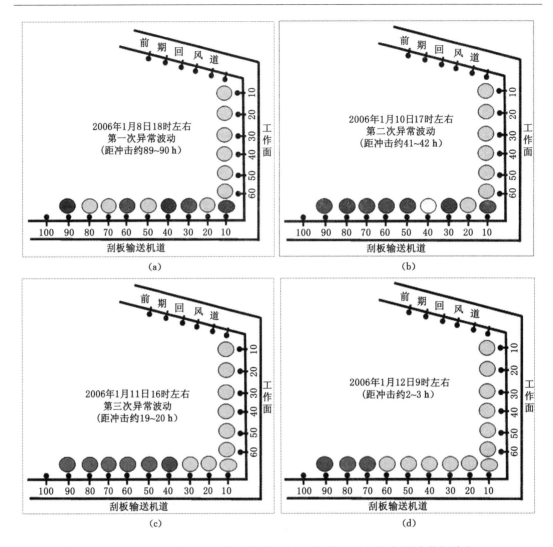

图 6-16 "1·12 冲击"前 237 工作面监测区域电磁异常的时空迁移(图中数据单位:m)

(a) 1 月 8 日下午;(b) 1 月 10 日下午;(c) 1 月 11 日下午;(d) 1 月 12 日上午

射时间序列来进行简单的主观判断。以"1·12 冲击"前电磁辐射时间序列为例,从该冲击的电磁辐射时间序列曲线可以看出,在冲击前有三次明显区别于正常电磁辐射水平的波动出现,分别出现在 1 月 8 日下午、1 月 10 日下午和 1 月 11 日下午。

(1) 异常波动提前时间

从第 6.2 节的"1·12 冲击"电磁辐射群体异常特征曲线可以看出,冲击之前的 4 d,刮板输送机道 9 个测点整体上出现了三次异常波动,有的甚至在三次以上。把各个波动波峰值的出现时间与冲击发生时间的间隔作为(第一次/第二次/第三次的)异常波动提前时间,记做 $\Delta T_n, n = 1, 2, \cdots$,单位为小时。另外,由图 6-16 可以看出,"1·12 冲击"前 237 工作面前壁的 6 个测点没有电磁辐射异常。因此,个体的电磁辐射异常指标统计只对刮板输送机道的 9 个测点进行。具体的"1·12 冲击"前个体电磁异常波动提前时间的统计结果见表 6-7。

表 6-7	"1·12 冲击"前个体电磁异常波动提前时间的统计		
刮板输送机道 测点名称	电磁异常波动提前时间/h		
	第一次 ΔT_1	第二次 ΔT_2	第三次 ΔT_3
10 m	90 时 25 分	42 时 13 分	19 时 7 分
20 m	90 时 23 分	42 时 8 分	19 时 4 分
30 m	90 时 20 分	41 时 59 分	19 时 0 分
40 m	90 时 16 分	41 时 56 分	18 时 56 分
50 m	90 时 8 分	41 时 52 分	18 时 39 分
60 m	90 时 5 分	41 时 49 分	18 时 30 分
70 m	90 时 3 分	41 时 47 分	18 时 27 分
80 m	90 时 0 分	41 时 43 分	18 时 13 分
90 m	89 时 53 分	41 时 41 分	18 时 2 分

（2）电磁强度波动幅度

定义 6.1：任意测试时刻，监测区域任意测点在测试时间 n 内（n 一般取 120 s）第 i 秒的实测电磁辐射强度记为 E_i，该测点在测试时间 n 内的实测电磁辐射强度 E_i 的平均值记为 E'，则

$$E' = \frac{\sum_{i=1}^{n} E_i}{n}, n = 1,2,\cdots$$

定义 6.2：如果监测区域在一段较长时间一直没有冲击地压出现，那么我们可以认为这段时间为无危险状态，可以选择监测区域测点在该时间段内的某个电磁辐射时间序列作为样本 N（N 是 E' 集合的一个子集），该样本表现为数据值偏小，变化比较稳定。如果该电磁辐射时间序列样本还能满足白噪声序列的特征，那么我们就认为该序列为监测区域在无危险状态下的电磁辐射强度均值样本。该样本 N 的样本均值 μ 记为 E'_0，称为无危险状态下的电磁辐射强度均值，也可以称为电磁辐射强度正常均值。

定义 6.3：以监测区域无危险状态下的电磁辐射强度值样本为数据基础，根据表 6-4 的判别标准，如果某个时刻，在监测环境不存在明显的电磁辐射测试干扰的情况下，监测区域某个测点的实测电磁辐射强度均值 E' 大于威胁状态的电磁辐射强度下限，即 $E' > E'_0 + 0.5\sigma^2$，那么我们认为该测点的 E' 值为异常值，E' 与 E'_0 的差值就记为该测点异常值的电磁强度波动幅度。

电磁强度波动幅度具体又分为估算值和计算值，估算值指的是实测值与大样本均值的差，计算值指的是实测值与小样本均值的差。大样本和小样本是一个相对的概念，这里所说的大样本具体指的是"1·12 冲击"前 237 工作面前壁和刮板输送机道所有测点在无冲击危险状态下（1 月 1 日夜班至 1 月 8 日上午班）的电磁辐射数据，而小样本则指的是"1·12 冲击"前 237 工作面各单个测点在无冲击危险状态下（1 月 1 日夜班至 1 月 8 日上午班）的电磁辐射数据（表 6-8）。"1·12 冲击"前个体在三个异常时刻的电磁强度波动幅度统计结果见表 6-9，结果表明估算值和计算值的差别不是很大，因此可以根据实际需要，选用估算值或者计算值。

表 6-8　　　　　　　"1·12 冲击"前无危险状态下电磁辐射强度数据样本均值统计

样本名称	样本均值 E'_0 /mV	样本名称	样本均值 E'_0 /mV
10 m 测点	9.0	20 m 测点	8.3
30 m 测点	10.0	40 m 测点	8.6
50 m 测点	9.1	60 m 测点	8.8
70 m 测点	8.9	80 m 测点	8.8
90 m 测点	8.8	整体	9.4

表 6-9　　　　　　　"1·12 冲击"前个体三次异常的电磁强度波动幅度统计

刮板输送机道测点名称	电磁强度波动幅度/mV					
	第一次(8 日下午)		第二次(10 日下午)		第三次(11 日下午)	
	估算值	计算值	估算值	计算值	估算值	计算值
10 m	68.6	69.0	33.6	34.0	6.6	7.0
20 m	8.6	9.7	−2.4	−1.3	−7.4	−6.3
30 m	29.6	29.0	74.6	74.0	−0.4	−1.0
40 m	71.6	72.4	120.6	121.4	38.6	39.4
50 m	−5.1	−5.4	166.6	166.9	112.6	112.9
60 m	32.6	33.2	172.6	173.2	109.6	110.2
70 m	19.6	20.1	185.6	186.1	107.6	108.1
80 m	15.6	16.2	66.6	67.2	98.6	99.2
90 m	57.6	58.2	78.6	79.2	108.6	109.2

（3）电磁能量波动幅度

定义 6.4：对任意测试时刻，监测区域任意测点在测试时间 n 内（n 一般取 120 s）的实测电磁辐射强度 E_i 的曲线求积分，将积分结果除以测试时间 n 就得到了该测点在这个时刻的实测电磁辐射能量均值 W'。关于 W' 的简单计算公式如下，即

$$W = \frac{\sum_{i=1}^{n} E_i^2 \cdot R}{n}, \quad n = 1, 2, \cdots, R = 1$$

定义 6.5：无危险状态下，监测区域某测点的电磁辐射能量均值记为 W'_0，称为无危险状态下的电磁辐射能量均值，也可以称为电磁辐射能量正常均值，W'_0 的大小由电磁辐射强度正常均值 E'_0 决定，即 $W'_0 = E_0'^2 \cdot R, R = 1$。

定义 6.6：如果某个时刻，在监测环境不存在明显的电磁辐射测试干扰的情况下，监测区域某测点的电磁辐射值被判定为异常值，那么该测点异常值的电磁能量波动幅度就等于该测点在这个时刻的实测电磁辐射能量均值 W' 与其电磁辐射能量正常均值 W'_0 的差值。按照监测区域无危险状态下样本 E'_0 取值的不同，电磁能量波动幅度具体又可分为估算值和计算值。

"1·12 冲击"前个体在三个异常时刻的电磁能量波动幅度统计结果见表 6-11，结果表明估算值和计算值的差别不是很大，因此可以根据实际需要，选用估算值或计算值。

表 6-10   "1·12 冲击"前无危险状态下的正常电磁能量

样本名称	样本均值/(mV² · Ω)	样本名称	样本均值/(mV² · Ω)
10 m 测点	41	20 m 测点	34
30 m 测点	50	40 m 测点	37
50 m 测点	41	60 m 测点	39
70 m 测点	40	80 m 测点	39
90 m 测点	30	整体	44

表 6-11   "1·12 冲击"前个体三次异常的电磁能量波动幅度统计

刮板输送机道测点名称	电磁能量波动幅度/(mV² · Ω)					
	第一次(8 日下午)		第二次(10 日下午)		第三次(11 日下午)	
	估算值	计算值	估算值	计算值	估算值	计算值
10 m	7 012	7 016	1 310	1 314	215	218
20 m	2 227	2 237	94	103	7	—27
30 m	6 381	6 375	4 120	4 114	110	60
40 m	14 311	14 318	8 873	8 881	1 449	1 412
50 m	—21	—18	15 666	15 669	7 498	7 456
60 m	9 761	9 767	16 725	16 730	7 167	7 128
70 m	6 002	6 006	25 954	25 958	6 879	6 839
80 m	5 406	5 411	4 641	4 646	6 557	6 519
90 m	15 046	15 051	4 883	4 889	6 994	6 955

6.3.3 个体电磁辐射异常的识别指标

通过前面第 6.3.2 节的个体电磁异常特征的定量分析,我们发现异常波动提前时间比较容易识别,适合作为个体电磁异常识别的指标,而电磁强度波动幅度和电磁能量波动幅度这两个异常特征指标虽然在一定程度上得以定量化,但涉及几个测点异常程度的比较和识别上,就显得有些不直观,因此在个体电磁辐射异常识别指标的选择上,将电磁强度波动幅度和电磁能量波动幅度这两个指标摒弃,补充电磁强度异常幅度和电磁能量异常幅度两个指标,结合异常波动提前时间,进行个体电磁辐射异常特征的识别。并在下面的内容中,以"1·12 冲击"的具体数据来说明如何将个体电磁辐射异常识别指标定量化。

定义 6.7:如果某个时刻,在监测环境不存在明显的电磁辐射测试干扰的情况下,监测区域某个测点的实测电磁辐射强度均值 E' 大于威胁状态的电磁辐射强度下限,即 $E' > E'_0 + 0.5\sigma^2$,那么我们认为该测点的 E' 值为异常值。异常值超过威胁状态电磁辐射强度下限的幅度,称为异常值的电磁强度异常幅度,记做 ΔE_1,单位 mV,$\Delta E_1 = E' - (E'_0 + 0.5\sigma^2)$。另外出于预测的需要,引入 ΔE_2,单位 mV,表示异常值超过预警状态电磁辐射强度下限的幅度,$\Delta E_2 = E' - (E'_0 + \sigma^2)$。

定义 6.8:根据监测区域电磁强度异常判别标准,威胁下限的电磁辐射能量下限记为 W_1,单位 mV² · Ω,$W_1 = (E'_0 + 0.5\sigma^2)^2 \cdot R, R = 1$,预警下限的电磁辐射能量下限记为

W_2，单位 $mV^2 \cdot \Omega$，$W_2 = (E'_0 + \sigma^2)^2 \cdot R, R = 1$。

定义 6.9：监测区域某异常测点在某时刻的实测电磁辐射能量均值 W' 与威胁下限的电磁辐射能量下限 W_1 的差值，称为异常值的电磁能量异常幅度，记做 ΔW_1，单位 $mV^2 \cdot \Omega$，$\Delta W_1 = W' - W_1$；另外，同样出于预测的需要，引入 ΔW_2，单位 $mV^2 \cdot \Omega$，表示异常值超过预警下限电磁辐射能量下限的幅度，$\Delta W_2 = W' - W_2$；ΔW_1 和 ΔW_2 均大于 0。

电磁强度异常幅度和电磁能量异常幅度这两个指标的引入，能够直观地反映了该异常值中蕴含的危险程度，异常幅度越大，蕴含的危险程度就越大；而异常波动提前时间则很好地反映了冲击危险的临近程度，随着异常波动提前时间的减少，冲击危险未来会出现的可能性就越大。

（1）异常波动提前时间：详见表 6-6。

（2）电磁强度异常幅度：对"1·12 冲击"前刮板输送机道 9 个测点的电磁辐射强度均值进行分析，得出这 9 个测点各自的电磁强度异常幅度，见表 6-12。由于刮板输送机道测点异常值的计算是分别相对于威胁下限的强度值（30 mV）和预警下限的强度值（50 mV），所以体现到表 6-12 中，个体电磁强度异常幅度也有两个值。

表 6-12　　　　　　　"1·12 冲击"前的个体电磁强度异常幅度统计

刮板输送机道 测点名称	电磁强度异常幅度/mV					
	第一次（8 日下午）		第二次（10 日下午）		第三次（11 日下午）	
	ΔE_1	ΔE_2	ΔE_1	ΔE_2	ΔE_1	ΔE_2
10 m	48	28	13			
20 m						
30 m	9		54	34		
40 m	51	31	100	80	18	
50 m			146	126	92	72
60 m	12		152	132	89	69
70 m			165	145	87	67
80 m			46	26	78	58
90 m	37	17	58	38	88	68
累计	157	76	734	581	452	334

（3）电磁能量异常幅度：对"1·12 冲击"前刮板输送机道 9 个测点的电磁辐射能量进行分析，得出这 9 个测点各自的电磁能量异常幅度，见表 6-13。同电磁强度异常幅度一样，个体电磁能量异常幅度也有两个值。

表 6-13　　　　　　　"1·12 冲击"前的个体电磁能量异常幅度统计

刮板输送机道 测点名称	电磁能量异常幅度/（mV² · Ω）					
	第一次（8 日下午）		第二次（10 日下午）		第三次（11 日下午）	
	ΔW_1	ΔW_2	ΔW_1	ΔW_2	ΔW_1	ΔW_2
10 m	6 606	5 806	904	104		
20 m	1 821	1 021				

刮板输送机道测点名称	电磁能量异常幅度/(mV² · Ω)					
	第一次(8 日下午)		第二次(10 日下午)		第三次(11 日下午)	
	ΔW_1	ΔW_2	ΔW_1	ΔW_2	ΔW_1	ΔW_2
30 m	5 975	5 175	3 714	2 914		
40 m	13 905	13 105	8 467	7 667	999	199
50 m			15 260	14 460	7 048	6 248
60 m	9 355	8 555	16 319	15 519	6 717	5 917
70 m	5 596	4 796	25 548	24 748	6 429	5 629
80 m	5 000	4 200	4 235	3 435	6 107	5 307
90 m	14 640	13 840	4 477	3 677	6 544	5 744
累计	66 520	62 897	78 925	72 525	33 843	29 043

由表 6-12 和表 6-13 的统计结果,并结合图 6-17 和图 6-18,可以看出在三个异常时刻,237 工作面刮板输送机道区域各测点的个体电磁辐射异常程度。8 日下午第一次异常的电磁强度异常幅度要远远低于第二次和第三次异常的电磁强度异常幅度,但第一次异常的电磁能量异常幅度和第二次异常的电磁能量异常幅度相差不大,几乎是第三次异常的电磁能量异常幅度的两倍或两倍以上。说明第一次电磁辐射异常时,刮板输送机道监测区域煤岩体内部破裂的整体强度不大,但局部破裂产生的强度很大,由此释放出的能量也很大,为局部已破裂区域周围煤岩体的再次大范围破裂(表现为第二次电磁辐射异常)提供了动力和能量。

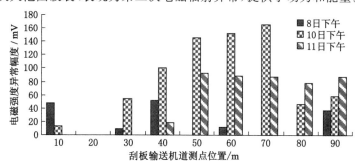

图 6-17 "1·12 冲击"前刮板输送机道各测点电磁强度异常幅度(超过预警状态下限)的对比

图 6-19 说明了不同形式的实测电磁辐射强度曲线产生的电磁辐射强度均值和电磁辐射能量均值的大小也不尽相同。图 6-19(b)实测电磁辐射强度曲线的单个波动幅度和波动频率均很大,虽然该曲线的电磁辐射强度均值最小,但其电磁辐射能量均值却最大;图 6-19(c)实测电磁辐射强度曲线的波动相对比较稳定,虽然整体的电磁辐射强度均值最大,但其电磁辐射能量均值却最小。

6.3.4 群体定义及群体电磁辐射异常识别指标

群体是一个相对的概念,在进行冲击地压电磁辐射异常识别时,要将区域和群体两个概念结合起来。以 237 工作面为例,引入危险区化的理念,将 237 工作面划分为两个区域:工作面前壁(6 个测点)和刮板输送机道(9 个测点),因此群体既可以单独指工作面前壁的 6 个

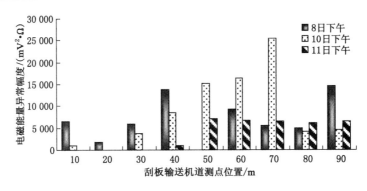

图 6-18 "1·12 冲击"前刮板输送机道各测点电磁能量异常幅度（超过预警下限）的对比

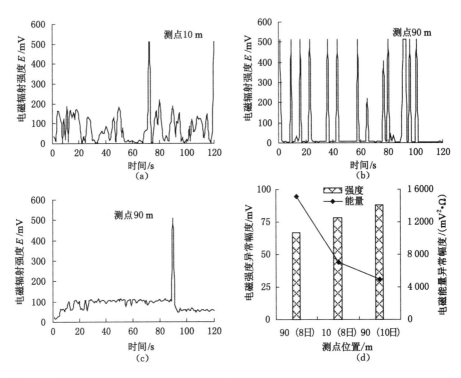

图 6-19 不同形式的电磁辐射强度曲线的电磁辐射强度均值和电磁辐射能量均值的比较
(a) 8 日 10 m 测点；(b) 8 日 90 m 测点；(c) 10 日 90 m 测点；(d) 异常强度、能量幅度对比

测点，也可以单独指刮板输送机道的 9 个测点，还可以是整体工作面的所有测点。小区域范围的群体可以称为子群体，大区域范围的群体称为群体。

由多个个体异常事件所构成的具有某种时空优势分布的异常事件群，就称为群体异常。监测区域群体电磁异常识别是建立在个体电磁异常识别的基础之上的。如果在某时刻，群体监测区域的所有测点中有 1/2 的测点的实测电磁辐射强度均值超过该监测区域的威胁状态下限，那么我们就认为该监测区域在该时刻满足群体电磁辐射异常。具体的群体电磁辐射异常有着各自不同的表现特征，总的来说，群体电磁辐射异常特征的识别指标可以概括为以下四个：① 区域异常的同化比率（包括强度异常和能量异常两种）；② 区域电磁异常频次；③ 区域电磁异常程度；④ 区域异常时序相似性。

(1)区域异常同化比率:是建立在对个体电磁强度异常和能量异常的识别和统计上的,以强度异常的同化比率为主,能量异常的同化比率作为补充分析。该指标反映了异常在区域出现的影响范围,区域异常的同化比率越大,说明引起该次异常不稳定变化(如应力局部集中、煤岩破裂范围)的区域范围就越大。为了预测可能冲击的程度大小,需要分别针对威胁下限和预警下限,计算各自的区域异常同化比率。

由表 6-14 和表 6-15 可以看出,3 个电磁辐射异常波动出现时,刮板输送机道区域各次群体异常的同化比率以第二次异常最高,超过威胁下限和超过预警下限的强度异常同化比率和能量同化异常比率均接近 90%;第一次异常超过威胁下限的异常同化比率也在 50% 以上,但第一次异常超过预警下限的异常同化比率较低,只有 33.3%。另外还可以看出,第一次异常的强度异常点交错出现,第二次异常的强度异常点几乎遍及整个区域,第三次异常的强度异常点则完全集中到区域的后半部分,这恰恰说明了在冲击地压从孕育到发展再到发生的过程中,异常也经历了从分散到遍及再到集中的过程。三次异常的能量异常同化比率情况表明,前两次异常产生的能量为"1·12 冲击"的孕育和发展积累了能量。

表 6-14　"1·12 冲击"前的刮板输送机道区域异常同化比率(超过威胁下限)

有无异常	第一次(8 日下午)		第二次(10 日下午)		第三次(11 日下午)	
	强度	能量	强度	能量	强度	能量
10 m	有	有	有	有	无	无
20 m	无	有	无	无	无	无
30 m	有	有	有	有	无	无
40 m	有	有	有	有	有	有
50 m	无	无	有	有	有	有
60 m	有	有	有	有	有	有
70 m	无	有	有	有	有	有
80 m	无	有	有	有	有	有
90 m	有	有	有	有	有	有
异常同化比率	5/9	8/9	8/9	8/9	6/9	6/9

表 6-15　"1·12 冲击"前的刮板输送机道区域异常同化比率(超过预警下限)

刮板输送机道区域	第一次(8 日下午)		第二次(10 日下午)		第三次(11 日下午)	
	强度	能量	强度	能量	强度	能量
异常同化比率	3/9	8/9	7/9	8/9	5/9	6/9

(2)区域电磁异常频次:该指标指的是在冲击地压发生前 10 d 的时间内,监测区域内出现电磁辐射群体异常(超过威胁下限或者预警下限)的次数。区域电磁异常频次越大,说明区域内煤岩体不稳定变化的频率就越大。

"1·12 冲击"前 237 工作面刮板输送机道超过威胁下限的电磁群体异常频次为 3 次,超过预警下限的电磁群体异常频次为 2 次,而且随着冲击地压发生时间的迫近,电磁群体异常之间的时间间隔缩短。"1·12 冲击"前刮板输送机道共出现 3 次明显的电磁辐射群体异常波动,第一次波动和第二次波动的时间间隔约为 48 h,第二次波动和第三次波动的时间间隔约为 23 h。

(3) 区域电磁异常程度:某异常时刻,区域内所有异常测点的电磁强度和电磁能量异常幅度(相对于威胁下限或者预警下限)数值的总和。区域电磁异常程度的值越大,说明冲击地压孕育过程中积聚未释放的能量就越大,冲击地压产生的破坏程度就越大。

表 6-16 中的"单个测点",是用区域电磁异常程度的总累计值除以区域的总测点数目,而得到的一个值,主要用来进行各次冲击区域电磁异常程度的比较。"1·12 冲击"前 237 工作面区域的总测点数目为 15 个(刮板输送机道 9 个,工作面前壁 6 个)。

表 6-16   "1·12 冲击"前 237 工作面刮板输送机道的区域电磁异常程度

区域电磁异常程度		第一次	第二次	第三次	总累计	单个测点
超过威胁下限	强度/mV	157	734	452	1 343	90
	能量/(mV²·Ω)	62 897	78 925	33 843	175 665	11 711
超过预警下限	强度/mV		581	334	657	55
	能量/(mV²·Ω)		72 525	29 043	129 022	8 601

由上表可以看出,"1·12 冲击"前刮板输送机道区域的三次异常中,无论是电磁强度还是电磁能量的累计值,均表明第二次异常的区域电磁异常程度最剧烈,其次是第一次异常。第一、二次异常的区域电磁强度异常程度占区域总累计的电磁强度异常程度的 68% 以上,而这两次区域电磁能量异常程度占区域总的电磁能量异常程度的比率更是达到了 80% 以上。在冲击地压孕育到发生过程中,由孕育区域围岩变形失稳引起的电磁辐射异常波动,在程度上呈现先上升后下降的趋势。

(4) 区域异常时序相似性:是建立在对个体电磁前兆数据的时序分析和变量 R 聚类分析的结果之上的。该指标比较的是区域内各个测点异常发展的相似情况,根据相似性结果的划分,可以明确在冲击地压孕育过程中区域哪些测点的异常发展具有一致性。

由前面第 5 章的时间序列分析结果可知,"1·12 冲击"前 237 工作面刮板输送机道区域电磁辐射强度均值时间序列是一个平稳非白噪声序列,可以用 MA(3)模型来拟合。

另外,通过变量 R 聚类分析,对"1·12 冲击"前刮板输送机道区域 9 个测点的异常进行相似性度量。前面第五章的相似性度量结果表明,刮板输送机道 20 m、80 m 和 90 m 这3个测点电磁辐射时间序列具有相似性,而其余 6 个测点的电磁辐射时间序列具有相似性。对后 6 个测点相似性又进行了细化,认为 40 m、50 m、60 m 和 70 m 这 4 个测点是一种异常相似,10 m 和 30 m 这 2 个测点是另一种异常相似。区域异常相似性的定量化和详细化,可以为冲击地压预测和防治区域的细致化和针对化提供依据。

6.3.5 冲击地压的电磁辐射前兆信息识别体系

鹤岗南山煤矿 237 工作面预测冲击地压使用的是便携式 KBD5 电磁辐射监测仪,该仪器虽然具有预测省时省力、预测范围广的特点,但也有很明显的缺点:不能完全进行连续不间断监测,漏检了大量的电磁辐射信息,不能真实反映监测区域煤岩体的动态活动情况。237 工作面"1·12 冲击"前电磁异常的时间特征就反映了这一缺点。"1·12 冲击"前的三次明显异常分别发生在 1 月 8 日下午、10 日下午和 11 日下午,如果现场的日常电磁辐射测试仅是每天上午一测,这样就会漏测真正的电磁辐射异常信息。在线式 KBD7 电磁辐射监测仪能够连续不间断监测,不会漏检电磁辐射信息,但它的监测范围有限,仅仅为监测方向前方的半径为 5 m 左右,角度为 60°的扇形区域。

鹤岗峻德煤矿 296 工作面冲击地压比较严重,尤其是回风道的冲击显现最为明显,因此在 296 工作面回风道安装了 KBD7 电磁辐射连续监测系统,图 6-20 是 296 工作面回风道 KBD7 电磁辐射监测点在 2006 年 12 月 1 日到 8 日的电磁辐射强度实时变化曲线[224]。由该图可以看出,电磁辐射异常前兆的持续时间至少在 1 h 以上。采用 KBD5 电磁辐射仪监测时,每个测点的测试时间只有 2 min,南山煤矿 237 工作面的刮板输送机道监测区域的 9 个测点测试完成不会超过 1 h,这就是在"1 · 12 冲击"前我们能够在该监测区域的多个测点观测到明显的电磁辐射异常的原因。

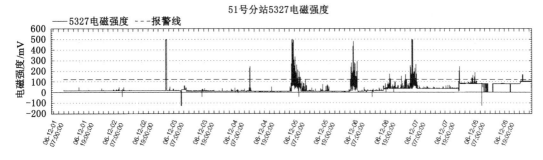

图 6-20　峻德煤矿 296 工作面回风道冲击危险前兆的电磁辐射实时监测曲线

因此我们可以引入系统论的观点,从系统的整体及其状态演变来研究冲击地压前的电磁辐射群体异常现象[222]。在保持每天连续三个班次的日常电磁辐射观测的基础上,可以把监测区域的每一个 KBD5 电磁辐射测点等效为一个独立的平行观测台;把多个测点所在的小部分监测区域(如刮板输送机道、回风道或工作面前壁)视为一个"子系统",该系统由多个观测台组成;再把所有测点所在的监测区域(整个采煤工作面)视为一个"整体系统",该系统是"子系统"的全集。这样,我们就建立了关于冲击地压电磁辐射前兆信息的群体识别体系,具体见图 6-21。

该识别体系由三个层次组成:① 个体的异常识别;② 子群体的异常识别;③ 群体的异常识别。所谓的个体异常识别是针对单个测点而言的,子群体异常识别是指"子系统"的异常识别,而群体异常识别就是"整体系统"的异常识别。每个层次都有自己的异常判别条件,具体归纳如下。

(1) 个体异常的判别条件

条件 1:相对于以往的电磁辐射正常测试水平,测点的电磁辐射强度值出现明显的波动。

条件 2:测点的实测电磁辐射强度均值 E' 大于威胁下限的电磁辐射强度下限,即 $E' > E'_0 + 0.5\sigma^2$。

条件 3:测点的实测电磁辐射能量均值 W' 大于威胁下限的电磁辐射能量下限 W_1,其中 $W_1 = (E'_0 + 0.5\sigma^2)^2$。

(2) 小区域子群体异常的判别条件

条件 1:同一测试阶段,监测区域所有测点中至少有 1/2 的测点出现个体异常,即监测

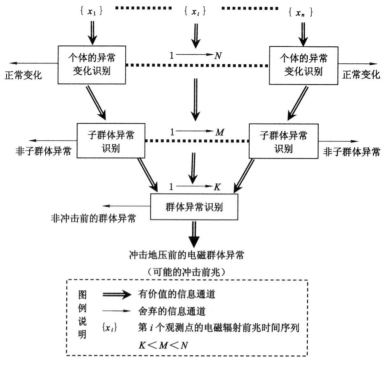

图 6-21　冲击地压电磁辐射前兆群体识别体系

区域的区域异常同化比率在 50% 以上。

条件 2：监测区域的区域电磁异常频次大于 2 次，即冲击前 10 d 至少会出现 2 次以上的电磁辐射群体异常，且随着冲击的临近，冲击前明显的电磁群体异常的时间间隔会不同程度地减小。

条件 3：随着冲击的临近，区域各群体电磁异常的区域异常程度呈现先增大后减小的趋势。

条件 4：区域有冲击危险前兆的电磁辐射时间序列为非白噪声序列，可以用 ARMA 模型来拟合；出现群体异常的监测区域的各个测点的电磁辐射前兆曲线波形具有一定的相似性，其相似程度可用"对变量的 R 聚类"来确定。

条件 5：冲击前区域电磁异常频次、区域异常同化比率和区域电磁异常程度三个指标的综合程度越大，说明未来可能发生冲击的震级就越大，产生的破坏程度就越大。

（3）大区域群体异常（整体异常）的判别条件

条件 1：同一测试阶段，整个监测区域内有 1/3 的小区域满足子群体异常。

6.4　冲击地压电磁辐射前兆群体识别体系的验证

冲击地压电磁辐射前兆预报的基础是电磁辐射异常的判别。冲击地压的电磁辐射前兆信息的群体识别体系的建立，为冲击地压电磁辐射预报提供了依据。

6.4.1　"12·12 冲击"电磁辐射异常的群体识别

2005 年 12 月 12 日凌晨 3 时 41 分，237 工作面发生了震级 3.0 的冲击地压，破坏程度非常严重。237 工作面监测区域各测点 12 月 1 日至 10 日的电磁辐射强度均值曲线有着明显的群体电磁辐射异常特征,见第 6.2.1 节。12 月 12 日前 237 工作面的电磁辐射测试集中在刮板输送机道和工作面前壁,其中刮板输送机道左右两帮均测试,测试位置截止到距离工作面前壁 70 m 处,共 14 个测点;工作面前壁共 4 个测点。因此,可以将 237 工作面监测区域分为三个小区域,即刮板输送机道左帮、刮板输送机道右帮和工作面前壁。根据第6.2.1 节的"12·12 冲击"电磁辐射强度均值曲线,结合个体电磁辐射异常的判别结果,绘制该冲击发生前电磁辐射异常的时空迁移图,见图 6-22。

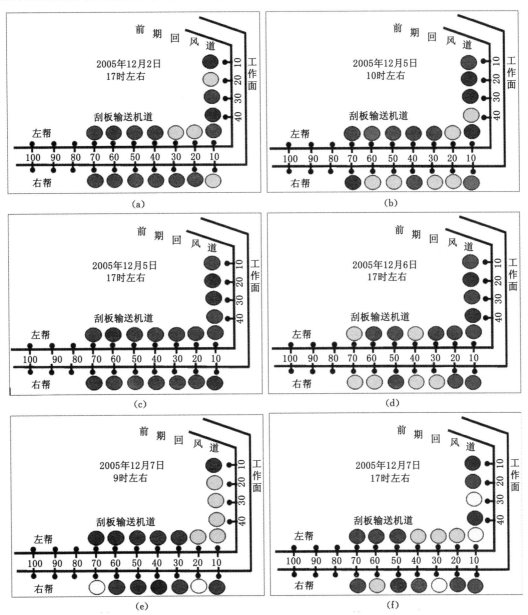

图 6-22 "12·12 冲击"前 237 工作面电磁异常的时空迁移(图中数据单位:m)

(a) 12 月 2 日下午;(b) 12 月 5 日上午;(c) 12 月 5 日下午;(d) 12 月 6 日下午;(e) 12 月 7 日上午;(f) 12 月 7 日下午

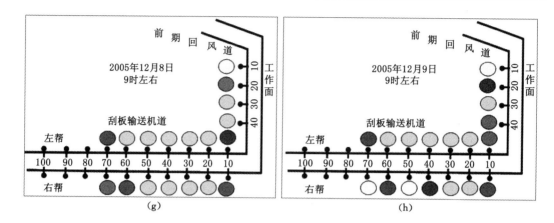

续图 6-22 "12·12 冲击"前 237 工作面电磁异常的时空迁移(图中数据单位:m)

(g) 12 月 8 日上午;(h) 12 月 9 日上午

"12·12 冲击"前的电磁辐射数据是从 12 月 1 日下午到 12 月 10 日下午,每天测试一个班次或者两个班次,而且缺少 12 月 3 日、12 月 4 日、12 月 11 日和 12 月 12 日共 4 d 的数据,可以说"12·12 冲击"前的电磁辐射前兆数据很不完整,这对"12·12 冲击"前的电磁群体异常识别具有一定的影响。

(1)"12·12 冲击"群体异常的判别条件 1

"12·12 冲击"前 12 d 的时间内,一共只有 14 个班次的数据,除了 12 月 2 日上午和 12 月 10 日上午这两个班次外,其余班次 237 工作面三个监测小区域均部分或者全部达到群体异常,满足群体异常的第 1 判别条件,具体见表 6-17。表 6-18 表明,"12·12 冲击"前 10 d 共有 8 次超过预警下限的群体异常。

表 6-17   "12·12 冲击"前 237 工作面的区域异常同化比率(超过威胁下限)

监测区域		第 1 次(2 日 17 时)		第 2 次(5 日 10 时)		第 3 次(5 日 17 时)		第 4 次(6 日 9 时)	
		强度	能量	强度	能量	强度	能量	强度	能量
异常同化比率	刮板输送机道右帮	6/7	6/7	3/7	5/7	7/7	7/7	4/7	7/7
	刮板输送机道左帮	5/7	5/7	6/7	6/7	7/7	7/7	4/7	5/7
	工作面前壁	3/4	3/4	3/4	4/4	4/4	4/4	3/4	4/4
	整个区域	3/3	3/3	2/3	3/3	3/3	3/3	3/3	3/3

监测区域		第 5 次(6 日 17 时)		第 6 次(7 日 9 时)		第 7 次(7 日 17 时)		第 8 次(8 日 9 时)	
		强度	能量	强度	能量	强度	能量	强度	能量
异常同化比率	刮板输送机道右帮	3/7	4/7	7/7	7/7	6/7	6/7	3/7	3/7
	刮板输送机道左帮	5/7	5/7	5/7	5/7	4/7	5/7	2/7	5/7
	工作面前壁	4/4	4/4	1/4	2/4	4/4	4/4	2/4	2/4
	整个区域	2/3	3/3	2/3	3/3	3/3	3/3	1/3	2/3

监测区域		第 9 次 (8 日 18 时)		第 10 次 (9 日 9 时)		第 11 次 (9 日 17 时)		第 12 次 (10 日 17 时)	
		强度	能量	强度	能量	强度	能量	强度	能量
异常同化比率	刮板输送机道右帮	6/7	6/7	5/7	5/7	6/7	6/7	4/7	4/7
	刮板输送机道左帮	4/7	5/7	2/7	6/7	4/7	5/7	3/7	5/7
	工作面前壁	2/4	2/4	3/4	4/4	3/4	3/4	4/4	4/4
	整个区域	3/3	3/3	2/3	3/3	3/3	3/3	2/3	3/3

表 6-18　"12·12 冲击"前 237 工作面的区域异常同化比率 (超过预警下限)

监测区域		第 1 次 (2 日 17 时)		第 2 次 (5 日 10 时)		第 3 次 (5 日 17 时)		第 4 次 (6 日 17 时)	
		强度	能量	强度	能量	强度	能量	强度	能量
异常同化比率	刮板输送机道右帮	0/7	0/7	2/7	5/7	1/7	4/7	0/7	1/7
	刮板输送机道左帮	0/7	0/7	3/7	6/7	1/7	4/7	0/7	1/7
	工作面前壁	2/4	3/4	3/4	3/4	2/4	2/4	2/4	2/4
	整个区域	1/3	1/3	1/3	3/3	1/3	3/3	1/3	1/3

监测区域		第 5 次 (7 日 9 时)		第 6 次 (7 日 17 时)		第 7 次 (8 日 9 时)		第 8 次 (9 日 9 时)	
		强度	能量	强度	能量	强度	能量	强度	能量
异常同化比率	刮板输送机道右帮	5/7	7/7	2/7	5/7	1/7	3/7	4/7	5/7
	刮板输送机道左帮	5/7	5/7	1/7	1/7	1/7	3/7	2/7	5/7
	工作面前壁	1/4	1/4	3/4	4/4	2/4	2/4	3/4	4/4
	整个区域	2/3	2/3	1/3	2/3	1/3	1/3	2/3	3/3

(2) "12·12 冲击"群体异常的判别条件 2

"12·12 冲击"前 237 工作面整个区域超过威胁下限的区域电磁异常频次为 12 次,超过预警下限的区域电磁异常频次为 8 次,而且随着冲击地压发生时间的迫近,明显的电磁群体异常的时间间隔缩短,满足群体异常的第 2 判别条件。表 6-19 说明,"12·12 冲击"前 237 工作面整个区域共出现了三次特别明显的电磁辐射群体异常波动,第一次波动和第二次波动的时间间隔约为 48 h,第二次波动和第三次波动的时间间隔也约为 48 h。

表 6-19　"12·12 冲击"前 237 工作面三次明显的群体电磁异常波动提前时间

电磁群体异常波动提前时间/h	第一次 ΔT_1 (12 月 5 日 10 时)	第二次 ΔT_2 (12 月 7 日 9 时)	第三次 ΔT_3 (12 月 9 日 9 时)
	162	114	66

（3）"12·12 冲击"群体异常的判别条件 3

随着"12·12 冲击"时间的临近,237 工作面超过威胁下限的 12 次电磁群体异常的电磁强度异常幅度和电磁能量异常幅度均呈现先上升后下降的趋势,满足群体异常的第 3 判别条件,具体见表 6-20 和图 6-23。

表 6-20　　　　"12·12 冲击"前 237 工作面的区域电磁异常程度

区域电磁异常程度		第 1 次	第 2 次	第 3 次	第 4 次	第 5 次	第 6 次	第 7 次
超过威胁下限	强度/mV	110	857	278	647	144	2 216	366
	能量/(mV²·Ω)	7 729	189 693	36 112	159 402	15 526	480 129	88 564
超过预警下限	强度/mV	12	682	43		4	1 969	184
	能量/(mV²·Ω)	2 114	176 787	24 576		8 591	469 089	78 929
区域电磁异常程度		第 8 次	第 9 次	第 10 次	第 11 次	第 12 次	总累计	单个测点
超过威胁下限	强度/mV	365	141	806	188	239	6 357	353
	能量/(mV²·Ω)	113 366	21 611	214 341	12 394	48 380	1 387 246	77 069
超过预警下限	强度/mV	260		611			3 765	209
	能量/(mV²·Ω)	106 568		202 408			1 069 061	59 392

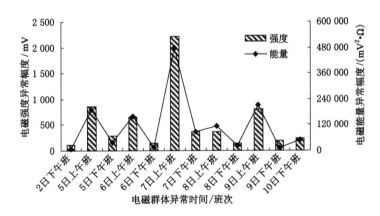

图 6-23　"12·12 冲击"前 237 工作面区域电磁异常程度(超过威胁下限)的变化趋势

（4）"12·12 冲击"群体异常的判别条件 4

"12·12 冲击"前 237 工作面三个监测区域的电磁辐射强度均值时间序列数据太少,只有 14 个班次,无法进行 ARMA 模型的识别。

"12·12 冲击"前监测区域各测点电磁异常相似性的度量结果见图 6-24。相似性度量结果表明:

① 刮板输送机道左帮的 9 个测点,20 m、80 m 和 90 m 这 3 个测点的电磁辐射时间序列具有相似性,而其余 6 个测点的电磁辐射时间序列具有相似性。后 6 个测点的相似性还可以进行细化,30 m、50 m 和 60 m 这 3 个测点是一种异常相似,10 m、40 m 和 70 m 这 3 个测点是另一种异常相似。

② 刮板输送机道右帮的 9 个测点,10 m、20 m、60 m 和 90 m 这 4 个测点的电磁辐射时间序列具有相似性,而其余 5 个测点的电磁辐射时间序列具有相似性。前 4 个测点中,10 m

和 90 m、20 m 和 60 m 分别相似;后 5 个测点中,30 m 和 50 m 相似,40 m、70 m 和 80 m 相似。

③ 工作面前壁的 4 个测点中,10 m 和 20 m、60 m 和 90 m 的电磁辐射时间序列,分别具有相似性。

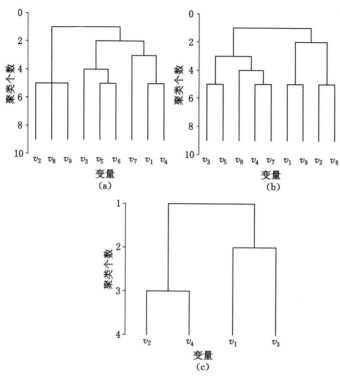

图 6-24 "12·12 冲击"前 237 工作面区域各测点电磁异常的相似性聚类
(a) 刮板输送机道左帮;(b) 刮板输送机道右帮;(c) 工作面左帮

6.4.2 "1·19 有危险"电磁辐射异常的群体识别

2006 年 1 月 12 日 23 时 40 分发生了震级 2.4 级的冲击地压,冲击发生后 237 工作面先前积聚的能量得以释放,表现为 13 日三个班次,工作面监测区域大部分测点的电磁辐射强度均值偏小,变化稳定,在 20 mV 左右波动,只有 13 日夜班的 5 个测点的测试值虽然在威胁下限之上,但没有超过预警下限。但随后到 1 月 18 日之前的这段时间内,237 工作面及刮板输送机道的电磁辐射水平连续 5 d 较强且呈持续增大趋势,超过了临界值(30 mV),矿上适时停产 1 d,采取了紧急卸压治理措施,消除了冲击的发生,恢复了正常生产,表现为 1 月 19 日下午电磁辐射显著下降。此次可能的冲击之前,工作面监测区域具有明显的电磁群体异常特征,图 6-25 是该次可能冲击在 1 月 19 日前电磁辐射异常的时空迁移情况。

(1) "1·19 危险"群体异常的判别条件 1

"1·19 危险"前 6 d 的时间内,有 8 个班次,237 工作面的三个监测区域均部分或者全部达到群体异常,满足群体异常的第 1 判别条件,具体见表 6-21。表 6-22 表明,"1·19 危险"前 6 d 的时间内一共有 3 次超过预警下限的群体异常。

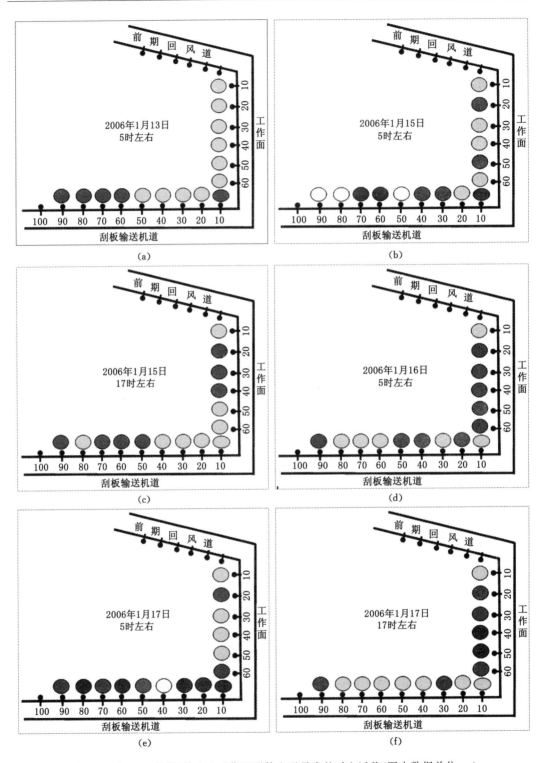

图 6-25 "1·19危险"前 237 工作面群体电磁异常的时空迁移(图中数据单位:m)

(a) 1 月 13 日夜班;(b) 1 月 15 日夜班;(c) 1 月 15 日下午班;(d) 1 月 16 日夜班;

(e) 1 月 17 日夜班;(f) 1 月 17 日下午班

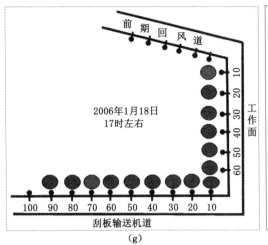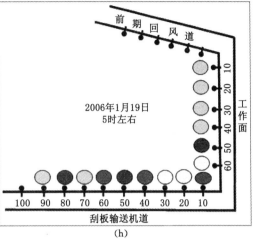

续图 6-25 "1·19危险"前237工作面群体电磁异常的时空迁移(图中数据单位:m)

(g) 1月18日下午班;(h) 1月19日夜班

表 6-21   "1·19危险"前237工作面的区域异常同化比率(超过威胁下限)

监测区域		第1次(13日5时)		第2次(15日5时)		第3次(15日17时)		第4次(16日5时)	
		强度	能量	强度	能量	强度	能量	强度	能量
异常同化比率	工作面前壁	0/6	1/6	2/6	5/6	3/6	4/6	5/6	6/6
	刮板输送机道	5/9	8/9	8/9	9/9	4/9	6/9	4/9	7/9
	整个区域	1/2	1/2	1/2	2/2	1/2	2/2	1/2	2/2
监测区域		第5次(17日5时)		第6次(17日17时)		第7次(18日17时)		第8次(19日5时)	
		强度	能量	强度	能量	强度	能量	强度	能量
异常同化比率	工作面前壁	1/6	5/6	5/6	6/6	6/6	6/6	2/6	4/6
	刮板输送机道	9/9	9/9	2/9	5/9	9/9	9/9	7/9	9/9
	整个区域	1/2	2/2	1/2	2/2	2/2	2/2	1/2	2/2

表 6-22   "1·19危险"前237工作面的区域异常同化比率(超过预警下限)

监测区域		第1次(15日5时)		第2次(17日5时)		第3次(18日17时)	
		强度	能量	强度	能量	强度	能量
异常同化比率	工作面前壁	0/6	2/6	1/6	2/6	5/6	5/6
	刮板输送机道	6/9	9/9	7/9	9/9	8/9	9/9
	整个区域	1/2	1/2	1/2	1/2	2/2	2/2

(2)"1·19危险"群体异常的判别条件2

"1·19危险"前237工作面整个区域超过威胁下限的区域电磁异常频次为12次,超过预警下限的区域电磁异常频次为8次,而且随着冲击地压发生时间的迫近,明显的电磁群体异常的时间间隔缩短,满足群体异常的第 2 判别条件。"1·19 危险"前 237 工作面整个区域共出现了三次特别明显的电磁辐射群体异常波动,分别在 1 月 15 日 5 时、1 月 17 日 5 时和 1 月 18 日 17 时。第一次波动和第二次波动的时间间隔约为 48 h,第二次波动和第三次波动的时间间隔约为 36 h。

(3)"1·19 危险"群体异常的判别条件 3

随着"1·19 危险"的临近,237 工作面超过威胁下限的 12 次电磁群体异常的电磁强度异常幅度和电磁能量异常幅度均呈现先上升后下降的趋势,满足群体异常的第 3 判别条件,具体见表 6-23 和图 6-26。

表 6-23　　　　　　　　"1·19 危险"前 237 工作面的区域电磁异常程度

区域电磁异常程度		第 1 次	第 2 次	第 3 次	第 4 次	第 5 次
超过威胁下限	强度/mV	28	441	50	85	539
	能量/(mV²·Ω)	16 639	118 694	14 318	21 896	110 813
超过预警下限	强度/mV		293			365
	能量/(mV²·Ω)		108 996			101 570
区域电磁异常程度		第 6 次	第 7 次	第 8 次	总累计	单个测点
超过威胁下限	强度/mV	100	426	441	2 110	141
	能量/(mV²·Ω)	15 216	28 722	105 720	432 017	28 801
超过预警下限	强度/mV		131		789	53
	能量/(mV²·Ω)		16 883		227 448	15 163

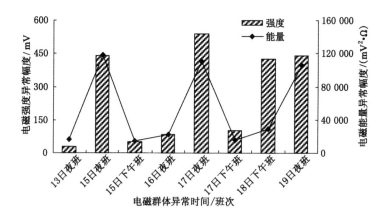

图 6-26　"1·19 危险"前 237 工作面区域电磁异常程度(超过威胁下限)的变化趋势

(4)"1·19 危险"群体异常的判别条件 4

"1·19 危险"前 237 工作面各监测区域的电磁辐射强度均值时间序列的分析见表 6-24。结果表明刮板输送机道和工作面前壁两个监测区域的电磁辐射强度均值时间序列均为平稳非白噪声序列,序列数据中蕴含着冲击危险前兆信息,可以用 ARMA 模型来拟合。

表 6-24   "1·19 危险"前 237 工作面各监测区域电磁辐射时间序列的 ARMA 模型

监测区域名称	ARMA 模型形式	具体格式
刮板输送机道	MA(4)	$32.472\,08+\dfrac{\varepsilon_t}{1-0.638\,17B^4}$
工作面前壁	MA(3)	$26.542\,91+\dfrac{\varepsilon_t}{1-0.428\,87B+0.631\,34B^3}$

"1·19 危险"前监测区域各测点电磁异常相似性的度量,具体见图 6-27。相似性度量结果表明:

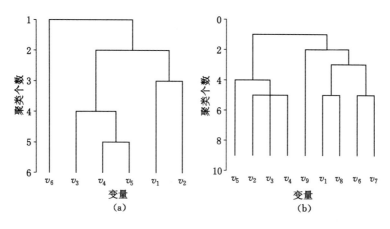

图 6-27 "1·19 危险"前 237 工作面区域各测点电磁异常的相似性聚类
(a) 工作面前壁;(b) 刮板输送机道

① 工作面前壁的 6 个测点,10 m、20 m、30 m、40 m 和 50 m 这 5 个测点的电磁辐射时间序列具有相似性。

② 刮板输送机道的 9 个测点,20 m、30 m、40 m 和 50 m 这 4 个测点的电磁辐射时间序列具有相似性,而其余 5 个测点的电磁辐射时间序列具有相似性。

6.4.3 "5·11 冲击"电磁辐射异常的群体识别

2006 年 5 月 11 日夜班 2 点 20 分,刮板输送机头往上 15~32 m 之间来压,硬帮切开,软帮单体下扎 0.1~0.2 m 局部支护变形,从破坏程度上看,此次冲击更像是一次较强的矿压显现。此次冲击之前有电磁辐射群体异常出现,但群体异常的程度要小些。"5·11 冲击"前 237 工作面的整个电磁辐射监测区域,可以分为工作面前壁、回风道、刮板输送机道三个部分区域。

根据电磁辐射强度判别准则,按照个体异常的判别条件对"5·11 冲击"前各测点的日常观测数据进行判别,并绘制该冲击发生前电磁辐射异常的时空迁移图,见图 6-28。经过统计,"5·11 冲击"前 10 d 共有 4 次超过威胁下限的异常,全部满足大区域群体异常(即整体异常)。

(1)"5·11 冲击"群体异常的判别条件 1

"5·11 冲击"前超过威胁下限的 4 次群体异常中,237 工作面 3 个监测区域均部分或者全部达到群体异常,满足群体异常的第 1 判别条件,具体见表 6-25。"5·11 冲击"前 10 d 未

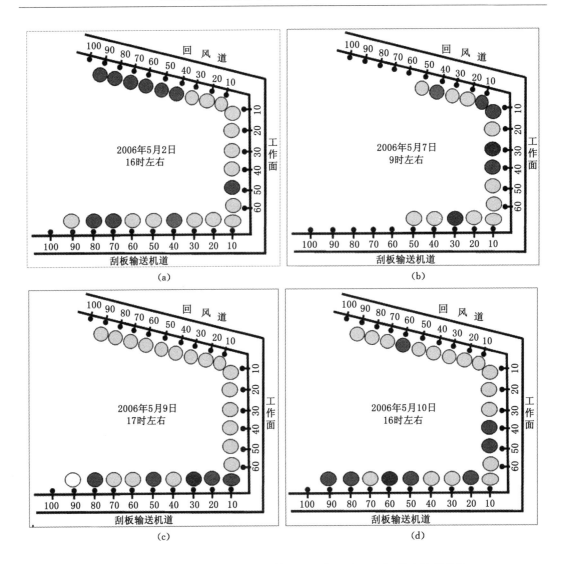

图 6-28 "5·11 冲击"前 237 工作面群体电磁异常的时空迁移(图中数据单位:m)

(a) 5 月 2 日下午;(b) 5 月 7 日上午;(c) 5 月 9 日下午;(d) 5 月 10 日下午

发生超过预警下限的群体异常。

表 6-25 "5·11 冲击"前 237 工作面的区域异常同化比率(超过威胁下限)

监测区域		第1次(2日16时)		第2次(7日9时)		第3次(9日17时)		第4次(10日16时)	
		强度	能量	强度	能量	强度	能量	强度	能量
超过威胁下限	工作面前壁	1/6	3/6	3/6	4/6	0/6	4/6	2/6	5/6
	回风道	6/9	6/9	2/5	3/5	1/9	3/9	1/9	7/9
	刮板输送机道	3/9	7/9	1/5	1/5	6/9	8/9	5/9	9/9
	整个区域	1/3	3/3	1/3	2/3	1/3	2/3	1/3	3/3

监测区域		第1次(2日16时)		第2次(7日9时)		第3次(9日17时)		第4次(10日16时)	
		强度	能量	强度	能量	强度	能量	强度	能量
超过预警下限	工作面前壁	0/6	1/6	1/6	4/6	0/6	3/6	0/6	3/6
	回风道	0/9	2/9	1/5	3/5	0/9	3/9	0/9	7/9
	刮板输送机道	1/9	6/9	1/5	2/5	2/9	8/9	1/9	6/9
	整个区域	0/3	1/3	0/3	2/3	0/3	2/3	0/3	3/3

(2)"5·11冲击"群体异常的判别条件2

"5·11冲击"前237工作面整个区域超过威胁下限的区域电磁异常频次为4次,超过预警下限的区域电磁异常频次为0次,而且随着冲击地压发生时间的迫近,明显的电磁群体异常的时间间隔缩短,满足群体异常的第2判别条件。"5·11冲击"前237工作面整个区域共出现4次电磁辐射群体异常波动,第一次波动和第二次波动的时间间隔约为113 h,第二次波动和第三次波动的时间间隔约为56 h,第三次波动和第四次波动的时间间隔约为23 h,见表6-26。

表 6-26　　　　　"5·11冲击"前237工作面的群体电磁异常波动提前时间

电磁群体异常波动 提前时间/h	第1次 ΔT_1	第2次 ΔT_2	第3次 ΔT_3	第4次 ΔT_3
	202	89	33	10

(3)"5·11冲击"群体异常的判别条件3

"5·11冲击"前237工作面整个区域的4次异常中,无论是电磁强度还是电磁能量的累计值,均表明第二次异常的区域电磁异常程度最剧烈,其次是第三次异常,这两次异常的区域电磁强度异常程度占区域总的电磁强度异常程度的70%以上,而这两次区域电磁能量异常程度占区域总的电磁能量异常程度的比率也在68%以上,同样说明在冲击地压孕育到发生过程中,由孕育区域围岩变形失稳引起的电磁辐射异常波动,在程度上呈现先上升后下降的趋势,见表6-27。无论从强度还是从能量上看,"5·11冲击"前各次群体异常的区域电磁异常程度呈现先增大后减小的趋势,满足群体异常的第3判别条件。

表 6-27　　　　　"5·11冲击"前237工作面的区域电磁异常程度

区域电磁异常程度		第1次	第2次	第3次	第4次	总累计	单个测点
超过威胁下限	强度/mV	88	239	109	37	473	20
	能量/($mV^2 \cdot \Omega$)	32 357	77 693	75 563	39 595	225 208	9 383

(4)"5·11冲击"群体异常的判别条件4

"5·11冲击"前237工作面监测区域的电磁辐射强度均值时间序列的分析见表6-28。结果表明回风道监测区域的电磁辐射强度均值时间序列为非白噪声序列,序列数据中不具有冲击危险前兆信息;刮板输送机道和工作面前壁两个监测区域的电磁辐射强度均值时间序列均为平稳非白噪声序列,序列数据中蕴含着冲击危险前兆信息,可以用 ARMA 模型来拟合。

表 6-28 "5·11 冲击"前 237 工作面各监测区域电磁辐射时间序列的 ARMA 模型

监测区域名称	ARMA 模型形式	具体格式
刮板输送机道	MA(3)	$12.756\,56 + \dfrac{\varepsilon_t}{1 - 0.572\,57B^2 + 0.427\,43B^3}$
回风道	ARMA(0,0)	均值为 14.966 67
工作面	MA(4)	$9.477\,194 + \dfrac{\varepsilon_t}{1 - 0.361\,2B - 0.372\,24B^4}$

"5·11 冲击"前监测区域各测点电磁异常相似性的度量结果,具体见图 6-29。相似性度量结果表明:

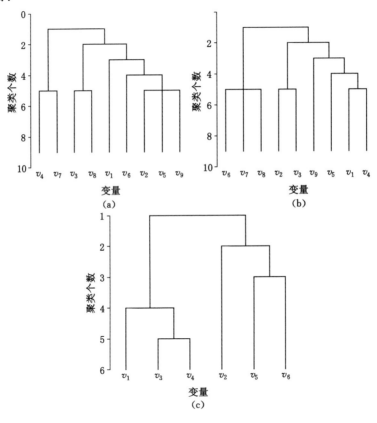

图 6-29 "5·11 冲击"前 237 工作面区域各测点电磁异常的相似性聚类
(a) 刮板输送机道;(b) 回风道;(c) 工作面

① 刮板输送机道的 9 个测点,30 m、40 m、70 m 和 80 m 这 4 个测点的电磁辐射时间序列具有相似性,而其余 5 个测点的电磁辐射时间序列具有相似性。

② 回风道的 9 个测点,60 m、70 m 和 80 m 这 3 个测点的电磁辐射时间序列具有相似性,而其余 6 个测点的电磁辐射时间序列具有相似性。

③ 工作面前壁的 6 个测点中,10 m、30 m 和 40 m 这 3 个测点的电磁辐射时间序列具有相似性;20 m、50 m 和 60 m 这 3 个测点的电磁辐射时间序列具有相似性。

（5）冲击群体异常的判别条件 5

通过对表 6-29 中 237 工作面几次冲击的群体异常指标进行比较，认为冲击前群体异常指标的值越大，发生冲击的震级就越大。冲击的震级和冲击前群体异常的程度具有一定的近似正比关系。

表 6-29　　　　　　　　　　237 工作面几次冲击群体异常指标比较

群体异常比较			"12·12 冲击"（震级 3.0）	"1·12 冲击"（震级 2.4）	"1·19 危险"（未成为冲击）	"5·11 冲击"（震级<1.0）
区域异常程度均值	威胁	强度	353	90	141	20
		能量	77 069	11 711	28 801	9 383
	预警	强度	209	55	53	0
		能量	59 392	8 601	15 163	0
区域异常同化比率均值	威胁		81%	50%	56%	33.3%
	预警		42%	50%	67%	0
区域异常频次	威胁		12	3	8	4
	预警		8	2	3	0

6.5　小　　结

（1）对鹤岗矿区的地质构造和以往该矿区发生矿震的背景进行了分析，介绍了鹤岗矿区南山煤矿 237 孤岛工作面的地质和开采状况，统计了该工作面自回采以来发生的冲击地压和矿压显现情况，为分析该工作面冲击地压的电磁辐射前兆特征提供背景资料。

（2）对 237 工作面所有测点在各次冲击（有冲击危险）前 10 d 的电磁辐射强度值变化情况分析后，发现 237 工作面各个监测区域（刮板输送机道、工作面前壁和回风道）的各个测点在冲击前有明显的电磁辐射前兆异常，而且有些测点的电磁辐射前兆异常在一定程度上具有相似性，具有群体异常的特征。

（3）引入均值和方差这两个统计参数，改良正态分布的经验规则，建立了综合考虑均值和方差的电磁辐射强度异常判别和预警准则。该准则具体由名称、颜色图标、判别标准组成，为个体电磁辐射异常程度的判别提供了定量标准。

（4）提出了电磁强度异常幅度和电磁能量异常幅度，作为个体电磁辐射异常的判别指标；提出了区域异常的同化比率（包括强度异常和能量异常两种）、区域电磁异常频次、区域电磁异常程度和区域异常时序相似性，作为群体电磁辐射异常的判别指标，并进行了应用。

（5）在对"1·12 冲击"电磁辐射异常定量识别的基础上，建立了冲击地压电磁辐射前兆信息的群体识别体系，该识别体系由三个层次组成：① 个体的异常识别；② 子群体的异常识别；③ 群体的异常识别，每个层次都具有自己的异常判别条件。利用南山煤矿"12·12冲击"、"1·19 危险"和"5·11 冲击"三个案例，对该识别体系的识别效果进行验证。结果表明，3 次冲击（有冲击危险）的电磁辐射异常均满足识别体系各个层次的判别条件，识别效果良好，说明该识别体系能够对冲击地压电磁辐射前兆信息进行有效的提取和识别。

7 煤岩电磁辐射干扰因素研究

前面章节电磁辐射技术预测冲击地压所做的分析是对应电磁辐射监测冲击地压发生过程的煤岩应力变化规律。实际上,采掘现场有很多因素影响着电磁辐射监测冲击地压灾害,从而使监测精度大大降低。虽然监测仪器采取了滤波和定向接收技术,在很大程度上减少了外界电磁场的干扰,但在井下实际测试过程中,电磁辐射监测仍然难以避免干扰。

电磁辐射测试的干扰因素众多,就实际采掘现场分析可归纳为机电及电气设备(动力电气设备、电缆线、瓦斯及其他传感器、各种金属管道和支柱及瓦斯抽采设备等)影响和人员影响。本章从这两个方面分析采掘现场对煤岩电磁辐射信号的干扰和影响。

7.1 井下电磁辐射信号来源

由于矿井开采的煤层位于几百米的地下,几百米的地层是最好的电磁辐射天然屏障。所以井下电磁辐射场源,主要为自然型电磁场源(煤岩破裂产生的电磁辐射信号)和人工型电磁场源(机电设备及井下人员带电产生的电磁辐射信号)。

井下煤岩受力变形破坏产生的电磁场有两个特点:① 辐射式频谱很宽的尖脉冲,频率的高低取决于煤岩层的种类,范围从 1 Hz 至数几百兆赫兹;辐射信号的强度取决于作用力的大小和与动力性质有关的煤岩破坏过程、煤的强度及其特性。② 辐射具有明显的方向性,即在沿纵向裂隙扩展方向上接收到的电磁辐射信号强度最大。

在煤矿井下产生天然电磁辐射的源区主要是采掘工作面前方的集中应力带和远离采掘面的某些高应力区、高压瓦斯区。煤岩电磁波自源区向外传播时,由于煤层的电导率低于围岩 1～3 个数量级,所以它在煤层中的扩散损耗和衰减小,传播距离远,而在煤层顶底板方向的岩石中衰减大,传播距离小。

由于井下机电设备种类繁多,各种机电设备产生的杂波,因设备与装置的不同而具有特殊的波形和强度。这类电磁信号对煤岩电磁辐射信号有较强的干扰,也就是煤岩电磁辐射的噪声。其干扰主要来自于自身的感应场,辐射强度较大,远区场强度较小对煤岩电磁辐射影响较小。感应场干扰程度与设备的构造、功率、频率、发射天线型式,设备与接收机的距离以及周围的地形地貌有着密切的关系。

7.2 电磁辐射干扰因素分析

7.2.1 动力电气设备干扰

井下电气设备一般都是交流电强动力设备,设备从启动到停止过程中向外辐射较强的电磁辐射信号,严重影响电磁辐射监测仪监测[192]。图 7-1 为割煤机在一整天启停过程中电磁辐射信号变化图。

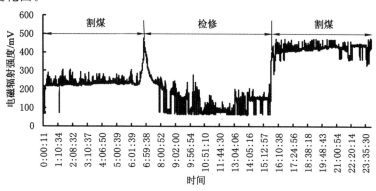

图 7-1　割煤过程中电磁辐射信号图

图 7-1 为井下监测一天作业的整个过程:零点开始到上午八点为割煤时间段;上午八点开始到下午四点为检修时间段;下午四点开始到晚上十二点再次进行割煤。

图中从零点开始即割煤机开始工作时,电磁辐射强度值逐渐上升,到上午八点停止割煤时电磁辐射强度值达到最大并在检修时间段下降回到最初水平,割煤再次进行时电磁辐射强度值随之达到最大,数值高达检修期的 2～3 倍。检修阶段没有割煤机的干扰,监测仪接收到的信号基本为煤岩电磁信号,强度值在 150 mV 左右。在整个监测过程中可以看出,电磁辐射强度值在割煤阶段明显高于检修阶段。因此,运行的割煤机对煤岩电磁辐射信号的干扰是非常严重的。

另外在割煤过程中,随着割煤机逐渐推移,割煤机离电磁辐射监测仪越近,干扰也就越强,数值达到离监测仪较远时的 2 倍还多,并且在割煤阶段一直保持这个水平。

根据上述对电磁辐射强度变化情况分析得出:在采掘过程中,动力电气设备对电磁辐射测试有很大的干扰,且离监测仪越近干扰越大。因此,电磁辐射测试过程中,尽量避开井下动力电气设备或与其保持一定距离,减少对煤岩电磁辐射信号的干扰,以提高电磁辐射监测煤岩动力灾害的准确率。

7.2.2　瓦斯传感器干扰

采掘现场监测电磁辐射过程中发现,不仅动力电气设备对测试电磁信号影响较大,而且像瓦斯传感器之类的设备也会对电磁辐射信号造成比较大的影响。由于传感器的影响比较类似,所以以瓦斯传感器为代表研究对电磁辐射测试中的信号干扰。

在测试瓦斯传感器对电磁辐射影响时,测试地点选在距离工作面端头 10 m 处瓦斯传感器附近,用正确的测试方法对接近和远离瓦斯传感器进行测试并比较所测试结果的电磁辐射强度值变化情况。监测结果如图 7-2 所示。

图 7-2 中,监测仪距离瓦斯传感器保持在 1 m 以内时,测试的电磁辐射强度平均值在 350 mV 左右,最大值接近 500 mV,而将监测仪移开传感器 3 m 左右时,电磁辐射强度值明显降低,平均值为 250 mV 左右,最大值为 420 mV,虽然还存在一定的影响,但相比要小得多。

图 7-3 中,在离掘进工作面端头的瓦斯传感器附近,用正确的方法测试了监测仪距离传感器 0.5 m、1 m、1.5 m 处的电磁信号。可以看出,监测仪距离瓦斯传感器在 0.5 m 左右

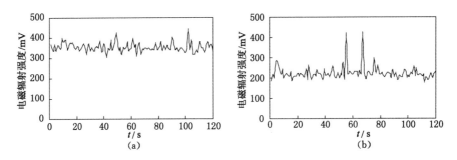

图 7-2 瓦斯传感器对监测电磁辐射强度值的影响对比图

(a) 接近瓦斯传感器;(b) 距瓦斯传感器 3 m

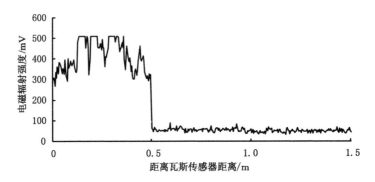

图 7-3 电磁信号随瓦斯传感器位置的变化特征

时,电磁辐射强度值最大,都在 300 mV 以上,将监测仪移开传感器 1 m 以外时,电磁辐射信号强度由 300 mV 衰减到 50 mV 左右,且一直保持此水平没有再衰减。结果表明,1 m 以外瓦斯传感器发出的电磁干扰信号对煤岩电磁辐射信号影响较小。这是由于天线处于瓦斯传感器和信号线的感应场中,其辐射强度随距离的增大而迅速衰减,再加之监测仪本身就具有防爆功能,屏蔽了一些信号。

结合图 7-2 和图 7-3,对比监测仪距瓦斯传感器不同距离发现,煤岩电磁信号在没有其他干扰源的影响下,瓦斯传感器在 1 m 以内对煤岩电磁信号影响较大,在 1 m 以外对煤岩电磁信号虽然存在一定的影响,但是由于监测仪本身的屏蔽功能影响基本上很小。

因此,通过图 7-2 和图 7-3 综合分析得出,在实际测试中,避开各种传感器或与其保持一定的距离,就可以避免或减少干扰源对电磁辐射监测的干扰,从而可以接收到真实可靠的煤岩电磁信号。

7.2.3 瓦斯抽采设备干扰

瓦斯抽采设备对电磁辐射监测的影响与动力电气设备、传感器对电磁辐射监测的影响都有所不同,在监测中发现,有瓦斯抽采设备的情况下电磁辐射强度值明显高于有传感器情况下电磁辐射强度值。尤其对于高瓦斯矿井,监测电磁辐射信号更要考虑瓦斯抽采设备对其的干扰。

测试瓦斯抽采设备对电磁辐射信号影响时,测试地点选在瓦斯抽采钻孔口,用正确的测试方法将监测仪正对抽采钻孔口和沿巷道平行移动距钻孔 5 m 进行监测并比较所测试的电磁辐射强度值的变化情况。监测结果如图 7-4 所示。

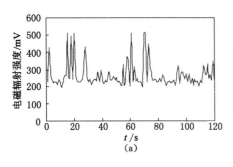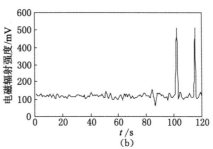

图 7-4   抽采设备对监测电磁辐射强度值的影响对比图
（a）正对抽采钻孔口；（b）平行移开抽采钻孔

图 7-4 中，监测仪正对抽采钻孔时，所测试的电磁辐射强度值波动非常明显，其平均值为 300 mV 左右，最大值为 520 mV，而监测仪沿巷道平行移动距钻孔 5 m 时，所测试的电磁辐射强度平均值为 200 mV 左右，最大值为 500 mV，且相对较平稳，电磁辐射强度值整体下降。虽然或多或少还存在影响，但是影响明显降低。

实际监测过程中，测试天线的摆放位置起着关键性的作用。采用便携式监测仪测试时，由于仪器方便移动，所以容易避开干扰源。测试人员要与测试天线保持一定的距离，天线尽量接近煤壁，开口方向避开对测试造成影响的干扰源。采用在线式连续监测仪测试时，由于连续、不间断进行监测，干扰源的影响是在所难免的，须经过多次测试分析，并在不影响井下正常工作的前提下，将测试天线放到最佳位置，以减少干扰。

因此在实际测试过程中，结合现场的采掘工艺和采掘环境，并进行不断地测试分析，确定监测仪的最佳位置，提高测试效率。

7.2.4   作业人员干扰

除上述机械设备对煤岩电磁信号干扰外，作业人员也对煤岩电磁信号有一定的干扰。这是由于作业人员带电引起周围空间感应场的变化，导致对煤岩电磁信号产生干扰。

作业人员对煤岩电磁信号的干扰相对于机械设备较小，但不容易避开。对于便携式监测仪，由于移动方便，在实际测试时，便于避开测试天线正前方的作业人员。实时在线式监测仪，在实际测试时，由于作业的人员流动且连续不间断的监测，又不影响作业人员正常作业情况下，所以难免要接收到作业人员的电磁信号。虽然监测仪本身的滤波技术可以屏蔽一些干扰，作业人员的电磁信号相对于机械设备较小，但是完全消除难度很大。

通过上述分析，科学合理的选取监测位置成为监测的关键。因此在现场监测过程中，选取最佳监测位置是避免人员干扰的重要途径。

7.3   在线式电磁辐射监测信号影响分析

电磁辐射监测系统在井下进行监测时，距离监测仪比较近的电气设备、电缆线、瓦斯传感器、瓦斯抽采设备、各种金属管道和金属支柱等，对电磁辐射的监测效果都有一定的影响，尤其是综掘机在启动时对电磁辐射信号的影响更为严重[52]。虽然电磁辐射监测仪器采取了定向接收技术来排除和减弱周围电磁场的干扰，但是在环境复杂、干扰源较多的井下，依然会受到一些因素的干扰，影响判别煤岩动力灾害危险的可靠度，从而降低了电磁辐射预测预警的准确率。

根据在现场跟踪采煤工作面电磁辐射监测结果,研究回采各工序的电磁辐射响应规律,定量回采各工序对电磁辐射监测的影响或者干扰程度,为提高电磁辐射监测预警的准确性和可靠度提供依据。

长沟峪煤矿 15 槽煤层为急倾斜煤层,煤层瓦斯含量很低,其工作面布置为悬移式工作面,回采工艺为炮采。采用人员在井下跟踪的方法对工作面回采情况进行实时记录,通过与相应时间点和时间段的电磁强度值对比分析,确定回采过程中干扰源及其对电磁辐射监测信号的干扰程度。以下是分别对北一北风井 15 槽三壁工作面和北一南风井 15 槽工作面进行跟踪记录的情况。

图 7-5 为 3 月 4 日在北一北风井 15 槽三壁工作面跟踪一个班次回采作业过程的电磁辐射强度的监测结果。16:00 工人进入工作面;16:10~18:50 进行调支架,其中 16:22 和 18:05 分别为启、停刮板输送机;18:50~20:07 和 20:54~21:06 进行凿煤(刮板输送机运行);21:15~21:24 作业人员进行移动。

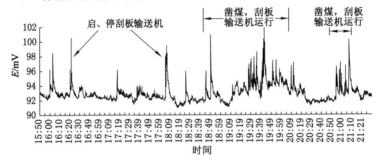

图 7-5   3 月 4 日下平巷电磁辐射强度图

图 7-6 为 3 月 7 日在北一北风井 15 槽三壁工作面跟踪一个班次回采作业过程的电磁辐射强度的监测结果。15:15 工人进入工作面;15:55~20:05 进行调支架、凿煤作业,该时间段中刮板输送机启停较为频繁;20:48~20:56 人员在下平巷抬单柱腿。

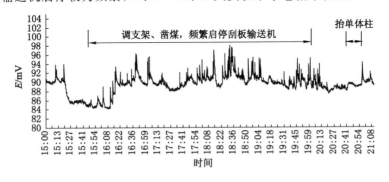

图 7-6   3 月 7 日下平巷电磁辐射强度图

由图 7-5 和图 7-6 可以看出:启停刮板输送机时电磁辐射强度增幅较大,刮板输送机连续运行期间,电磁辐射强度处于较高水平,刮板输送机停止工作时电磁辐射强度值逐渐下降,恢复到启动前水平;作业人员的移动对信号几乎没有影响。

北一北 15 槽风井工作面的跟踪监测结果表明,工作面采煤工序和相关电气设备对在线式电磁辐射监测有一定影响。同属于安子采区 15 槽煤层且情况相似的北一南 15 槽风井上山工作面也有类似的变化规律。具体情况如下:

该工作面刮板输送机的电动机位于 KBD7 电磁辐射天线南 25 m 处,绞车的电动机位于天线北 23 m 处,且距天线 2 m 的位置处安装有电话和电铃。

图 7-7 到图 7-8 是北一南 15 槽风井工作面跟踪记录的电磁辐射信号曲线图。图中的横坐标为工作面回采作业时各工序的动作,其具体含义如下:"/"代表没有事件(工序)发生,当无事件(工序)发生时,每隔 10 min 记一次数;"打眼"指的是采面打炮眼,每次打眼时间不超过 1 min;"打开"和"打关"指打开和关闭打眼用的煤风钻;"刮开"和"刮关"指刮板输送机开和关;"绞开"和"绞关"指绞车开和关;"开一下"指绞车在短时间内开一下又关闭;"加压"指采面支柱加压;"拆槽"和"装槽"指拆卸和安装刮板运输槽;"提槽"指用手提葫芦提升刮板运输槽;"装药"指向采面炮眼中装炮药;"刮故障"指刮板输送机上积压大量煤导致其不能运转;"槽内有无煤"指刮板输送机运行时槽内有无煤;"除槽内煤"指用铁锹铲出槽内积压的煤。

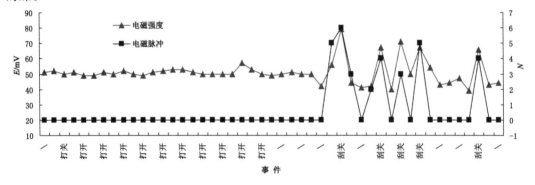

图 7-7　3 月 2 日监测信号测试图

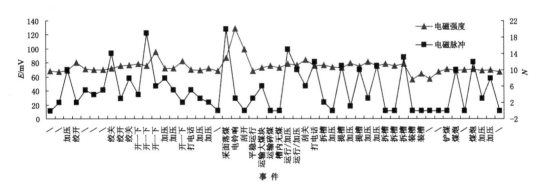

图 7-8　3 月 4 日监测信号测试图

根据监测结果可以得知,工作面在回采作业过程中的各工序动作对在线式电磁辐射监测存在一定程度的影响,具体如下:

(1)刮板输送机

刮板输送机平稳运行时,电磁辐射强度维持在正常水平;当刮板槽内有适量连续的煤时电磁辐射强度值会略偏低，而没有煤时会略偏高；刮板输送机开和关的瞬间，电磁辐射强度增大 32％左右，如图 7-8 所示。当刮板输送机槽内积压大量煤致使不能运转时，电磁辐射强度增加 78％～140％，特别是当槽内充满 10～20 cm 长的煤块时干扰十分严重，电磁脉冲会成百倍或几百倍的增加；并且，刮板输送机处于断电状态也有相同增加量如图 7-9 所示。用手提葫芦提升刮板运输槽进行拆装时，电磁辐射强度增加 13％左右，电磁脉冲增加 6 倍左右，如图 7-8 所示。

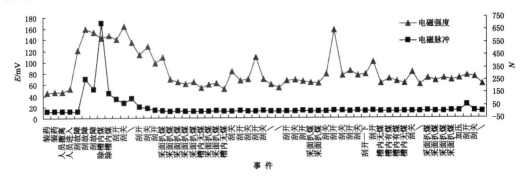

图 7-9　3 月 7 日监测信号测试图

（2）打眼爆破

工作面打炮眼时电磁辐射强度增加 11％左右（图 7-7），装药时会产生轻微干扰（图 7-9）。

（3）支柱加压

工作面支柱加压时，电磁辐射强度增加 8％左右，电磁脉冲一般增加 4 倍左右，有时能够达到 8 倍，如图 7-8 所示。

（4）绞车

绞车平稳运行阶段电磁辐射强度增加 4％左右，在开停瞬间增加 18％，如图 7-8 所示。

（5）电话和电铃

来电话时电磁辐射强度增加 7％左右，电磁脉冲增加 7 倍左右；电铃响起时电磁辐射强度瞬间增加 90％以上，电磁脉冲也有明显升高，如图 7-8 所示。

（6）人员走动

人员在 KBD7 天线附近走动对电磁辐射强度和脉冲均没有影响，如图 7-8 所示。

（7）扒煤

工作面扒煤时，电磁辐射强度增加 8％左右，电磁脉冲增加 2 倍左右，如图 7-9 所示。

通过对回采工作中的干扰源以及影响程度分析得知，工作面回采过程中，涉及使用机电设备的作业工序，对电磁辐射影响最大，是在线式电磁辐射监测的主要干扰源，而一般作业活动虽然对电磁辐射有影响，但影响较小，绞车、刮板输送机等机电设备在开启和关闭的瞬间，会使得电磁辐射强度明显增加；当刮板输送机槽内积压大量煤块时，会加剧对电磁辐射的干扰，造成电磁辐射强度和电磁脉冲成倍甚至几百倍的增加，极易触发预警造成误报。将回采作业中各工序对电磁辐射影响的程度进行汇总，具体结果见表 7-1。

表 7-1 回采作业各工序对电磁辐射的影响程度

干扰因素	电磁强度影响（增加量）	电磁脉冲影响（增加量）
开停刮板输送机	严重（32%）	比较严重（4 倍）
输送机稳定运行	轻微（5%）	几乎没有影响
输送机槽内积压大量煤不能运转	特别严重（78%～140%）	特别严重，成百倍甚至几百倍增加
提升刮板运输槽	比较严重（13%）	严重（6 倍）
开停绞车	严重（18%）	严重（6 倍）
支柱加压	有一定影响（8%）	严重（4 倍～8 倍）
打眼	比较严重（11%）	几乎没有影响
扒煤	有一定影响（8%）	有影响（2 倍）
电话	有一定影响（7%）	严重（7 倍）
电铃	特别严重（90%）	轻微（2 倍）
人员走动	没有影响	没有影响

根据定量分析的结果可以得知，刮板输送机运行和电气设备频繁开关时干扰比较严重，容易触发趋势预警，严重时还会触发临界预警，尤其当几种干扰同时发生时，更容易触发预警。由图 7-9 表明，3 月 7 日刮板输送机由于煤积压导致不能运行时电磁辐射信号与发生冲击前的电磁辐射信号[50]极为相似，并且已经触发预警。

通过对干扰信号和有效信号进行对比分析可知：干扰信号多数是针状的突增突降信号，持续时间比较短，基本都是处于半个小时以内；而有效信号不仅具有前兆时间，并且信号持续时间比较长，一般都大于一个小时。此外，有效信号多数是增长比较缓慢的信号，不是针状的突增突降。根据这些信号特征和持续时间，在软件方面增加了基于五点平均的滤波算法来对监测到的信号进行滤波处理，这能够将超过临界值的短时剧烈波动的干扰信号进行有效滤除，从而减少误报的出现。

电磁辐射在线监测过程中，要密切关注电磁辐射信号的变化趋势，回采作业引起的干扰影响在对冲击地压进行监测时容易造成误报。对于发生的预警事件首先应排除其中干扰的影响，确定冲击地压发生前兆的准确性，提高煤岩动力灾害电磁辐射监测及预警的准确度。

7.4 小　　结

通过分析井下各种干扰源对煤岩电磁信号的干扰，将干扰源归结为机电及电气设备干扰和人员干扰两大类，并分别对干扰源特征进行了分析。

（1）总结了井下煤岩电磁辐射信号的主要来源，即自然型电磁场源（煤岩破裂产生的电磁辐射信号）和人工型电磁场源（机电设备及井下人员带电产生的电磁辐射信号）。其中，前者产生的是有效信号，后者产生的是干扰信号。

（2）分析了人工型电磁场源的动力电气设备、传感器之类等因素的电磁辐射信号特征，结果表明：动力电气设备中割煤机对煤岩电磁信号的干扰最为严重，割煤机附近采集到的电磁信号是正常情况下信号的 2～3 倍；瓦斯抽采设备对煤岩电磁信号的干扰较为严重，对比有无瓦斯抽采设备的电磁信号，发现信号强度变化明显；传感器对煤岩电磁信号的影响在

1 m之内比较严重,1 m以外虽有影响但很小,基本上可以忽略。

（3）对人工型电磁场源的人员干扰因素进行了分析,结果表明:人员的流动性对电磁辐射信号干扰较大。因此,选取合理的监测位置是保证良好监测效果的关键所在。

（4）科学合理地确定监测最佳位置,改进监测仪的滤波、屏蔽干扰信号技术是降低煤岩电磁辐射有效信号干扰的有效途径。

参 考 文 献

[1] 何满潮,谢和平,彭苏萍,等.深部开采岩体力学研究[J].煤炭学报,2012,37(4): 535-542.

[2] FRID V. Electromagnetic radiation method for rock and gas outburst forecast[J]. Journal of Applied Geophysics,1997,38(2):97-104.

[3] FRID V,VOZOFF K. Electromagnetic radiation induced by mining rock failure[J]. International Journal of Coal Geology,2005,64(1-2):57-65.

[4] 杨勇,潘一山,李国臻.便携式电磁辐射仪监测冲击矿压危险区域研究[J].煤矿开采, 2007,12(2):62-64,72.

[5] 何学秋,刘明举.含瓦斯煤岩破坏电磁动力学[M].徐州:中国矿业大学出版社,1995.

[6] 王恩元.含瓦斯煤破裂的电磁辐射和声发射效应及其应用研究[D].徐州:中国矿业大学,1997.

[7] 王恩元,何学秋,刘贞堂.煤岩变形及破裂电磁辐射信号的R/S统计规律[J].中国矿业大学学报,1998,27(4):349-351.

[8] 王恩元,何学秋,刘贞堂.煤岩变形及破裂电磁辐射信号的分形规律[J].辽宁工程技术大学学报(自然科学版),1998,17(4):343-347.

[9] 王恩元,何学秋,窦林名,等.煤矿采掘过程中煤岩体电磁辐射特征及应用[J].地球物理学报,2005,48(1):216-221.

[10] 钱建生,刘富强,陈治国,等.煤岩破裂过程电磁波传播特性的分析[J].煤炭学报, 1999,24(4):392-394.

[11] 王恩元,何学秋.煤岩变形破裂电磁辐射的实验研究[J].地球物理学报,2000,43(1): 131-137.

[12] 王恩元,何学秋,聂百胜,等.电磁辐射法预测煤与瓦斯突出原理[J].中国矿业大学学报,2000,29(3):225-229.

[13] 钱建生,刘富强,陈治国,等.煤与瓦斯突出电磁辐射监测仪[J].中国矿业大学学报, 2000,29(2):167-169.

[14] 聂百胜.含瓦斯煤岩力电效应及机理的研究[D].徐州:中国矿业大学,2001.

[15] 窦林名,何学秋.冲击矿压防治理论与技术[M].徐州:中国矿业大学出版社,2001.

[16] WANG E,HE X,LIU X,et al. Comprehensive monitoring technique based on electromagnetic radiation and its applications to mine pressure[J]. Safety Science,2012,50 (4):885-893.

[17] 王恩元,何学秋,李忠辉,等.煤岩电磁辐射技术及其应用[M].北京:科学出版社,2009.

[18] 王恩元,何学秋,刘贞堂,等. 受载岩石电磁辐射特性及其应用研究[J]. 岩石力学与工程学报,2002,21(10):1473-1477.

[19] 王恩元,何学秋,刘贞堂,等. 煤岩动力灾害电磁辐射监测仪及其应用[J]. 煤炭学报,2003,28(4):366-369.

[20] 王恩元,何学秋,刘贞堂,等. 受载煤体电磁辐射的频谱特征[J]. 中国矿业大学学报,2003,32(5):487-490.

[21] 何学秋,王恩元,聂百胜,等. 煤岩流变电磁动力学[M]. 北京:科学出版社,2003.

[22] 何学秋,聂百胜,王恩元,等. 矿井煤岩动力灾害电磁辐射预警技术[J]. 煤炭学报,2007,32(1):56-59.

[23] WANG E,HE X,LIU X,et al. A non-contact mine pressure evaluation method by electromagnetic radiation[J]. Journal of Applied Geophysics,2011,75(2):338-344.

[24] LIU X,WANG E. Study on characteristics of EMR signals induced from fracture of rock samples and their application in rockburst prediction in copper mine[J]. Journal of Geophysics and Engineering,2018,15(3):909-920.

[25] 王恩元,刘晓斐. 冲击地压电磁辐射连续监测预警软件系统[J]. 辽宁工程技术大学学报,2009,28(1):17-20.

[26] 刘晓斐,王恩元,何学秋. 孤岛煤柱冲击地压电磁辐射前兆时间序列分析[J]. 煤炭学报,2010,35(S1):15-18.

[27] 刘晓斐,王恩元,赵恩来,等. 孤岛工作面冲击地压危险综合预测及效果验证[J]. 采矿与安全工程学报,2010,27(2):215-218.

[28] 高忠红,何富连,孟筠青,等. 利用井上下电磁辐射确定煤岩动力灾害的钻屑量预警值[J]. 煤炭学报,2011,36(4):615-618.

[29] 王恩元,李忠辉,何学秋,等. 煤与瓦斯突出电磁辐射预警技术及应用[J]. 煤炭科学技术,2014,42(6):53-57,91.

[30] 贾瑞生,闫相宏,孙红梅,等. 基于多源信息融合的冲击地压态势评估方法[J]. 采矿与安全工程学报,2014,31(2):187-195.

[31] COOK N G W. A note on rockbursts considered as a problem of stability[J]. Journal of the Southern African Institute of Mining and Metallurgy,1965,65(8):437-446.

[32] COOK N G W,Hoek E,Pretorius J P,et al. Rock mechanics applied to study of rockbursts[J]. Journal of the Southern African Institute of Mining and Metallurgy,1966,66(10):436-528.

[33] HUANG ANZENG. Rock burst and energy release rate[C]//In Proceedings 6th International Congress on Rock Mechanics,1988:971-974.

[34] BIENIAWSKI Z T,DENKHAUS H G,VOGLER U W. Failure of fracture rock[J]. International Journal of Rock Mechanics and Mining Science,1969,6(3):323-341.

[35] 金立平,鲜学福. 煤层冲击倾向性研究及模糊综合评判[J]. 重庆大学学报,1993,16(6):114-119.

[36] 章梦涛,徐曾和,潘一山. 冲击地压和突出的统一失稳理论[J]. 煤炭学报,1991,16(4):48-53.

[37] PROCHAZKA P P. Application of discrete element methods to fracture mechanic of rock burst[J]. Engineering Fracture Mechanics,2004,71(4-6):601-618.

[38] DYSKIN A V,GERMANOVICH L N. Model of Rockburst Caused by Cracks Growing Near Free Surface[M]. Boca Raton:CRC Press,1993:169-175.

[39] 周瑞忠. 岩爆发生的规律和断裂力学机理分析[J]. 岩土工程学报,1995,17(6):111-117.

[40] 黄庆享,高召宁. 巷道冲击地压的损伤断裂力学模型[J]. 煤炭学报,2001,26(2):156-159.

[41] BAGDE M N,PETROS V. Fatigue and dynamic energy behaviour of rock subjected to cyclical loading[J]. International Journal of Rock Mechanics and Mining Sciences,2009,46(1):200-209.

[42] XIE H,PARISEAU W G. Fractal character and mechanism of rock bursts[J]. International Journal of Rock Mechanics and Mining Sciences & Geomechanics Abstracts,1993,30(4):343-350.

[43] 缪协兴,安里千,翟明华,等. 岩(煤)壁中滑移裂纹扩展的冲击矿压模型[J]. 中国矿业大学学报,1999,28(2):113-117.

[44] 潘岳,解金玉,顾善发. 非均匀围压下矿井断层冲击地压的突变理论分析[J]. 岩石力学与工程学报,2001,20(3):310-314.

[45] 潘一山,李忠华,章梦涛. 我国冲击地压分布、类型、机理及防治研究[J]. 岩石力学与工程学报,2003,22(11):1844-1851.

[46] 齐庆新,窦林名. 冲击地压理论与技术[M]. 徐州:中国矿业大学出版社,2008.

[47] 窦林名,陆菜平,牟宗龙,等. 冲击矿压的强度弱化减冲理论及其应用[J]. 煤炭学报,2005,30(6):690-694.

[48] 李春睿,康立军,齐庆新,等. 深部巷道围岩分区破裂与冲击地压关系初探[J]. 煤炭学报,2010,35(2):185-189.

[49] 姜福兴,魏全德,王存文,等. 巨厚砾岩与逆冲断层控制型特厚煤层冲击地压机理分析[J]. 煤炭学报,2014,39(7):1191-1196.

[50] 冯俊军,王恩元,沈荣喜,等. 煤体压剪破裂震源模型及远场震动特征[J]. 中国矿业大学学报,2016,45(3):483-489.

[51] 潘俊锋,宁宇,毛德兵,等. 煤矿开采冲击地压启动理论[J]. 岩石力学与工程学报,2012,32(3):586-596.

[52] 姜耀东,王涛,宋义敏,等. 煤岩组合结构失稳滑动过程的实验研究[J]. 煤炭学报,2013,38(2):177-182.

[53] 姜耀东,赵毅鑫,何满潮,等. 冲击地压机制的细观实验研究[J]. 岩石力学与工程学报,2007,26(5):901-907.

[54] 赵同彬,郭伟耀,谭云亮,等. 煤厚变异区开采冲击地压发生的力学机制[J]. 煤炭学报,2016,41(7):1659-1666.

[55] 马念杰,郭晓菲,赵志强,等. 均质圆形巷道蝶型冲击地压发生机理及其判定准则[J]. 煤炭学报,2016,41(11):2679-2688.

[56] 张秀兰,李卫,许长江,等.京西矿震活动特征及其与天然地震关系初探[J].国际地震动态,1998(1):14-17.

[57] 车用太,王椅,黄积刚,等.矿震及其前兆初探[J].中国地震,1993,9(4):334-340.

[58] 徐世杰,陈忠奇,白琪光,等."矿震"诱发机制的探讨[J].地震,1987,7(5):44-49.

[59] HORNER R B,HASEGAWA H S. The seismotectonics of southern Saskatchewan [J]. Canadian Journal of Earth Sciences,1978,15(8):1341-1355.

[60] HASEGAWA H S,WETMILLER R J,GENDZWILL D J. Induced seismicity in mines in Canada—an overview[J]. Pure and Applied Geophysics,1989,129(3-4):423-453.

[61] 张少泉,张诚,修济刚,等.矿山地震研究述评[J].地球物理学进展,1993,8(3):69-85.

[62] MORRISON D M,MACDONALD P. Rockbursts at Inco mine[C]//Proceedings the 2nd Internation Symposium Rockbursts and Seismicity in Mines. Rotterdam:A A Balkema,1990:263-267.

[63] HEDLEY D G F. Rockburst handbook for ontaroi hardrock mines[R]. Ottawa:Canada Communication Group,1992.

[64] LIU W Q,LI S Y,ZHENG Z Z,et al. A study on seismic source process in short-term and imminent stage before destructive mining shock[J]. Acta Seismologica Sinica,1999,12(1):63-72.

[65] 沈萍,杨选辉,毛仲玉,等.矿震成核过程的公里尺度研究[J].地球物理学进展,2006,21(3):717-721.

[66] 李铁,蔡美峰,孙丽娟,等.强矿震地球物理过程及短临阶段预测的研究[J].防灾减灾学报,2004,20(3):961-967.

[67] 李铁,蔡美峰,孙丽娟,等.基于震源机制解的矿井采动应力场反演与应用[J].岩石力学与工程学报,2016,35(9),1747-1753.

[68] 尹光志,鲜学福,金立平,等.地应力对冲击地压的影响及冲击危险区域评价的研究[J].煤炭学报,1997,22(2):132-137.

[69] 谷志孟,葛修润,潘汉洪.利用液压应力计直接测定软岩应力的模型试验研究[J].岩土力学,1990,11(4):23-34.

[70] 刘庆,安里千,刘升贵,等.万年矿巷道围岩松动圈的检测与支护优化探讨[J].矿业研究与开发,2008,28(6):31-33.

[71] 曲效成,姜福兴,于正兴,等.基于当量钻屑法的冲击地压监测预警技术研究及应用[J].岩石力学与工程学报,2011,30(11):2346-2351.

[72] 付东波,齐庆新,秦海涛,等.采动应力监测系统的设计[J].煤矿开采,2009,14(6):13-16.

[73] 刘杰,王恩元,赵恩来,等.深部工作面采动应力场分布变化规律实测研究[J].采矿与安全工程学报,2014,31(1):60-65.

[74] 李世愚,和雪松,张少泉.矿山地震监测技术的进展及最新成果[J].地球物理学进展,2004,19(4):853-859.

[75] 姜福兴,杨淑华,成云海,等.煤矿冲击地压的微地震监测研究[J].地球物理学报,

2006,49(5):1511-1516.

[76] 潘一山,赵扬锋,官福海,等.矿震监测定位系统的研究及应用[J].岩石力学与工程学报,2007,26(5):1002-1011.

[77] 苗小虎,姜福兴,王存文,等.微地震监测揭示的矿震诱发冲击地压机理研究[J].岩土工程学报,2011,33(6):971-976.

[78] 陆菜平,窦林名,曹安业,等.深部高应力集中区域矿震活动规律研究[J].岩石力学与工程学报,2008,27(11):2302-2308.

[79] 李志华,窦林名,管向清,等.矿震前兆分区监测方法及应用[J].煤炭学报,2009,34(5):614-618.

[80] 夏永学,康立军,齐庆新,等.基于微震监测的5个指标及其在冲击地压预测中的应用[J].煤炭学报,2010,35(12):2011-2016.

[81] 姜福兴,苗小虎,王存文,等.构造控制型冲击地压的微地震监测预警研究与实践[J].煤炭学报.2010,35(6):900-903.

[82] 王元杰,齐庆新,毛德兵,等.基于地音监测技术的冲击危险性预测[J].煤矿安全,2010,41(4):52-54.

[83] 陈健民.地应力与岩体红外辐射现象理论初探[J].煤炭学报,1995,20(3):256-259.

[84] 吴立新,王金庄.煤岩受压红外热现象与辐射温度特征实验[J].中国科学(D辑),1998,28(1):41-46.

[85] 刘善军.岩石受力与灾变过程的红外辐射规律实验研究[D].北京:中国矿业大学(北京),2004.

[86] 郭文奇,张拥军,安里千,等.红外辐射探测预测煤矿冲击地压的试验研究[J].煤炭科学技术,2007,35(1):73-77.

[87] YAODONG JIANG,YIXIN ZHAO,HONGWEI WANG,et al. A review of mechanism and prevention technologies of coal bumps in China[J].Journal of Rock Mechanics & Geotechnical Engineering,2016,9(1):180-194.

[88] 陈智勇,杜晓泉,陶如谦.电磁辐射与地震[M].北京:地震出版社,1998.

[89] ВОЛАРОВИЧМ П, ПАРХОМЕНКО Э И. Пьезоэлектрическии эффект горных пород[J].Изв. АН СССР,Сер. Геофиз,1955,99(2):215-222.

[90] NITSAN U. Electromagnetic emission accompanying fracture of quartz - bearing rocks[J].Geophysical Research Letters,1977,4(8):333-336.

[91] 徐为民,童芜生,吴培稚.岩石破裂过程中电磁辐射的实验研究[J].地球物理学报,1985,28(2):181-190.

[92] ШЕВЦОВ Г И,МИГУНОВ Н И,СОБОЛЕВ Г А,et al. Электризация полевых шпатов при деформации и разрушении[J].Доклады Академии наук Российская Академия наук,1975,225(2):313-315.

[93] 李均之,曹明,毛浦森,等.岩石压缩实验与震前电磁辐射的研究[J].北京工业大学学报,1982(4):47-53.

[94] ГОХБЕРГ М Б,ГУФЕЛЬД И Л,ГЕРШЕНЗОН Н И,et al. Электромагнитные эффекты при разрушении земной коры[J].Изв. АН СССР. Физика Земли,1985(1):

72-87.

[95] 佩列利曼,哈季阿什维利.破裂电磁辐射理论研究[C]//苏联地震预报研究文集.北京：地震出版社,1993:35-39.

[96] OGAWA T,OIKE K. Electromagnetic radiation from rocks[J]. Journal of Geophysical Research:Atmospheres,1985,90(D4):6245-6249.

[97] CRESS G O,BRADY B T,ROWELL G A. Sources of electromagnetic radiation from fracture of rock samples in the laboratory[J]. Geophysical Research Letters,1987,14(4):331-334.

[98] 郭自强,尤峻汉,李高,等.破裂岩石的电子发射与压缩原子模型[J].地球物理学报,1989,32(2):173-177.

[99] 郭自强,刘斌.岩石破裂电磁辐射的频率特性[J].地球物理学报,1995,38(2):221-226.

[100] 朱元清,罗祥麟,郭自强,等.岩石破裂时电磁辐射的机理研究[J].地球物理学报,1991,34(5):595-601.

[101] ENOMOTO Y,AKAI M,HASHIMOTO H,et al. Exoelectron emission:Possible relation to seismic geo-electromagnetic activities as a microscopic aspect in geotribology[J]. Wear,1993,168(1-2):135-142.

[102] 王炽仑,杨仲乐,陈以旭,等.岩石破裂时的电磁辐射[J].地球物理学报,1992,35(增):287-291.

[103] IVANOV V V,EGOROV P V,KOLPAKOVA L A,et al. Crack dynamics and electromagnetic emission by loaded rock masses[J]. Journal of Mining Science,1988,24(5):406-412.

[104] IVANOV V V,PIMONOV A G. A statistical model of electromagnetic emission from a fracture in a rock[J]. Soviet Mining,1990,26(2):148-151.

[105] OHTSUKI,YOSHI-HIKO,KAMOGAWA,et al. Plasmon-decay model for origin of electromagnetic wave noises in the earthquakes[C]//IEEE International Symposium on Electromagnetic Compatibility Proceedings of the 1997 International Symposium on Electromagnetic Compatibility,1997:80-82.

[106] KAMOGAWA,MASASHI,OHTSUKI,et al. Dipole-image model for origin of electromagnetic wave noises in the earthquakes[C]//IEEE International Symposium on Electromagnetic Compatibility Proceedings of the 1997 International Symposium on Electromagnetic Compatibility,1997:83-85.

[107] 刘煜洲,刘因,王寅生,等.岩石破裂时电磁辐射的影响因素和机理[J].地震学报,1997,19(4):418-425.

[108] 孙正江,王丽华,高宏.岩石标本破裂时的电磁辐射和光发射[J].地球物理学报,1986,29(5):491-495.

[109] 钱书清,任克新,吕智.地震电磁辐射前兆不同步现象物理机制的实验研究[J].地震学报,1998,20(5):535-540.

[110] 郭自强,郭子祺,钱书清,等.岩石破裂中的声电效应[J].地理物理学报,1999,42(1):

74-83.

[111] 王恩元,何学秋,窦林名,等.煤岩采掘过程中煤岩体电磁辐射特征及应用[J].地球物理学报,2005,48(1):216-221.

[112] VAROTSOS P, ALEXOPOULOS K, NOMICOS K, et al. Official earthquake prediction procedure in Greece[J]. Tectonophysics, 1988, 152(3-4): 193-196.

[113] 藤绳幸雄,高桥耕三,熊谷贞治.作为临震前兆现象的超低频电场变化[J].地震,1990,43(2):287-290.

[114] 袁家治,钱书清,赵华兴,等.ULF 和 VLF 地震电磁辐射的观测与研究[J].地震学报,1996,18(2):272-275.

[115] 陈智勇,杜晓泉,徐东红,等.大地震前电磁辐射信息的观测研究[J].地震学报,1993,15(1):83-90.

[116] 钱书清,郝锦绮,周建国,等.1999 年 9 月 21 日台湾集集 Ms7.4 地震前 ULF 电磁信号及其与模拟试验结果的比较[J].地震学报,2001,23(3):322-327.

[117] 张德齐,王盛飞,刘福,等.南黄海 Ms6.1 地震电磁辐射特征[J].地震学刊,1997(2):23-26.

[118] 郝建国,张云福.地震静电预测学[M].北京:石油大学出版社,2001.

[119] 关华平,肖武军.电磁辐射"EMOLS"仪观测结果原理及震例[J].地震,2004,24(1):96-103.

[120] 蒋海昆,侯海峰,周焕鹏,等."区域-时间-长度算法"及其在华北中强地震中短期前兆特征研究中的应用[J].地震学报,2004,26(2):151-161.

[121] 黄清华,刘涛.新岛台地电场的潮汐响应与地震[J].地球物理学报,2006,49(6):1745-1754.

[122] 吴绍春.地震预报中的数据挖掘方法研究[D].上海:上海大学,2005.

[123] FRID V. Rockburst hazard forecast by electromagnetic radiation excited by rock fracture[J]. Rock Mechanics and Rock Engineering,1997,30(4):229-236.

[124] FRID V,SHABAROV A N,Proskuryakov V M,et al. Formation of electromagnetic radiation in coal stratum[J]. Journal of Mining Science,1992,28(2):139-145.

[125] ХАТИАШВИЛИ Н Г.论碱性卤素结晶体和岩石中裂隙形成时的电磁效应[C]//地震地电学译文集.北京:地震出版社,1989.

[126] ФРИД В И,ШАБАРОВ А Н,ДРУГИЕ И. Формирование элект-ромагнитного излучения угольного пласта[J].ФТПРПИ,1992(2):40-47.

[127] 窦林名,何学秋.煤岩冲击破坏模型及声电前兆判据研究[J].中国矿业大学学报,2004,33(5):505-509.

[128] 王先义.煤岩电磁辐射特性及其应用研究[D].徐州:中国矿业大学,2003.

[129] 王云海,何学秋,窦林名.煤样变形破坏声电效应的演化规律及机理研究[J].地球物理学报,2007,50(5):1569-1575.

[130] 撒占友.煤岩流变破坏电磁辐射效应与异常判识技术的研究[D].徐州:中国矿业大学,2003.

[131] 魏建平.矿井煤岩动力灾害电磁辐射预警机理及其应用研究[D].徐州:中国矿业大

学,2004.

[132] 邹喜正,窦林名,徐方军.分维在电磁辐射技术预测冲击矿压中的应用[J].辽宁工程技术大学学报,2002,21(4):452-455.

[133] 王静,王恩元,魏建平.煤岩电磁辐射信号时间序列混沌特性分析[J].防灾减灾工程学报,2006,26(3):300-304.

[134] 李洪.冲击矿压前兆信息的混沌预测及模式识别研究[D].青岛:山东科技大学,2006.

[135] 刘晓斐.冲击地压电磁辐射电磁辐射前兆信息的时间序列数据挖掘及群体识别体系研究[D].徐州:中国矿业大学,2008.

[136] BOX G E P,JENKINS G M,REINSEL G C.时间序列分析预测与控制 [M].第三版.顾岚,译.北京:中国统计出版社,1997.

[137] 王燕.应用时间序列分析[M].北京:中国人民大学出版社,2005.

[138] 吴怀宇.时间序列分析与综合[M].武汉:武汉大学出版社,2004.

[139] 王耀南.智能信息处理技术[M].北京:高等教育出版社,2003.

[140] 张保稳.时间序列数据挖掘研究[D].西安:西北工业大学,2002.

[141] WEIGEND A S. Time Series prediction:forecasting the future and understanding the past[J]. International Journal of Forecasting,1994,10(3):463-466.

[142] 高惠璇,等.SAS 系统 SAS/ETS 软件使用手册[M].北京:中国统计出版社,1998.

[143] SAS INSTITUTE. SAS Language Reference:Dictionary,Version 8[M]. SAS Institute,2000.

[144] SAS INSTITUTE. SAS Procedures Guide:Version 8[M]. SAS Institute,1999.

[145] 曲庆云,赵晓梅,阮桂海,等.统计分析方法-SAS 实例精选[M].北京:清华大学出版社,2004.

[146] HAN J,PEI J,KAMBER M. Data mining:concepts and techniques[M]. Amsterdam:Elsevier,2011.

[147] HAND D J,BLUNT G,KELLY M G,et al. Data mining for fun and profit[J]. Statistical Science,2000,15(2):111-131.

[148] SIMOUDIS E. Reality check for data mining[J]. IEEE Intelligent Systems,1996(5):26-33.

[149] FAYYAD U M,PIATETSKY-SHAPIRO G,SMYTH P. Advances in Knowledge Discovery and Data Mining[M]. Cambridge:MIT Press,1996.

[150] FAYYAD U M. Data mining and knowledge discovery:Making sense out of data [J]. IEEE Intelligent Systems,1996,11(5):20-25.

[151] HAN J,PEI J,YIN Y. Mining frequent patterns without candidate generation[J]. ACM SIGMOD Record ACM,2000,29(2):1-12.

[152] RAKESH AGRAWAL,RAMARKRISHNAN SCRIKANT. Mining sequential patterns[C]//11th International Conference on Data Engineering. Washington DC:IEEE Computer Society Press,1995:3-14.

[153] SRIKANT R,AGRAWAL R. Mining sequential patterns:Generalizations and performance improvements [C]//International Conference on Extending Database

Technology. Berlin:Springer,1996:1-17.

[154] POVINELLI R J. Identifying temporal patterns for characterization and prediction of financial time series events[M]//Temporal,Spatial,and Spatio-Temporal Data Mining. Berlin:Springer,2001:46-61.

[155] ROSENSTEIN M T,COHEN P R. Concepts from Time Series[C]//In Proceedings of the Fifteenth National Conference on Artificial Intelligence,1998:739-745.

[156] DAS G,LIN K I,MANNILA H,et al. Rule discovery from time series[C]//Proceedings of the Fourth International Conference on Knowledge Discovery and Data Mining,1998.

[157] HAN J,DONG G,YIN Y. Efficient mining of partial periodic patterns in time series database[C]//15th International Conference on IEEE,1999:106-115.

[158] AGRAWAL R,PSAILA G,WIMMERS E. L,et al. Querying shapes of histories [C]//Twenty-first International Conference on Very Large Databases (VLDB '95). San Francisco:Morgan Kaufmann Publishers,Inc,1995:502-514.

[159] DAS G,GUNOPULOS D,MANNILA H. Finding similar time series[C]//European Symposium on Principles of Data Mining and Knowledge Discovery. Berlin:Springer,1997:88-100.

[160] LIN R A K,SHIM H S S K. Fast similarity search in the presence of noise,scaling, and translation in time-series databases[C]//Proceeding of the 21th International Conference on Very Large Data Bases,1995:490-501.

[161] 王达. 时间序列数据挖掘研究与应用[D]. 杭州:浙江大学,2004.

[162] AGRAWAL R,SHIM K. Developing tightly-coupled data mining applications on a relational database system [J/OL]. https://wenku. baidu. com/view/ 367bf2c458f5f61fb7366691. html.

[163] YI B K,JAGADISH H V,FALOUTSOS C. Efficient retrieval of similar time sequences under time warping[C]//Proceedings of 14th International Conference on IEEE,1998:201-208.

[164] JAGER J C,COOK N G W. 岩石力学基础[M]. 中国科学院工程力学研究所,译. 北京:科学出版社,1981.

[165] 朱之芳. 全应力应变曲线在冲击地压中应用的试验研究[J]. 煤炭科学技术,1986(3): 35-40.

[166] 李长洪,蔡美峰,乔兰,等. 岩石全应力-应变曲线及其与岩爆关系[J]. 北京科技大学学报,1999,21(6):513-515.

[167] 董毓利,谢和平,李玉寿. 砼受压全过程声发射特性及其损伤本构模型[J]. 力学与实践,1995,17(4):25-28.

[168] 朱建民,徐秉业,岑章志. 岩石类材料峰后滑移剪膨变形特征研究[J]. 力学与实践, 2001,23(5):19-22.

[169] 王学滨. 岩样单轴压缩峰后泊松比理论研究[J]. 工程力学,2006,23(4):99-103.

[170] 王学滨. 岩土材料物质成分对峰后性能影响的力学模型[J]. 科学技术与工程,2007,7

(17):4382-4386.

[171] 徐松林,吴文,王光印,等.大理岩等围压三轴压缩全过程研究Ⅰ:三轴研所全过程和峰前、峰后卸围压全过程实验[J].岩石力学与工程学报,2001,20(6):763-767.

[172] 王汉鹏,高延法,李术才.岩石峰后注浆加固前后力学特性单轴试验研究[J].地下空间与工程学报,2007,3(1):27-31,39.

[173] 刘文彬,唐春安,唐烈先.残余强度特性对岩石宏观破坏的影响[J].岩土工程技术,2004,18(2):59-63.

[174] XUEQIU HE, ENYUAN WANG, ZHENTANG LIU. The general charastics of electromagnetic radiation during coal fracture and its application in outburst prediction[C]//Proceedings of the 8th U. S. Mine Ventilation Symposium. Rolla, Missouri,1999:81-84.

[175] 窦林名,何学秋,王恩元,等.由煤岩变形冲击破坏所产生的电磁辐射[J].清华大学学报(自然科学版),2001,41(12):86-88.

[176] 窦林名,王云海,何学秋,等.煤样变形破坏峰值前后电磁辐射特征研究[J].岩石力学与工程学报,2007,26(5):908-914.

[177] NITSAN U,SHANKLAND T J. Optical properties and electronic structure of mantle silicates[J]. Geophysical Journal of the Royal Astronomical Society,1976,45(1):59-87.

[178] WARWICK J W,STOKER C,MEYER T R. Radio emission associated with rock fracture:possible application to the great Chilean earthquake of May 22,1960[J]. Journal of Geophysical Research:Solid Earth,1982,87(B4):2851-2859.

[179] MAXWELL M,RUSSELL R D,KEPIC A W,et al. Electromagnetic responses from seismically excited targets B:non-piezoelectric phenomena[J]. Exploration geophysics,1992,23(1/2):201-208.

[180] RUSSELL R D,MAXWELL M,BUTLER K E,et al. Electromagnetic responses from seismically excited targets A:Piezoelectric phenomena at Humboldt,Australia [J]. Exploration Geophysics,1992,23(1/2):281-286.

[181] BRADY B T,ROWELL G A. Laboratory investigation of the electrodynamics of rock fracture[J]. Nature,1986,321(6069):488.

[182] 孙正江,王华俊.地电概论[M].北京:地震出版社,1990.

[183] 李忠辉.受载煤体变形破裂表面电位效应及其机理的研究[D].徐州:中国矿业大学,2007.

[184] HORN R G,SMITH D T. Contact electrification and adhesion between dissimilar materials[J]. Science,1992,256(5055):362-364.

[185] 黄昆原.固体物理学[M].韩汝琦,改编.北京:高等教育出版社,2000.

[186] 金维芳.电介质物理学[M].北京:机械工业出版社,1997.

[187] 王恩元,李忠辉,赵恩来,等.冲击地压的电磁辐射前兆规律[J/OL].(2006-11-15). http://www. paper. edu. cn/releasepaper/content/200611-415.

[188] 王恩元,何学秋,刘贞堂.煤岩电磁辐射特性及其应用研究进展[J].自然科学进展,

2006,16(5):532-536.

[189] 李贺,尹光志,许江,等.岩石断裂力学[M].重庆:重庆大学出版社,1988.

[190] 熊仁钦.关于煤壁内塑性区宽度的讨论[J].煤炭学报,1989(1):16-22.

[191] 张晓春,缪协兴,杨挺青.冲击矿压的层裂板模型及试验研究[J].岩石力学与工程学报,1999,18(5):497-502.

[192] SLAWOMIR JERZY GIBOWICZ,ANDRZEJ KIJKO.矿山地震学引论[M].修济刚,等,译.北京:地震出版社,1998.

[193] KISSLINGER C. A review of theories of mechanisms of induced seismicity[J]. Engineering Geology,1976,10(2-4):85-98.

[194] COOK N G W. Seismicity associated with mining[J]. Engineering Geology,1976,10(2-4):99-122.

[195] 李玉生.矿山冲击名词探讨-兼评冲击地压[J].煤炭学报,1982(2):89-96.

[196] 徐林生,王兰生,李天斌.国内外岩爆研究现状综述[J].长江科学院院报,1999,16(4):24-27.

[197] 谭以安.岩爆形成机理研究[J].水文地质与工程地质,1989(1):34-38.

[198] 惠乃玲,刘耀权,杨明皓,等.抚顺老虎台煤矿矿震震源机制的研究[J].地震地磁观测与研究,1998,19(1):39-45.

[199] 齐庆新,陈尚本,王怀新,等.冲击地压、岩爆、矿震的关系及其数值模拟研究[J].岩石力学与工程学报,2003,22(11):1852-1858.

[200] 郭然.有岩爆倾向深埋硬岩矿床采矿理论及其应用研究[D].长沙:中南工业大学,2000.

[201] JOSEPH H. The Burst Sensitive Factor and Energy Transferring Mining Option for Controlling Strain Rockburst [M]. [S. l.]:[s. n.],2000.

[202] 何思为,向贤礼,卢世杰.高应力区应力与岩爆的关系[J].广东工业大学学报,2002,19(3):1-6.

[203] 胡克智,刘宝琛,马光,等.煤矿的冲击地压[J].科学通报,1966(9):430-432.

[204] 赵本钧.抚顺龙凤矿冲击地压的防治研究[J].岩石力学与工程学报,1987,1(6):30-38.

[205] 车用太,王琦,黄积刚,等.矿震及其前兆初探[J].中国地震,1993,4(9):334-340.

[206] 朱佩武.辽源矿震的探索和研究[J].东北地震研究,1986,2(2):29-41.

[207] 李信,周华强,庞国钊.砚石台煤矿冲击地压发生原因的分析[J].重庆大学学报,1984(1):1-13.

[208] 朱广轶,李远鹏,贾瑞英.老虎台煤矿冲击地压显现规律[J].沈阳大学学报,2003,15(4):8-9.

[209] 邹德蕴,姜福兴.煤岩体中储存能量与冲击地压孕育机理及预测方法的研究[J].煤炭学报,2004,29(2):159-163.

[210] 潘一山,王来贵,章梦涛,等.断层冲击地压发生的理论与试验研究[J].岩石力学与工程学报,1998,17(6):642-649.

[211] MARTIN C D. Failure observations and in situ-stress domains at the Underground

Research Laboratory[C]//ISRM International Symposium. International Society for Rock Mechanics. Rotterdam：Balkema，1989.

[212] 王恩元，何学秋，刘贞堂，等.煤岩体应力异常区的电磁辐射特征研究[C]//煤矿重大灾害防治战略研究进展.徐州：中国矿业大学出版社，2003.

[213] 刘晓斐，王恩元，何学秋，等.回采工作面应力分布的电磁辐射规律[J].煤炭学报，2007，32(10)：1019-1023.

[214] 何学秋，王恩元.基于电磁辐射原理的煤与瓦斯突出预测技术及装备[R]//煤矿瓦斯治理技术集成与示范重点项目子专题研究报告.徐州：中国矿业大学，2006.

[215] 王晓晔.时间序列数据挖掘中相似性和趋势预测的研究[D].天津：天津大学，2003.

[216] LI C S，YU P S，CASTELLI V. HierarchyScan：A hierarchical similarity search algorithm for databases of long sequences[C]//Proceedings of the Twelfth International Conference on IEEE，1996：546-553.

[217] 任若恩，王惠文.多元统计数据分析-理论、方法、实例[M].北京：国防工业出版社，1997.

[218] BERNDT D J，CLIFFORD J. Using dynamic time warping to find patterns in time series[C]//KDD Workshop，1994，10(16)：359-370.

[219] 崔站华，韩丛发.鹤岗煤田构造形迹形成机制[J].煤炭技术，2007，26(4)：110-111.

[220] 张凤鸣，余中元，许晓艳，等.鹤岗煤矿开采诱发地震研究[J].自然灾害学报，2005，14(1)：139-143.

[221] 周硕愚，韩键，宋永厚.强震短临前兆动态群体标志探索[J].地壳形变与地震，1981(2)：55-68.

[222] 周硕愚，宋永厚，韩键，等.大震前的群体、群落异常与信息识别树[J].地震，1986(6)：18-26.

[223] 蔡正咏，王足献，李秀英，等.数理统计在混凝土试验中的应用[M].北京：中国铁道出版社，1998.

[224] 刘晓斐，肖栋，邵学峰，等.矿井冲击危险电磁辐射连续监测及预测研究[J].煤田地质与勘探，2007，35(6)：67-69.